JIDIAN YITIHUA JINENGXING RENCAI YONGSHU

机电一体化技能型人才用书

数控加工编程与操作

邓宇翔 主 编
李腾忠 赵亚芳 龚伟中 副主编
肖 俊 梁 颖 参 编
段有艳 主 审

内容提要

本书以数控车床、加工中心的编程与操作为核心，以FANUC数控系统为主，按照学习与教学的规律，深入浅出地介绍了数控机床的工作过程、数控加工工艺、数控车削与铣削的编程、数控机床的操作以及典型零件的应用实例等内容，加工中心和数控车床安全操作规程，数控机床的维护和保养。章节后设有思考与练习题，便于学生更好地掌握所学内容，书的最后附有FANUC指令对照表。

本书以情境教学为主导，以项目任务来讲解，同时附有光盘，内有作者国外考察学习的加工视频及平时在教学中积累的大量教学动画实例、教学课件。

本书适合作为高等职业技术学院和技师学院数控技术应用、模具设计与制造、机械制造及自动化等专业的教学用书，也可供相关工程技术人员学习及培训使用。

图书在版编目（CIP）数据

数控加工编程与操作/邓宇翔主编．—北京：中国电力出版社，2013.3（2019.1重印）
机电一体化技能型人才用书
ISBN 978-7-5123-3819-7

Ⅰ.①数… Ⅱ.①邓… Ⅲ.①数控机床-程序设计②数控机床-操作 Ⅳ.①TG659

中国版本图书馆CIP数据核字（2012）第299968号

中国电力出版社出版、发行
（北京市东城区北京站西街19号 100005 http://www.cepp.sgcc.com.cn）
北京虎彩文化传播有限公司印刷
各地新华书店经售
*
2013年3月第一版 2019年1月北京第四次印刷
787毫米×1092毫米 16开本 15印张 333千字
定价**36.00**元（含1DVD）

前　言

为适应新时期高职教育人才培养的基本要求，推进职业教育的教材建设，我们以培养技能型、应用型人才为目标，以工作过程为主线，采用任务引领的项目教学法编写了本书。全书共六部分，每一部分即是一个项目，主要介绍数控加工技术概述、数控车床编程与加工技术、加工中心编程、数控机床操作、数控电火花线切割加工技术、数控机床的使用与维护等内容。每一个项目的任务描述、知识目标和能力目标以情境方式引入，力求以项目任务的教学方式，使学生在完成项目任务的过程中，潜移默化地获得数控加工与编程的工艺和编程能力以及解决生产实际问题的应用能力。本书还有以下几方面的特色。

（1）体现以职业能力为本位，以应用为核心，以“必需、够用”为限度，突出“零起点快速上岗”的特点，紧密联系生活、生产实际，与相应的职业资格标准衔接。

（2）注意用新观点、新思维来审视、阐述经典内容；适应经济社会发展和科技进步的需要，及时更新教学内容，反映新知识、新技术、新工艺、新方法。引用数据、图表、材料可靠，并精选了相应的实例。

（3）渗透职业道德和职业意识教育；体现就业导向，有助于学生树立正确的择业观；培养学生爱岗敬业、团队精神和创业精神；树立安全意识和环保意识。知识体系设计合理，循序渐进，符合学生心理特征和认知、技能养成规律；条理清楚，可读性强；图文并茂，配合得当；图表清晰、美观。

为便于教学，本书配有光盘，内含相应的教学课件动画。

本书不仅可以作为数控技术专业教学用书，更适合于高等职业院校、高等专科学校、成人高校及本科院校举办的二级职业技术学院、技术（技师）学院、高级技校、继续教育学院和民办高校的数控与机电专业用书。本书由昆明冶金高等专科学校邓宇翔、李腾忠、龚伟中、赵亚芳、梁颖，昆明工业职业技术学院肖俊负责编写。全书由邓宇翔负责统稿，全书由昆明冶金高等专科学校段有艳主审。

在本书的编写过程中，参阅了国内外的有关教材和资料，在此一并表示衷心地感谢！

限于编者水平及时间，书中难免有不妥之处，恳请广大读者批评指正。

编　者

目 录

第二部分 数控车床编程与加工技术

第三部分　加工中心编程

第四部分　数控机床操作

第五部分 数控电火花线切割加工技术

第一部分 数控加工技术概述

知腾机械实业有限公司，是一家数控现代制造行业私营企业。现基于业务发展的需要，招聘了一批新职员，小坤就是这批中的一员。小坤从小就对数控制造行业非常感兴趣，并有着强烈的求知欲，现在被分配到高师傅手下当学徒。高师傅是知腾公司的技术能手，并有着丰富的数控加工实战经验。

今天是小坤上班的第一天，看到公司拥有那么多先进的数控制造设备，心里又是惊喜，又是不安。因为小坤在学校学习的过程中，从未有过一点儿机械加工的经历，对于数控设备更是一无所知，因此他很担心自己能否胜任工作。高师傅看出了小坤的顾虑："谁都是从不会到会、从徒弟到师傅的。跟着我不用担心，只要你一步一个脚印，刻苦学习，不会错的！别愣着，快来吧……"

数控机床的工作原理

对于有志从事数控加工制造业的青年和学生，要如何才能轻松认识数控机床并熟练地操作好数控机床成为一个重要问题被提出，只要认识了数控机床的工作原理及其特性就能进入数控加工的领域，并通过一定的实训锻炼就可入门。

1.1 数控机床的基本知识

1.1.1 数控机床的产生及发展

随着科学技术的发展，社会各界对产品的质量和个性化的要求越来越高，为适应产品的高精度、形状各异、批量小、改动大、加工困难等需要，迫切需要能满足多品种、小批量、复杂、高精度零件的生产设备，在这种情况下数控机床应运而生。

数控机床的产生与计算机的诞生也密切相关。1946 年，世界上第一台电子计算机诞生了，人们开始设想能否用电子计算机来协助人类解决复杂零件的加工问题。1948 年，美国帕森斯公司研制直升飞机螺旋桨叶片轮廓检验用样板的加工设备。由于样板形状复杂多样，精度要求高，一般加工设备难以适应，于是提出采用数字脉冲控制机床的设想。1949 年，该公司与美国麻省理工学院（MIT）开始共同研究，并于 1952 年试制成功第一台三坐标数控铣床，当时的数控装置采用电子管元件。1959 年，数控装置采用了晶体管元件和印刷电路板，出现带自动换刀装置的数控机床，称为加工中心（Machining Center，MC），使数控装置进入了第二代。1965 年，出现了第三代的集成电路数控装置，不仅体积小，功率消耗低，而且可靠性提高，价格得到进一步下降，促进了数控机床品种和产量的发展。20 世纪 60 年代末，先后出现了由一台计算机（PC）直接控制多台机床的直接数控系统（简称 DNC），又称群控系统；采用小型计算机控制的计算机数控系统（简称 CNC），使数控装置进入了以小型计算机为特征的第四代数控系统。1974 年，成功研制使用微处理器和半导体存储器的微型计算机数控装置（简称 MNC），这是第五代数控系统。20 世纪 80 年代初，随着计算机软、硬件技术的发展，出现了能进行人机对话式自动编制程序的数控装置；数控装置更加趋于小型化，可以直接安装在机床上；数控机床的自动化程度进一步得到提高，具有自动监控刀具破损和自动检测工件等功能。20 世纪 90 年代后期，出现了 PC + CNC 智能数控系统，即以 PC 机为控制系统的硬件部分，在 PC 机上安装 NC 软件系统，这种方式系统维护方便，易于实现网络化制造。

1.1.2 数控技术的基本概念

数控技术简称数控，英文为 Numerical Control（NC），是指用数字、文字和符号组成的数字指令来实现一台或多台机械设备动作控制的技术。它所控制的通常是位置、角度、速度等机械量和与机械能量流向有关的开关量。数控的产生依赖于数据载体和二进制形式数据运算的出现。

数控机床是数字控制机床（Computer Numerical Control Machine Tools）的简称，是一种装有程序控制系统的自动化机床。该控制系统能够逻辑地处理具有控制编码或其他符号指令规定的程序，并将其译码，从而使机床动作并加工零件。

1.1.3 数控机床的特点

与普通机床相比，数控机床有如下特点。

一、加工精度高

数控机床是精密机械和自动化技术的综合体。机床的数控装置可以对机床运动中产生的位移、热变形等导致的误差，通过测量系统进行补偿而获得很高且稳定的加工精度。由于数控机床实现自动加工，所以减少由操作人员带来的人为误差，提高了同批零件的一致性。

二、生产效率较高

数控加工过程中一次装夹可完成多工序加工，省去了普通机床加工的多次变换工种、工序间的转件以及划线等工序；由于是一次装夹工件就完成全部加工，故简化了夹具及专用工装等。

三、有利于生产管理

程序化控制加工、更换品种方便；一机多工序加工，简化了生产过程的管理，减少了管理人员；可实现无人化生产。

此外，数控机床还有减轻劳动强度，将操作由体力型转为智力型；改善劳动条件等特点。

1.1.4 数控机床的组成

数控机床的基本组成包括加工程序载体、输入/输出装置、数控装置、伺服驱动装置、测量反馈系统、机床主体和其他辅助装置。

一、加工程序载体

数控机床工作时，不需要工人直接去操作机床，要对数控机床进行控制，必须编制加工程序。零件加工程序中，包括机床上刀具和工件的相对运动轨迹、工艺参数（进给量、主轴转速等）和辅助运动等。将零件加工程序用一定的格式和代码，存储在一种程序载体上，如穿孔纸带、盒式磁带等，通过数控机床的输入装置，将程序信息输入 CNC 单元。

二、输入/输出装置

1. 输入装置

将数控指令输入给数控装置，根据程序载体的不同，相应地有不同的输入装置。目前，主要有键盘输入、磁盘输入、CAD/CAM 系统直接通信方式输入和连接上级计算机的 DNC（直接数控）输入，现仍有不少系统还保留有光电阅读机的纸带输入形式。

(1) 纸带输入方式。可用纸带光电阅读机读入零件程序，直接控制机床运动，也可以将纸带内容读入存储器，用存储器中储存的零件程序控制机床的运动。

(2) MDI 手动数据输入方式。操作者可利用操作面板上的键盘输入加工程序的指令，适用比较短的程序。在控制装置编辑（Edit）状态下，用软件输入加工程序，并存入控制装置的存储器中，这种输入方法可重复使用程序。一般手工编程均采用这种方法。在具有会话编程功能的数控装置上，可按照显示器上提示的问题，选择不同的菜单，用人机对话的方法输入有关的尺寸数字，即可自动生成加工程序。

(3) 采用 DNC 直接数控输入方式。把零件程序保存在上级计算机中，CNC 系统一边加工一边接收来自计算机的后续程序段。DNC 方式多用于采用 CAD/CAM 软件设计的复杂工件并直接生成零件程序的情况。

2. 输出装置

输出装置与伺服机构相连。输出装置根据控制器的命令接受运算器的输出脉冲，并把它送到各坐标的伺服控制系统，经过功率放大，驱动伺服系统，从而控制机床按规定要求运动。

三、数控装置

数控装置是数控机床的核心。数控装置从内部存储器中取出或接受输入装置送来的一段或几段数控加工程序，经过数控装置的逻辑电路或系统软件进行编译、运算和逻辑处理后，输出各种控制信息和指令，控制机床各部分的工作，使其进行规定的有序运动和动作。

零件的轮廓图形往往由直线、圆弧或其他非圆弧曲线组成，刀具在加工过程中必须按零件形状和尺寸的要求进行运动，即按图形轨迹移动。但输入的零件加工程序只能是各线段轨迹的起点和终点坐标值等数据，不能满足要求，因此要进行轨迹插补，也就是在线段的起点和终点坐标值之间进行“数据点的密化”，求出一系列中间点的坐标值，并向相应坐标输出脉冲信号，控制各坐标轴（即进给运动的各执行元件）的进给速度、进给方向和进给位移量等。

四、伺服驱动装置

伺服系统是数控机床的重要组成部分，用于实现数控机床的进给伺服控制和主轴伺服控制。伺服系统的作用是把接收来自数控装置的指令信息，经功率放大、整形处理后，转换成机床执行部件的直线位移或角位移运动。由于伺服系统是数控机床的最后环节，其性能将直接影响数控机床的精度和速度等技术指标，因此，对数控机床的伺服驱动装置，要求具有良好的快速反应性能，准确而灵敏地跟踪数控装置发出的数字指令信号，并能忠实地执行来自数控装置的指令，提高系统的动态跟随特性和静态跟踪精度。

伺服系统包括驱动装置和执行机构两大部分。驱动装置由主轴驱动单元、进给驱动单元和主轴伺服电动机、进给伺服电动机组成。步进电动机、直流伺服电动机和交流伺服电动机是常用的驱动装置。

五、测量检测装置

测量检测装置将数控机床各坐标轴的实际位移量检测出来，经反馈系统输入到机床的数控装置之后，数控装置将反馈回来的实际位移量值与设定值进行比较，控制驱动装置按照指令设定值运动。

六、机床主体

机床主体机是数控机床的主体，包括床身、底座、立柱、横梁、滑座、工作台、主轴箱、进给机构、刀架及自动换刀装置等机械部件。它是在数控机床上自动地完成各种切削加工的机械部分。与传统的机床相比，数控机床主体具有如下结构特点。

1. 采用机床新结构

采用具有高刚度、高抗震性及较小热变形的机床新结构。通常用提高结构系统的静刚度、增加阻尼、调整结构件质量和固有频率等方法来提高机床主机的刚度和抗震性，使机床主体能适应数控机床连续自动地进行切削加工的需要。采取改善机床结构布局、减少发热、控制温升及采用热位移补偿等措施，可减少热变形对机床主机的影响。

2. 采用高性能伺服驱动装置

广泛采用高性能的主轴伺服驱动和进给伺服驱动装置，缩短数控机床的传动链，简化了机床机械传动系统的结构。

3. 采用高传动效率、高精度、无间隙的传动装置和运动部件

采用高传动效率、高精度、无间隙的传动装置和运动部件，如滚珠丝杠螺母副、塑料滑动导轨、直线滚动导轨、静压导轨等。

七、数控机床的辅助装置

辅助装置是保证充分发挥数控机床功能所必需的配套装置。常用的辅助装置包括气动、液压装置，排屑装置，冷却、润滑装置，回转工作台和数控分度头，防护，照明等各种辅助装置。

1.1.5 数控机床的工作原理

数控机床加工零件时，首先要根据加工零件的图样与工艺方案，按划定的代码和程序格式编写零件的加工程序单，这是数控机床的工作指令。通过控制介质将加工程序输入到数控装置，由数控装置将其译码、寄存和运算之后，向机床各个被控量发出信号，控制机床主运动的变速、启停、进给运动及方向、速度和位移量，以及刀具选择交换，工件夹紧松开和冷却润滑液的开、关等动作，使刀具与工件及其他辅助装置严格地按照加工程序划定的顺序、轨迹和参数进行工作，从而加工出符合要求的零件。

1.1.6 数控机床的分类

数控机床的品种繁多，功能各异，因此可按不同的方法进行分类，通常可按下列几种方式分类。

一、按运动方式分类

按运动方式可分为点位控制、直线控制、轮廓控制数控机床。

1. 点位控制

点位控制数控机床的特点是机床的运动部件只能够实现从一个位置到另一个位置的精

确运动，在运动和定位过程中不进行任何加工工序。如数控钻床、数控坐标镗床、数控焊机和数控弯管机等。

2. 直线控制

直线控制的特点是机床的运动部件不仅要实现一个坐标位置到另一个位置的精确移动和定位，而且能实现平行于坐标轴的直线进给运动或控制两个坐标轴实现斜线进给运动。

3. 轮廓控制

轮廓控制数控机床的特点是机床的运动部件能够实现对两个坐标轴同时进行联动控制。它不仅要求控制机床运动部件的起点与终点坐标位置，而且要求控制整个加工过程每一点的速度和位移量，即要求控制运动轨迹，将零件加工成在平面内的直线、曲线或在空间的曲面。

二、按工艺用途分类

按工艺用途可分为金属切削类数控机床、金属成型类数控机床、数控特种加工机床、其他类型的数控设备。

1. 金属切削类数控机床

这类机床包括数控车床，数控钻床，数控铣床，数控磨床，数控镗床及加工中心，这些机床都适用于单件、小批量和多品种及零件加工，具有很好的加工尺寸的一致性、很高的生产率和自动化程度，以及很高的设备柔性。

2. 金属成型类数控机床

这类机床包括数控折弯机、数控组合冲床、数控弯管机、数控回转头压力机等。

3. 数控特种加工机床

这类机床包括数控线（电极）切割机床、数控电火花加工机床、数控火焰切割机、数控激光切割机床、专用组合机床等。

4. 其他类型的数控设备

非加工设备采用数控技术，如自动装配机、多坐标测量机、自动绘图机和工业机器人等。

三、按控制方式分类

按控制方式可分为开环控制、半闭环控制、闭环控制数控机床。

1. 开环控制

开环控制，即不带位置反馈装置的控制方式。

2. 半闭环控制

半闭环控制，是指在开环控制伺服电动机轴上装有角位移检测装置，通过检测伺服电动机的转角间接地检测出运动部件的位移反馈给数控装置的比较器，与输入的指令进行比较，用差值控制运动部件。

3. 闭环控制

闭环控制，是指在机床最终的运动部件的相应位置直接采用直线或回转式检测装置，将直接测量到的位移或角位移值反馈到数控装置的比较器中，与输入指令中移量进行比较，用差值控制运动部件，使运动部件严格按实际需要的位移量运动。

四、按数控制机床的性能分类

按数控制机床的性能可分为经济型数控机床、中档数控机床、高档数控机床。

五、按所用数控装置的构成方式分类

按所用数控装置的构成方式可分为硬线数控系统、软线数控系统。

1. 硬线数控（又称普通数控，NC）系统

这类数控系统的输入、插补运算、控制等功能均由集成电路或分立元件等器件实现。一般来说，数控机床不同，其控制电路也不同，因此系统的通用性较差，因其全部由硬件组成，所以功能和灵活性也较差。这类系统在20世纪70年代以前得到比较广泛地应用。

2. 软线数控（又称计算机数控或微机数控，CNC或MNC）系统

这类系统利用中、大规模及超大规模集成电路组成CNC装置，或用微机与专用集成芯片组成，其主要的数控功能几乎全由软件来实现，对于不同的数控机床，只需编制不同的软件就可以实现，而硬件几乎可以通用。因而灵活性和适应性强，也便于批量生产，模块化的软、硬件提高了系统的质量和可靠性。所以，现代数控机床都采用CNC装置。

六、按控制坐标轴数分类

按控制坐标轴数可分为两轴、两轴半联动、三轴联动、多轴联动标数控机床。

1. 两轴数控机床

两轴数控机床，是指同时控制两个坐标轴联动的数控机床，如数控车床可同时控制 X 和 Z 方向的运动，实现两轴联动。

2. 两轴半联动数控机床

两轴半联动数控机床本身有3个轴，能实现3个方向的运动，但控制装置只能同时控制两个轴，而第三个轴仅能作等距的周期移动。如用数控铣床加工曲面时，采用球头铣刀，刀具中心在剖分坐标平面（X、Y、Z 中的任意两轴）内作平面曲线的插补运动，第三轴作周期进给。

3. 三轴联动数控机床

三轴联动数控机床有3个轴，并能实现3个方向的运动，控制装置能同时控制3个轴的移动，即三轴联动。与两轴半联动数控机床不同的是，刀具可作空间曲线插补运动，从而，使刀具在工件上切出的轨迹是平面曲线，切痕规则，容易得到低的表面粗糙度。

4. 多轴联动标数控机床

四轴以上的数控机床称为多轴联动标数控机床。它主要用于加工形状复杂的零件。

1.2 数控车床与加工中心的结构

1.2.1 数控车床的结构

数控车床的整体结构组成基本上与普通车床相同，同样具有床身、主轴、刀架、拖板和尾座等基本部件，但数控操作面板、显示监视器等却是数控机床特有的部件。总体上包

含机床主体、控制部分、驱动装置以及辅助装置四个部分。其外形如图 1－1 所示，其整体结构如图 1－2 所示。

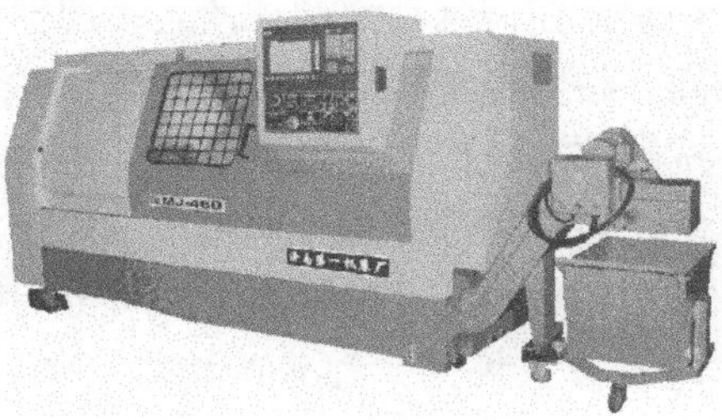

一、机床主体

机床主体是数控车床的机械部件，通常包括主轴箱、床鞍与刀架、尾座、进给机构和床身等。

图 1－1　数控车床外形

1. 主轴箱

主轴箱固定在床身的最左边（见图 1－2）。主轴箱中的主轴通过卡盘等夹具夹住工件，主轴箱支撑主轴并使主轴带动工件按照规定的转速旋转，以实现车床的主运动。

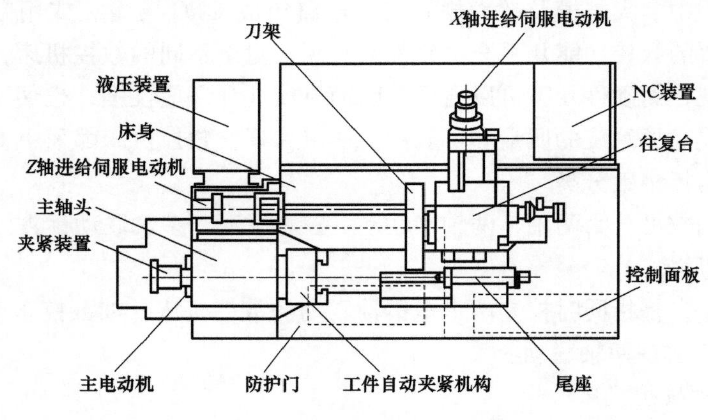

图 1－2　数控车床的整体结构

2. 刀架

刀架安装在车床的刀架滑板上，在刀架上可安装 4～12 把车刀，加工时可实现自动换刀。

3. 刀架进给系统

刀架进给系统由横向（X 向）和纵向（Z 向）进给系统组成。纵向进给系统安装在床身导轨上，沿床身实现纵向（Z 向）运动；横向进给系统安装在纵向进给系统上，沿纵向进给系统实现横向（X 向）运动。

4. 尾座

尾座安装在床身导轨上，可以沿床身导轨进行纵向移动。其作用是安装顶尖支撑工件。

5. 床身

床身固定在机床底座上，是车床的基本支撑件，在车床上安装车床的各主要部件。

6. 底座

底座是车床的基础，用于支撑车床的各部件，连接电气柜，支撑防护罩和安装排屑装置。

二、控制部分（CNC 装置）

控制部分是数控车床的控制核心，一般包括专用计算机、液晶显示器、控制面板及强电控制系统等。

三、驱动装置

驱动装置是数控车床执行机构的驱动部件，包括主轴电动机、进给伺服电动机等。

四、辅助装置

辅助装置，是指数控车床上的一些配套部件，包括对刀仪、润滑、液压及气动装置、冷却系统和排屑装置等。

1. 防护罩

防护罩安装在车床底座上，用于加工时保护操作者的安全和保护环境的清洁。

2. 液压装置

液压装置实现车床上的一些辅助运动，主要是实现车床主轴的变速、尾座的移动及工件自动夹紧机构的动作。

3. 润滑系统

润滑系统是为车床运动部件提供润滑和冷却的系统。

4. 切削液系统

切削液系统为车床在加工中提供切削液以满足切削加工的需要。

1.2.2 数控加工中心的结构

数控加工中心主要由床身、铣头、纵向工作台、横向床鞍、升降台、电气控制系统、换刀装置等组成，能够完成基本的铣削及自动工作循环等，可加工各种形状复杂的凸轮、样板及模具零件等。图 1－3 所示为数控加工中心，床身固定在底座上，用于安装和支承机床各部件，控制台上有彩色液晶显示器、机床操作按钮和各种开关及指示灯。纵向、横向工作台安装在升降台上，通过纵向进给伺服电动机、横向进给伺服电动机和垂直升降进给伺服电动机的驱动，完成 X、Y、Z 坐标的进给。电气柜安装在床身立柱的后面，并装有电气控制部分。

图 1－3 数控加工中心

一、主轴系统

主轴系统包括主轴箱体和主轴传动系统（包括 Z 轴伺服电动机等），在主轴的夹具上装夹刀具并带动刀具旋转，主轴转速范围和输出扭矩对加工有直接的影响。

二、进给伺服系统

由进给电动机和进给执行机构组成，按照程序设定的进给速度来实现刀具和工件之间的相对运动，包括直线进给运动和旋转运动。

三、控制系统

控制系统是数控铣床运动控制的中心，执行数控加工程序控制机床进行加工。

四、辅助装置

辅助装置如液压、气动、润滑、冷却系统和排屑、防护等装置。

五、机床基础件

机床基础件通常是指底座、立柱、横梁等，它是整个机床的基础和框架。

六、自动换刀装置

自动换刀装置是加工中心的重要执行机构，它的形式多种多样，目前常见的有回转刀架换刀、更换主轴头换刀、带刀库的自动换刀系统。

数控加工刀具、夹具及量具

已经对数控机床有了一定的认识，但用数控机床加工零件还要用到刀具、夹具及量具，作为学员我们必须要对数控加工的刀具、夹具及量具有所了解才能完成零件的加工，特别是要了解数控车床和数控铣床的刀具、夹具及量具。

1.3 数控车床的刀具

数控车床的刀具在数控车削加工中直接接触工件，从工件上切除多余的部分，数控车刀性能的优劣直接决定了切削效率的高低及工件质量的好坏。所以合理选用和使用数控车刀已成为充分发挥数控车床性能、降低生产成本、提高效率、达到工件质量要求的重要保证。

数控车床上使用的车刀，按结构可分为整体车刀、焊接车刀、机夹车刀和可转位车刀。

一、整体车刀

整体车刀是采用整块高速钢制造成长条状刀条，然后磨出切削刃。该车刀在切削过程中磨钝后可根据加工要求重新修磨，但刀具的几何角度不易精确控制，对操作者磨刀的要求较高。整体车刀韧性好、可靠性高，刀具材料利用性较高，能制造小型刀具。

二、焊接车刀

焊接车刀是由硬质合金刀片和普通结构钢刀杆通过焊接而成，也称硬质合金焊接式车刀。其结构简单、制作方便、刀具刚性好、使用灵活，故应用广泛。焊接车刀如图1－4所示。焊接车刀刀片分为A、B、C、D、E五类，刀片型号由一个字母和一个或两个数字组成，字母表示刀片形状，数字代表刀片主要尺寸。焊接车刀刀片型号及主要用途见表1－1及图1－5所示。

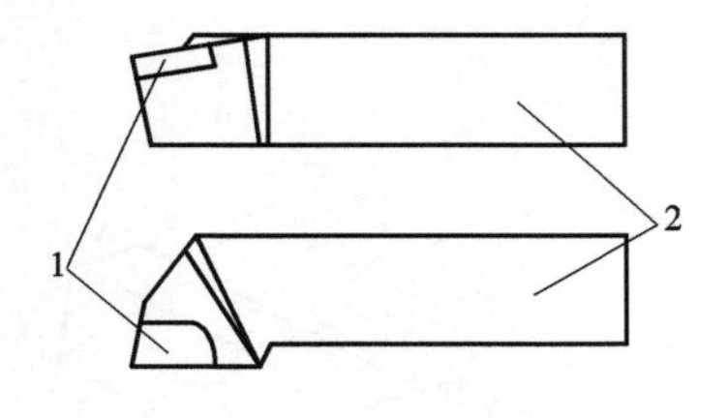

图1－4 焊接车刀

1—刀片；2—刀杆

表1－1 焊接车刀刀片

型号	基本尺寸（mm）				主要用途
	l	t	s	r	
A20	20	12	7	7	直头外圆车刀、端面车刀、车孔刀左切
B20	20	12	7	7	K_r＜90°外圆车刀、镗孔刀、宽刃光刀、切断刀、车槽刀
C20	20	12	7		
D8	8.5	16	8		精车刀、螺纹车刀
E12	12	20	6		

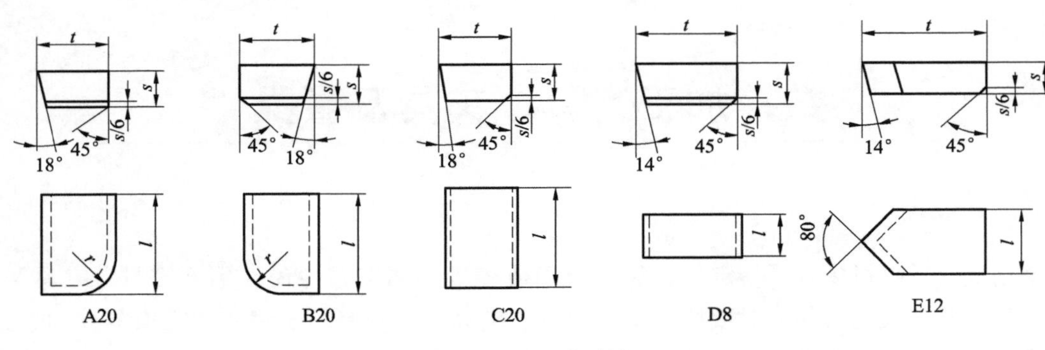

图1－5　刀片型号

三、机夹车刀

机夹车刀采用优质碳素工具钢或合金工具钢制造刀杆，硬质合金制造刀片，用机械夹紧的方式将刀片装入刀杆，如图1－6所示。机夹车刀的刀刃位置可以根据车削加工的需要调整，并且用钝后可重磨；刀杆机构复杂，制造成本高，但可反复使用。

四、可转位车刀

可转位车刀采用优质碳素工具钢或合金工具钢制造刀杆，硬质合金制造刀片，并在硬质合金刀片上预制有多条几何角度相同的切削刃，然后用机械夹紧的方式将刀片装入刀杆，如图1－7所示。可转位车刀的硬质合金刀片在使用过程中，刀片的一条刃在磨钝后只需要转动刀片就可更换切削刃；当几条切削刃都磨钝后，只需要更换相同型号规格的新刀片就可继续使用。该种车刀使换刀的时间大大缩短，有效地提高了切削的效率。刀杆制造精度高，可反复使用。可转位车刀的定位夹紧机构的结构种类很多，但常见有杠杆式和上压式。可转位车刀的型号共用10个代号，分别表示车刀的各项特性。

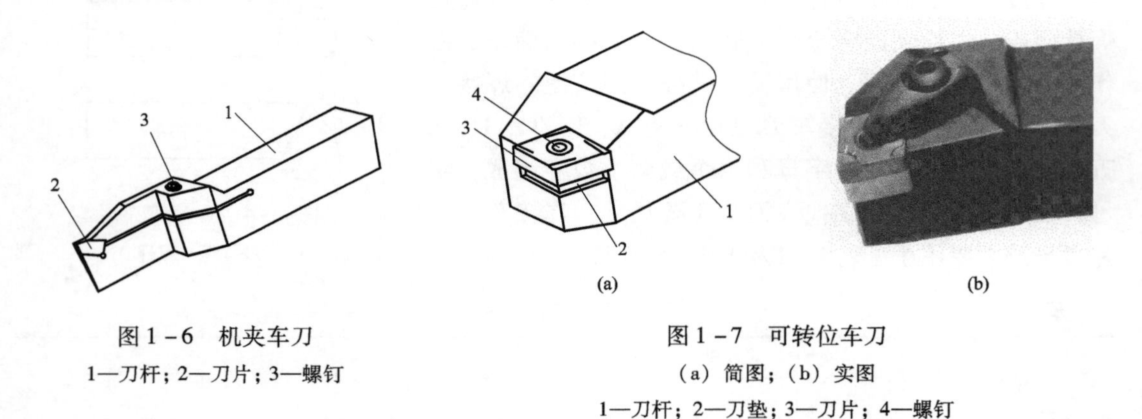

图1－6　机夹车刀

1—刀杆；2—刀片；3—螺钉

图1－7　可转位车刀

（a）简图；（b）实图

1—刀杆；2—刀垫；3—刀片；4—螺钉

1.4　数控车床夹具的分类

一、根据安装位置分类

根据夹具在数控车床上的安装位置，数控车床夹具可分为以下两种类型。

1. 安装在车床主轴上的夹具

这类夹具安装在车床主轴上，在进行车削加工时随车床主轴一起旋转，刀具作进给运动。在生产中安装在车床主轴上的夹具用得较多。

2. 安装在滑板或床身上的夹具

这类夹具安装在滑板或床身上，刀具则安装在车床主轴中随主轴作旋转运动，夹具连同工件作进给运动。在生产中安装在车床主轴上的夹具用得较少，主要在某些形状不规则或尺寸较大的工件加工中使用。

二、根据使用情况分类

根据夹具在数控车床加工工件中的使用情况，可分为以下两种类型。

1. 数控车床通用夹具

数控车床通用夹具，是指在加工盘类零件、轴类零件等回转体工件时均可使用的夹具，如三爪自定心卡盘、四爪单动卡盘等。

2. 数控车床专用夹具

数控车床专用夹具是在车削加工中针对某些不规则的零件而专门设计的夹具，如角铁式车床夹具等。

1.5 数控铣削的刀具

1.5.1 数控铣削刀具的基本要求

对数控铣削刀具的基本要求是：铣刀刚性要好，铣刀的耐用度要高。

一、铣刀刚性要好

为提高生产效率而采用大切削用量的需要；为适应数控铣床加工过程中难以调整切削用量的特点。

二、铣刀的耐用度要高

尤其是当一把铣刀加工的内容很多时，如刀具不耐用而磨损很快，就会影响工件的表面质量与加工精度，而且会增加换刀引起的调刀与对刀次数，也会使工件表面留下因对刀误差而形成的接刀台阶，降低了工件的表面质量。

除上述两点之外，铣刀切削刃的几何角度参数的选择及排屑性能等也非常重要，切屑黏刀形成积屑瘤在数控铣削中是十分忌讳的。

总之，根据被加工工件材料的热处理状态，切削性能及加工余量选择刚性好、耐用度高的铣刀，是充分发挥数控铣床的生产效率和获得满意的加工质量的前提。

1.5.2 常用铣刀的种类

一、面铣刀

如图 1－8 所示，面铣刀的圆周表面和端面上都有切削刃，端部切削刃为副切削刃。面铣刀多制成套式镶齿结构，刀齿为高速钢或硬质合金，刀体为 40Cr。面铣刀主要用于面积较大的平面铣削和较平坦的立体轮廓的多坐标加工。

合金面铣刀按刀片和刀齿的安装方式不同，可分为整体焊接式、机夹焊接式和可转位式3种（见图1-9）。

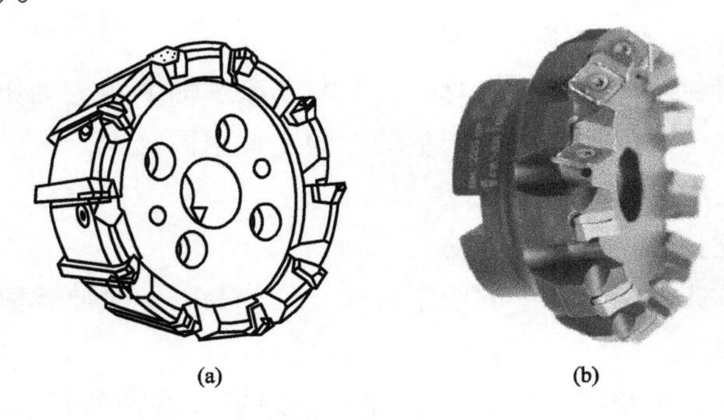

图1-8 面铣刀

(a) 简图；(b) 实图

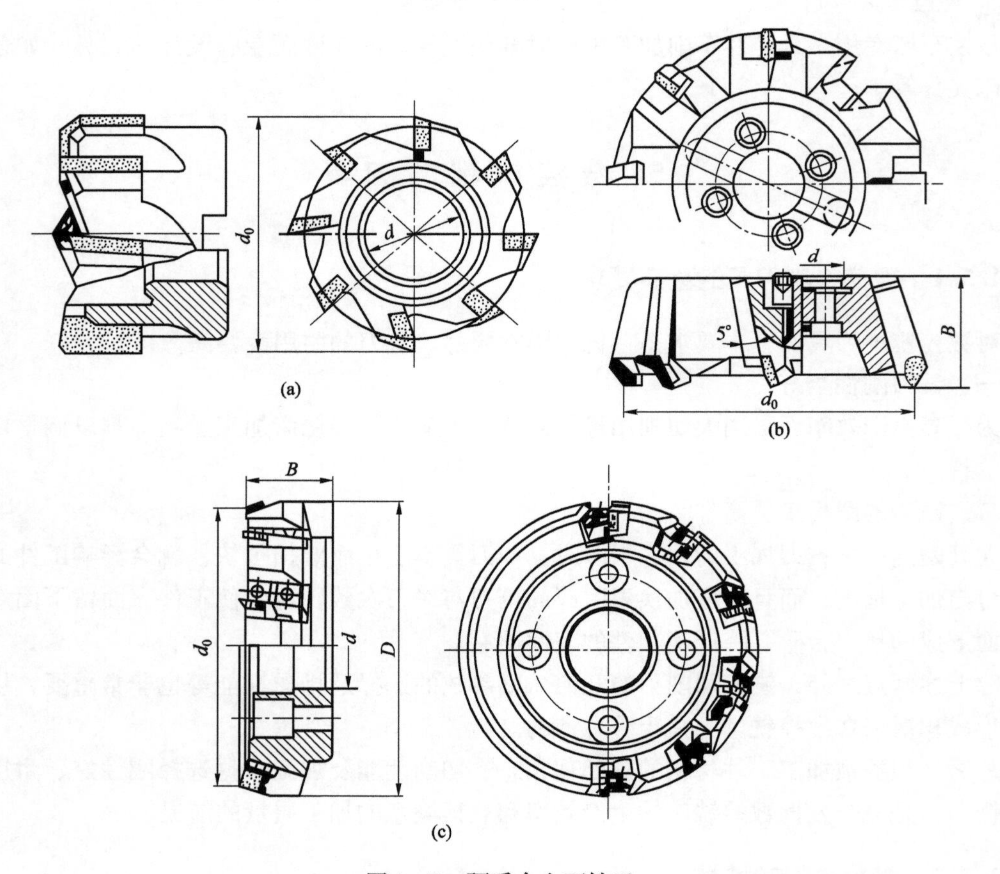

图1-9 硬质合金面铣刀

(a) 整体焊接式；(b) 机夹焊接式；(c) 可转位式

二、立铣刀

立铣刀也称为圆柱铣刀，如图1-10所示，广泛用于加工平面类零件。立铣刀圆柱表面和端面上都有切削刃，它们可同时进行切削，也可单独进行切削。立铣刀圆柱表面的切削刃为主切削刃，端面上的切削刃为副切削刃。主切削刃一般为螺旋齿［见图 1－10（a）、（b）］，这样可以增加切削平稳性，提高加工精度。一种先进的结构为切削刃是波形的［图 1－10（c）］，其特点是排屑更流畅，切削厚度更大，有利于刀具散热且提高了刀具的寿命，刀具不易产生振动。

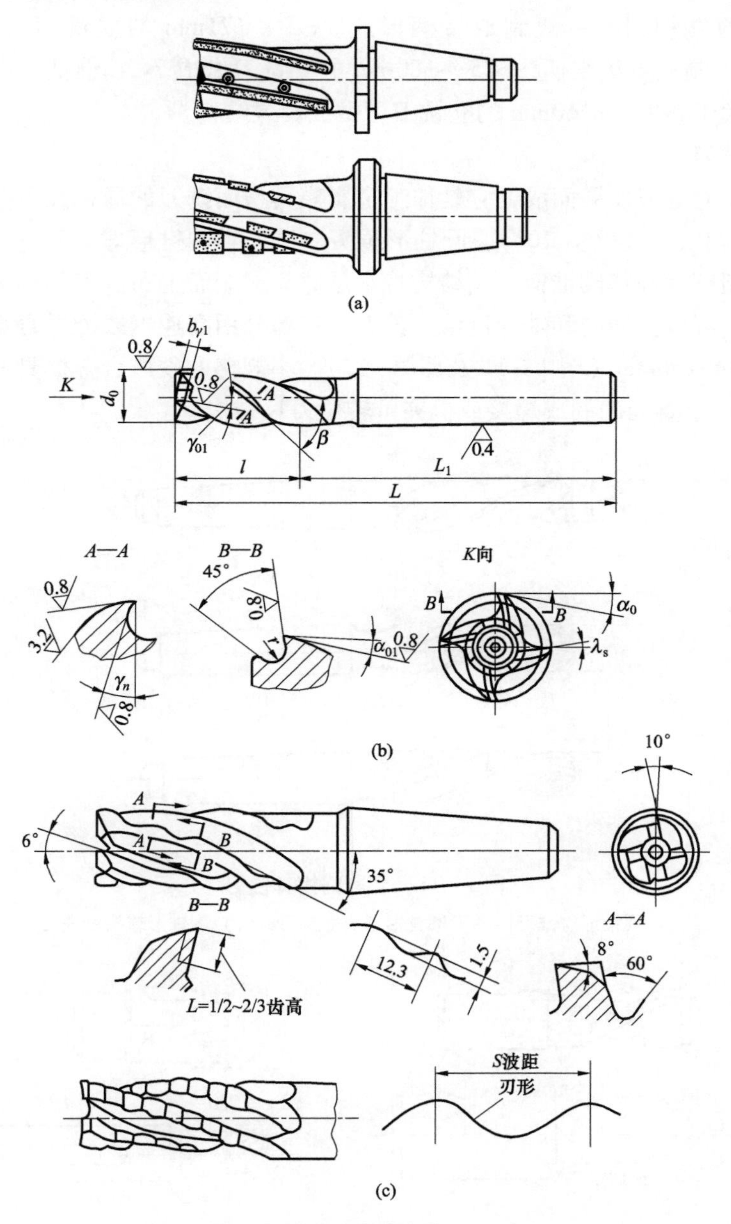

图 1－10 立铣刀

（a）标准简图；（b）主切削刃为螺旋齿的简图；（c）主切削刃为波形的简图

立铣刀按齿数可分为粗齿、中齿、细齿三种。为了改善切屑卷曲情况，增大容屑空间，防止切屑堵塞，刀齿数比较少，容屑槽圆弧半径则较大。一般粗齿立铣刀齿数 $Z=3\sim4$，细齿立铣刀齿数 $Z=5\sim8$，套式结构 $Z=10\sim20$，容屑槽圆弧半径 $r=2\sim5$mm。当立铣刀直径较大时，还可制成不等齿距结构，以增强抗震作用，使切削过程平稳。

立铣刀按螺旋角大小可分为30°、40°、60°等几种形式。标准立铣刀的螺旋角 $\beta=40°\sim45°$（粗齿）和 $60°\sim65°$（细齿），套式结构立铣刀的 $\beta=15°\sim25°$。

直径较小的立铣刀，一般制成带柄形式。$\phi2\sim\phi71$mm 的立铣刀制成直柄；$\phi6\sim\phi66$mm 的立铣刀制成莫氏锥柄；$\phi25\sim\phi80$mm 的立铣刀做成 7∶24 锥柄，内有螺孔用来拉紧刀具。直径大于 $\phi40\sim\phi160$mm 的立铣刀可做成套式结构。

三、模具铣刀

模具铣刀由立铣刀发展而成，它是加工金属模具型面铣刀的通称，可分为圆锥形立铣刀（圆锥半角 =3°、5°、7°、10°），圆柱形球头立铣刀和圆锥形球头立铣刀3种，其柄部有直柄、削平型直柄和莫氏锥柄。其结构特点是球头或端面上布满了切削刃，圆周刃与球头刃圆弧连接，可以作径向和轴向进给。铣刀工作部分用高速钢或硬质合金制造。国家标准规定直径 $d=4\sim66$mm（图1－11及图1－12）。小规格的硬质合金模具铣刀多制成整体结构，$\phi16$mm 以上直径的制成焊接或机夹可转位刀片结构。

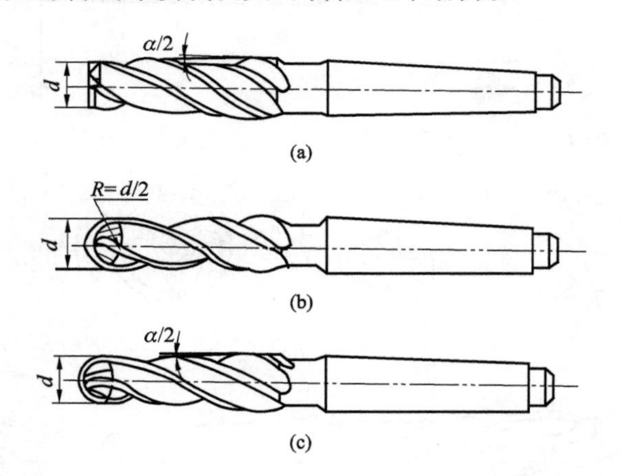

图1－11 高速钢模具铣刀

（a）圆锥形立铣刀；（b）圆柱形球头立铣刀；（c）圆锥形球头立铁刀

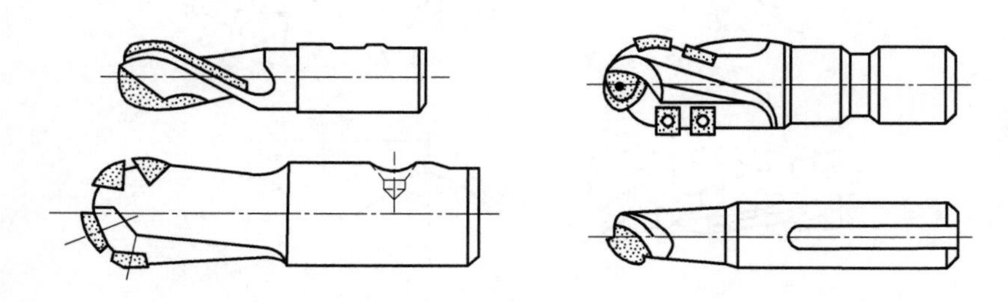

图1－12 硬质合金模具铣刀

四、键槽铣刀

如图1－13所示，键槽铣刀有两个刀齿，圆柱面和端面都有切削刃，端面刃延至中心，既像立铣刀，又像钻头。用键槽铣刀铣削键槽时，先轴向进给达到槽深，然后沿键槽方向铣出键槽全长。由于切削力引起刀具和工件的变形，一次走刀铣出的键槽形状误差较大，槽底一般不是直角。为此，通常采用两步法铣削键槽，即先用小号铣刀粗加工出键槽，然后以逆铣方式精加工四周，可得到真正的直角。直柄键槽铣刀直径 $d=2\sim22$mm，锥柄键槽铣刀直径 $d=14\sim50$mm。键槽铣刀直径的偏差有 $e8$ 和 $d8$ 两种。键槽铣刀的圆周切削刃仅在靠近端面的一小段长度内发生磨损，重磨时，只需刃磨端面切削刃，因此重磨后铣刀直径不变。

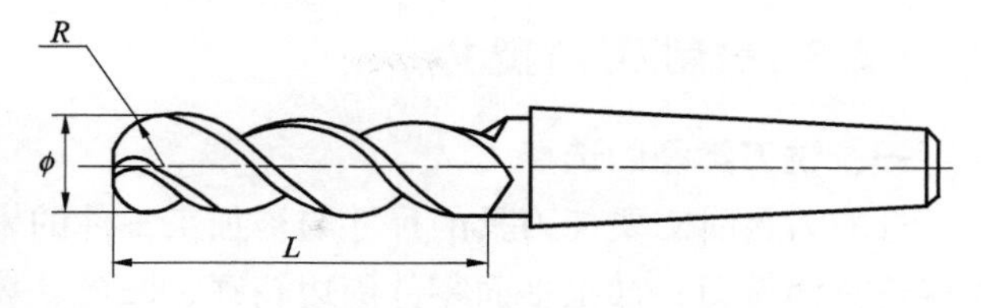

图 1－13 键槽铣刀

五、球头铣刀

球头铣刀适用于加工空间曲面零件，有时也用于平面类零件较大的转接凹圆弧的补加工。

六、鼓形铣刀

图 1－14 所示的是一种典型的鼓形铣刀，它的切削刃分布在半径为 R 的圆弧面上，端面无切削刃。加工时控制刀具上下位置，相应改变刀刃的切削部位，可以在工件上切出从负到正的不同斜角。R 越小，鼓形刀所能加工的斜角范围越广，但所获得的表面质量也越差。这种刀具的缺点是刃磨困难，切削条件差，而且不适于加工有底的轮廓表面，主要用于对变斜角面的近似加工。

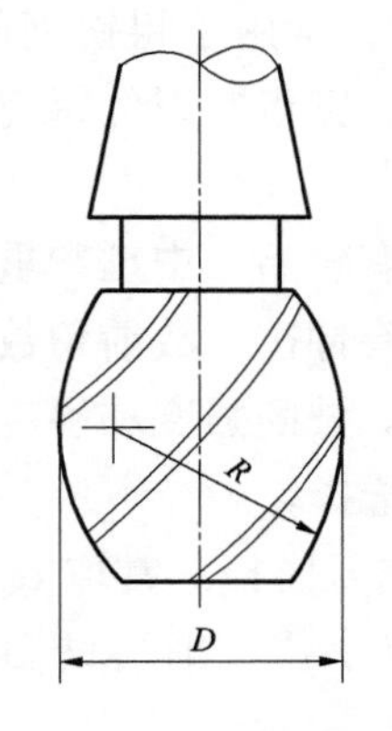

图 1－14 鼓形铣刀

七、成形铣刀

成形铣刀一般都是为特定的工件或加工内容专门设计制造的，适用于加工平面类零件的特定形状（如角度面、凹槽面等），也适用于特形孔或台，图 1－15 所示的是几种常用的成形铣刀。

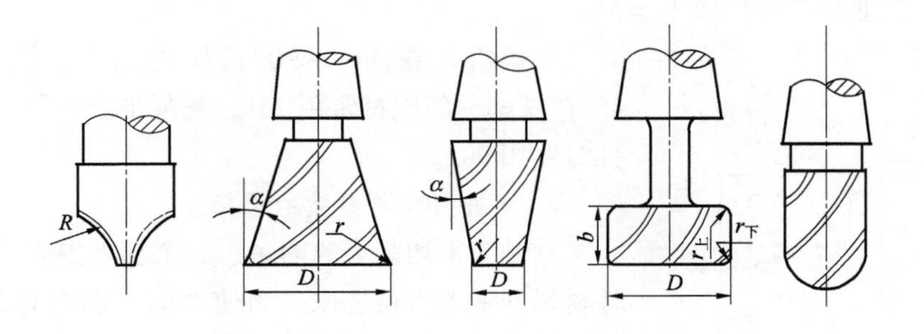

图 1－15 常用的成形铣刀

八、锯片铣刀

锯片铣刀可分为中小型规格的锯片铣刀和大规格锯片铣刀，数控铣和加工中心主要用中小型规格的锯片铣刀。锯片铣刀主要用于大多数材料的切槽、切断、内外槽铣削、组合铣削、缺口实验的槽加工、齿轮毛坯粗齿加工。

1.5.3 铣削刀具的选择

一、铣刀类型的选择

选取刀具时，要使刀具的尺寸与被加工工件的表面尺寸和形状相适应。加工较大的平面应选择面铣刀；加工平面零件周边轮廓、凹槽、较小的台阶面应选择立铣刀；加工空间曲面、模具型腔或凸模成形表面等多选用模具铣刀；加工封闭的键槽选用键槽铣刀；加工变斜角零件的变斜角面应选用鼓形铣刀；加工立体型面和变斜角轮廓外形常采用球头铣刀、鼓形刀；加工各种直的或圆弧形的凹槽、斜角面、特殊孔等应选用成形铣刀。

二、铣刀主要参数的选择

1. 面铣刀主要参数的选择

标准可转位面铣刀直径为 $\phi16 \sim \phi660$mm。铣刀直径（一般比切宽大 20% ~50%）尽量包容工件整个加工宽度。粗铣时，铣刀直径要小一些。精铣时，铣刀直径要大一些，尽量包容工件整个加工宽度。另外，为提高刀具寿命，宜采用顺铣。

可转位面铣刀有粗齿、中齿和密齿 3 种。粗齿铣刀容屑空间较大，常用于粗铣钢件；粗铣带断续表面的铸件和在平稳条件下铣削钢件时，可选用中齿铣刀。密齿铣刀的每齿进给量较小，主要用于加工薄壁铸件。

用于铣削的切削刃槽形和性能得到很大的提高，很多最新刀片都有轻型、中型和重型加工的基本槽形，前角的选择原则与车刀基本相同，只是由于铣削时有冲击，故前角数值一般比车刀略小，尤其是硬质合金面铣刀，前角数值减小得更多一些。铣削强度和硬度都高的材料可选用负前角。前角的数值主要根据工件材料和刀具材料来选择。

铣刀的磨损主要发生在后刀面上，因此适当加大后角，可减少铣刀磨损。常取 $\alpha_0 = 5° \sim 12°$，工件材料软，取大值；工件材料硬，取小值；粗齿铣刀取小值，细齿铣刀取大值。

铣削时冲击力大，为了保护刀尖，硬质合金面铣刀的刃倾角常取 $\lambda_s = -15° \sim 15°$。只有在铣削低强度材料时，取 $\lambda_s = 5°$。

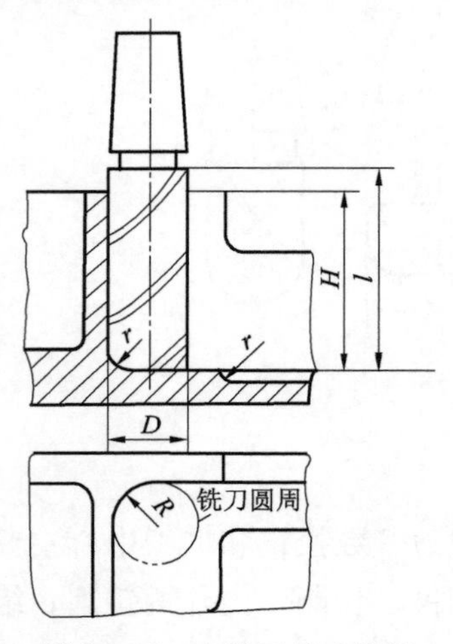

图 1－16　立铣刀尺寸选择

主偏角 k_r 在 45° ~ 90° 范围内选取，铣削铸铁常用 45°，铣削一般钢材常用 75°，铣削带凸肩的平面或薄壁零件时要用 90°。

2. 立铣刀主要参数的选择

立铣刀主切削刃的前角、后角都为正值，分别根据工件材料和铣刀直径选取。为使端面切削刃有足够的强度，在端面切削刃前刀面上一般磨有棱边，其宽度为 0.4 ~ 1.2mm，前角为 6°。

立铣刀的有关尺寸参数（见图 1－16），推荐按下列经验数据选取：

（1）刀具半径 R 应小于零件内轮廓面的最小曲率半径 ρ，一般取 $r = (0.8 \sim 0.9)\rho$。

（2）零件的加工高度 $H \leqslant (1 \sim 1.2)R$，以保证刀具有足够的刚度。

（3）对不通孔（深槽），选取 $l = H + (5 \sim 10)$ mm（l 为刀具切削部分长度，H 为零件高度）。

（4）加工外形及通槽时，选取 $l = H + r + (5 \sim 10)$ mm（r 为刀尖角半径）。

1.6 数控铣床的夹具

1.6.1 数控铣床夹具的基本要求

在数控铣削加工中一般不要求很复杂的夹具，只要求简单地定位、夹紧就可以了，其设计原理也与通用铣床夹具相同，结合数控铣削加工的特点，这里提出一些基本要求。

一、夹具要求

为保证工件在本工序中所有需要完成的待加工面充分暴露在外，夹具要做得尽可能开敞，因为夹紧机构元件和加工面之间应保持一定的安全距离，同时要求夹紧机构元件能低则低，以防止夹具与铣床主轴套筒或刀套、刃具在加工过程中发生干涉。

二、夹具安装

为保持零件的安装方位与机床坐标系及编程坐标系方向的一致性，夹具应保证在机床上实现定向安装，还要求协调零件定位面与机床之间保持一定的坐标联系。

三、夹具的刚性与稳定性要好

尽量不采用在加工过程中更换夹紧点的设计，当非要在加工过程中更换夹紧点时，要特别注意不能因更换夹紧点而破坏夹具或工件的定位精度。

1.6.2 常用夹具的种类

数控铣削加工常用的夹具大致有以下几种。

一、万能组合夹具

万能组合夹具适合小批量生产或研制时的中小、小型工件在数控铣床上进行铣削加工，如图 1－17 所示的槽系组合夹具。

二、专用铣削夹具

这是特别为某一项或类似的几项工件设计制造的夹具，一般在年产量较大或研制时非要不可时采用。其结构固定，仅使用于一个具体零件的具体工序，这类夹具设计应力求简化，使制造时间尽量缩短。

三、多工位夹具

多工位夹具可以同时装夹多个工件，可减少换刀次数，以便一面加工，一面装卸工件，有利于缩短辅助时间，提高生产效率，较适合中批量生产。

四、气动或液压夹具

该类夹具适合生产批量较大的场合，采用其他夹具又特别费工、费力的工件，能减轻工人劳动强度和提高生产率，但此类夹具结构较复杂，造价高，而且制造周期较长。

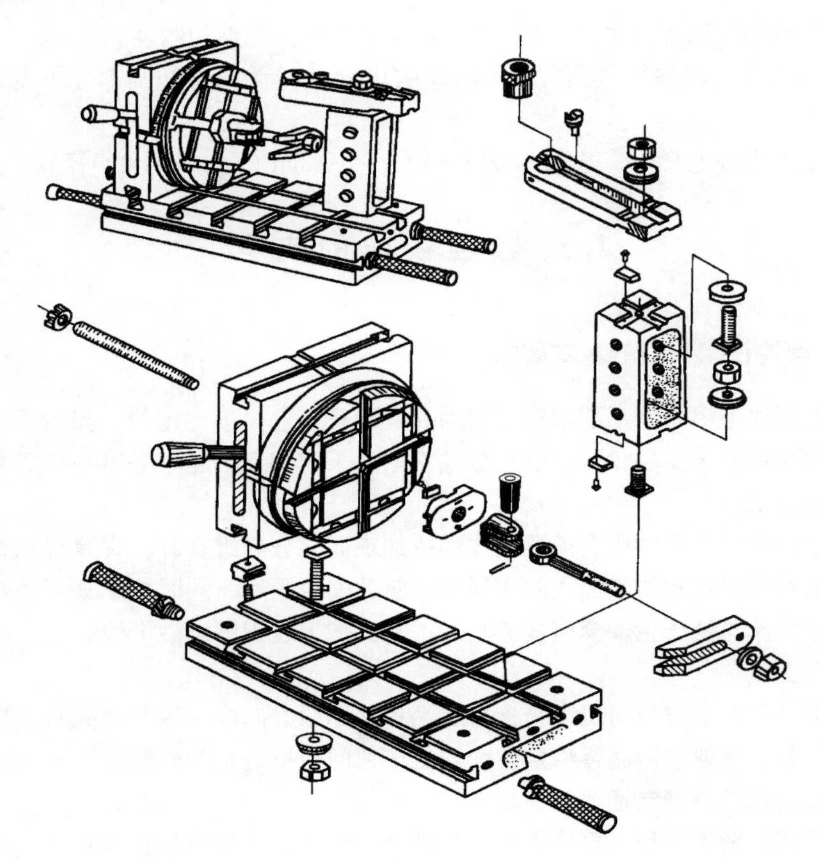

图1－17　槽系组合夹具

图1－18 所示为数控气动立卧式分度工作台。

五、通用铣削夹具

该类夹具有通用可调夹具、虎钳、分度头和三爪卡盘等。图1－19 所示为数控铣床上通用可调夹具系统。该系统由图示基础件和另外一套定位夹紧调整件组成，基础件1 为内装立式油缸2 和卧式油缸6 的平板，通过销4 与5 和机床工作台的一个孔与槽对定；夹紧元件可从上或侧面把双头螺杆或螺栓旋入油缸活塞杆，对不用的对定孔用螺塞封盖。图1－20 所示为数控回转台（座）。一次安装工件，同时可从四面加工坯料，图1－20（a）可做四面加工，图1－20（b）、（c）可做圆柱凸轮的空间成型面和平面凸轮加工；图1－20（d）为双回转台，可用于加工在表面上成不同角度布置的孔，可作5 个方向的加工。

1.6.3　数控铣床夹具的选用原则

在选用夹具时，通常需要考虑产品的生产批量、生产效率、质量保证及经济性，选用时可参考下列原则。

一、研制或单件

在生产量小或研制时，应广泛采用万能组合夹具，只有在组合夹具无法解决时才考虑采用其他夹具。

图 1－18 数控气动立卧式分度工作台

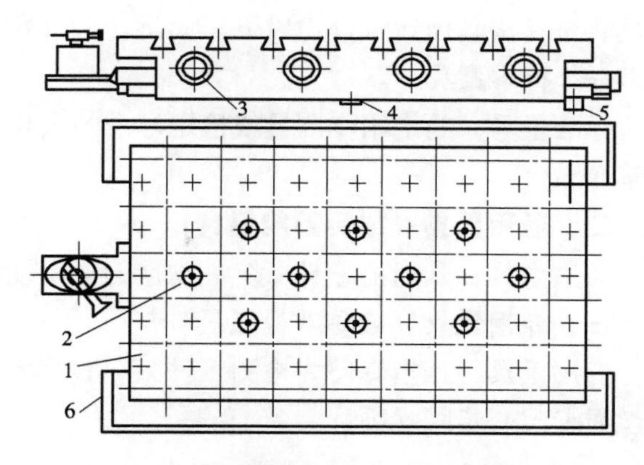

图 1－19 数控铣床上通用可调夹具系统

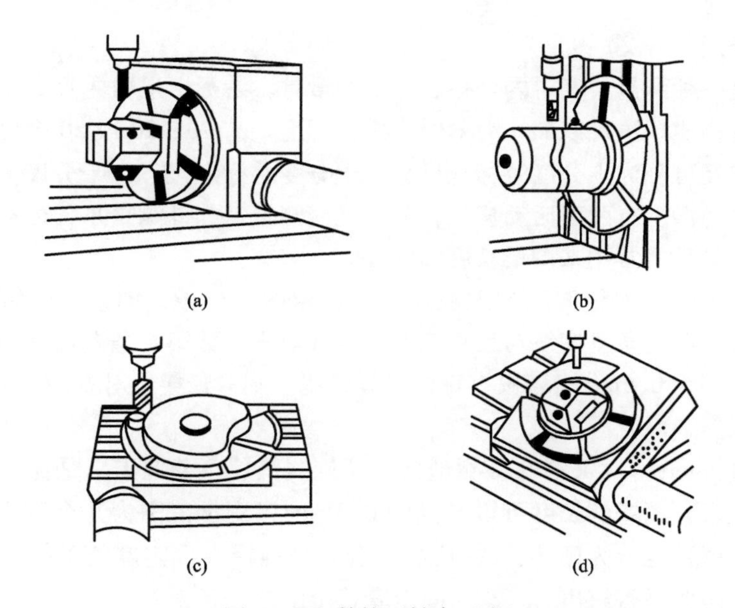

图 1－20 数控回转台（座）

（a）作四面加工；（b）作圆柱凸轮的空间成型面；（c）作圆柱凸轮的平面凸轮加工；（d）双回转台

二、小批量或成批生产

小批量或成批生产可考虑采用专用夹具，但应尽量简单。

三、大批量

在生产批量较大时，可考虑采用多工位夹具和气动、液压夹具。

1.7 数控机床的量具

1.7.1 量具的分类

量具是一种在使用时具有固定形态、用以复现或提供给定量的一个或多个已知量值的器具。量具按其用途可分为以下三大类。

一、标准量具

标准量具，是指用作测量或检定标准的量具，如量块、多面棱体、表面粗糙度比较样块等。

二、通用量具（或称万能量具）

通用量具，是指由量具厂统一制造的通用性量具，如直尺、平板、角度块、卡尺等。

三、专用量具（或称非标量具）

专用量具，是指专门为检测工件某一技术参数而设计制造的量具，如内外沟槽卡尺、钢丝绳卡尺、步距规等。

1.7.2 量具的使用

一、游标卡尺

游标卡尺是一种测量长度、内外径、深度的量具。游标卡尺由主尺和附在主尺上能滑动的游标两部分构成。主尺以 mm 为单位，而游标上则有 10、20 或 50 个分格，根据分格的不同，游标卡尺可分为十分度游标卡尺、二十分度游标卡尺、五十分度游标卡尺等。游标卡尺的主尺和游标上有两副活动量爪，分别是内测量爪和外测量爪，内测量爪通常用来测量内径，外测量爪通常用来测量长度和外径。

读数时首先以游标零刻度线为准在尺身上读取毫米整数，即以 mm 为单位的整数部分。然后看游标上第几条刻度线与尺身上的刻度线对齐，如第 6 条刻度线与尺身刻度线对齐，则小数部分即为 0.6mm（若没有正好对齐的线，则取最接近对齐的线进行读数）。

二、千分尺

千分尺（Micrometer）又称螺旋测微器、螺旋测微仪、分厘卡，是比游标卡尺更精密的测量长度的工具，用它测长度可以准确到 0.01mm，测量范围为几个厘米。用螺旋测微器测量长度时，读数也分为两步：① 从活动套管的前沿在固定套管的位置，读出主尺数（注意 0.5mm 的短线是否露出）。② 从固定套管上的横线所对活动套管上的分格数，读出不到一圈的小数。将以上两读数相加就是测量值。

三、百分表

百分表是利用齿条齿轮或杠杆齿轮传动，将测杆的直线位移变为指针的角位移的计量器具。它是将被测尺寸引起的测杆微小直线移动，经过齿轮传动放大，变为指针在刻度盘上的转动，从而读出被测尺寸的大小。主要用于测量工件的尺寸和形状、位置误差等。分度值为 0.01mm，测量范围为 0~3、0~5、0~10mm。

百分表的结构较简单，传动机构是齿轮系，外廓尺寸小，质量轻，传动机构惰性小，传动比较大，可采用圆周刻度，并且有较大的测量范围，不仅能作比较测量，也能作绝对测量。

数控加工工艺处理

已经对数控机床及数控机床常用刀具、夹具及量具有了一定的认识，作为学员看懂零件图后用数控机床加工零件还要用到加工工艺的知识，因此我们必须要学习数控加工工艺的相关知识才能完成相应零件的数控加工。

1.8 数控加工工艺性分析

1.8.1 数控加工过程

数控加工过程就是根据零件图样及工艺要求等原始条件，编制零件数控加工程序，并输入到数控机床的数控系统，以控制数控机床中刀具与工件的相对运动，从而完成零件的加工。

数控加工过程其具体步骤如下。

一、识图

阅读零件图纸，充分了解图纸的技术要求，如尺寸精度、形位公差、表面粗糙度、工件的材料、硬度、加工性能以及工件数量等。

二、工艺分析

根据零件图纸的要求进行工艺分析，其中包括零件的结构工艺性分析、材料和设计精度合理性分析、工艺步骤等。

三、工艺方案

根据工艺分析制定出加工所需要的一切工艺方案，如加工工艺路线、工艺要求、刀具的运动轨迹、位移量、切削用量（主轴转速、进给量、吃刀深度）以及辅助功能（换刀、主轴正转或反转、切削液开或关）等，并填写加工工序卡和工艺过程卡。

四、数控编程

根据零件图和制定的工艺内容，再按照所用数控系统规定的指令代码及程序格式进行数控编程。

五、后续调试

将编写好的程序通过传输接口，输入到数控机床的数控装置中。调整好机床并调用该程序后，就可以加工出符合图纸要求的零件。

1.8.2 数控加工工艺

一、数控加工工艺特点

数控加工工艺是采用数控机床加工零件时所运用各种方法和技术手段的总和，应用于整个数控加工工艺过程。数控加工工艺是伴随着数控机床的产生、发展而逐步完善起来的一种应用技术，它是人们大量数控加工实践的经验总结。

数控加工工艺过程是利用切削刀具在数控机床上直接改变加工对象的形状、尺寸、表面位置、表面状态等，使其成为成品或半成品的过程。

数控加工与通用机床加工相比较，在许多方面遵循的原则基本一致。但由于数控机床本身自动化程度较高，控制方式不同，数控加工工艺相应地形成了以下几个特点。

1. 工艺的内容十分具体

在用普通机床加工时，工艺中工步的划分与顺序安排、刀具的几何形状、走刀路线及切削用量等工艺问题，在很大程度上都是由操作工人根据自己的实践经验和习惯自行考虑而决定的，一般无须工艺人员在设计工艺规程时进行过多地规定。而在数控加工时，上述这些具体工艺问题，不仅仅成为数控工艺设计时必须认真考虑的内容，而且还必须作出正确地选择并编入加工程序中。也就是说，本来是由操作工人在加工中灵活掌握并可通过适时调整来处理的许多具体工艺问题和细节，在数控加工时就转变为编程人员必须事先设计和安排的内容。

2. 工艺的设计非常严密

数控机床虽然自动化程度较高，但自适性差。它不能像通用机床在加工时可以根据加工过程中出现的问题，比较灵活自由地进行适时的人为调整。故在数控加工工艺设计中必须注意加工过程中的每一个细节。同时，在对图形进行数学处理、计算和编程时，都要力求准确无误，以使数控加工顺利进行。在实际工作中，由于一个小数点或一个逗号的差错就可能酿成重大机床事故和质量事故。

3. 注重加工的适应性

由于数控加工自动化程度高、质量稳定、可多坐标联动、便于工序集中，但价格高，操作技术要求高等特点均比较突出，因此加工方法、加工对象选择不当往往会造成较大损失。为了既能充分发挥出数控加工的优点，又能达到较好的经济效益，在选择加工方法和对象时要特别慎重，甚至有时还要在基本不改变工件原有性能的前提下，对其形状、尺寸、结构等作适应数控加工的修改。

一般情况下，在选择和决定数控加工内容的过程中，有关工艺人员必须对零件图或零件模型作足够具体与充分的工艺性分析。在进行数控加工的工艺性分析时，编程人员应根据所掌握的数控加工基本特点及所用数控机床的功能和实际工作经验，力求把这一前期准备工作做得更仔细、更扎实一些，以便为下面要进行的工作铺平道路，减少失误和返工、不留遗患。

根据大量加工实例分析，数控加工中失误的主要原因多为工艺方面考虑不周和计算与编程时粗心大意。因此在进行编程前做好工艺分析规划是十分必要的。

二、数控加工工艺内容

数控加工工艺概括起来主要包括如下内容。

1. 选择适合在数控机床上加工的零件及内容

选择在数控机床上加工的因素是：零件的技术要求能否保证，对提高生产率是否有利，经济上是否合适。一般说来，零件的复杂程度高、精度要求高、多品种、小批量的生产，采用数控机床加工能获得较高的经济效益。

当选择并决定某个零件进行数控加工后，并不是要把所有的加工内容都包下来，而可能只是对其中的一部分进行数控加工，因此必须要对所要加工的零件仔细地进行工艺分析，选择适合于进行数控加工的内容和工序。选择数控加工内容时，应考虑以下问题：优先选择普通机床上无法加工的内容作为数控加工的内容；重点选择普通机床难加工、质量也难以保证的内容作为数控加工的内容；普通机床加工效率低、工人操作劳动强度大的内容，可考虑在数控机床上加工。

与上述内容相比较，下列一些内容则不宜选择采用数控机床加工：需要通过较长时间占机调整的内容，如以毛坯的粗基准定位来加工第一个精基准的工序等；必须按专用工装协调的孔及其他加工内容，主要原因是采集编程用的资料有困难，协调效果也不一定理想；不能在一次装夹中加工完成的其他零星部位，采用数控加工麻烦，效果不明显，可安排在普通机床进行补加工。

此外，在选择数控加工内容时，也要考虑生产批量、生产周期和工序等因素；还要注意充分发挥数控机床的效益，防止把数控机床当作普通机床使用。

2. 对零件图纸进行数控加工的工艺分析

主要包括零件图分析、加工工艺性分析、零件安装方式的选择等内容。

3. 零件图形的数学处理及编程尺寸设定值的确定

根据零件的几何尺寸、加工路线和刀具补偿方式计算出刀具的运动轨迹，以获得刀位资料。

4. 数控加工工艺方案的制定

数控加工工艺方案的制定主要是指工序的划分。数控机床与普通机床的工序划分有所不同，根据数控加工的特点，加工工序的划分一般可按下列方法进行：① 以同一把刀具加工的内容划分工序。有些零件虽然能在一次安装加工出很多待加工面，但考虑到程序太长，会受到某些限制，如控制系统的限制（主要是内存容量），机床连续工作时间的限制（如一道工序在一个班内不能结束）等。此外，程序太长会增加出错率、查错与检索困难。因此程序不能太长，一道工序的内容不能太多。② 以加工部分划分工序。对于加工内容很多的零件，可按其结构特点将加工部位分成几个部分，如内形、外形、曲面或平面等。③ 以粗、精加工划分工序。对于易发生加工变形的零件，由于粗加工后可能发生较大的变形而需要进行校形，因此一般来说凡要进行粗、精加工的工件都要将工序分开。

5. 走刀路线的确定

走刀路线是刀具在整个加工工序中相对于工件的运动轨迹，它不但包括了工序的内容，而且也反映出工序的顺序。走刀路线是编写程序的依据之一。因此，在确定走刀路线时最好画一张工序简图，将已经拟定出的走刀路线画上去（包括进刀、退刀路线），这样可为编程带来不少方便。工序的划分与安排一般可随走刀路线来进行，在确定走刀路线时，主要遵循以下原则：应能保证零件的加工精度和表面粗糙度要求；应使走刀路线最短，减少刀具空行程时间，提高加工效率。

6. 首件试加工与现场问题处理

程序须经过校验和首件试加工后才能正式使用。通过首件试加工，检查零件加工精度能否达到要求，如加工有误差，应现场综合分析产生误差的原因，找出问题并加以解决。

此处，还要进行数控加工工艺技术文件的定型与归档。

1.9 数控加工刀具路径

加工路线的确定首先必须保持被加工零件的尺寸精度和表面质量，其次考虑数值计算简单、走刀路线尽量短、效率较高等。因精加工的进给路线基本上都是沿其零件轮廓顺序进行的，因此确定进给路线的工作重点是确定粗加工及空行程的进给路线。

1.9.1 数控车削加工刀具路径

制定零件车削加工顺序一般遵循下列原则。

一、先粗后精

按照粗车→半精车→精车的顺序，逐步提高加工精度。粗车将在较短的时间内将工件表面上的大部分加工余量切掉，一方面提高金属切除率，另一方面满足精车的余量均匀性要求。若粗车后所留余量的均匀性满足不了精加工的要求，则要安排半精加工，为精车做准备。精车要保证加工精度，按图样尺寸，一刀车出零件轮廓。

二、先近后远

远和近是按加工部位距离对刀点的位置而言的。在一般情况下，离对刀点近的部位先加工，离对刀点远的部位后加工，以便缩短刀具移动距离，减少空行程时间。而且对于车削而言，先近后远还有利于保持坯件或半成品的刚性，改善其切削条件。

三、内外交叉

对既有内表面（内型、腔），又有外表面需加工的零件，安排加工顺序时应先进行内外表面粗加工，后进行内外表面精加工。切不可将零件上一部分表面（外表面或内表面）加工完毕后，再加工其他表面（内表面或外表面）。

下面具体分析数控车削加工进给路线。

1. 加工路线与加工余量的关系

在数控车床还未达到普及使用的条件下，一般应把毛坯件上过多的余量，特别是含有锻、铸的硬皮层余量安排在普通车床上加工。如必须用数控车床加工时，要注意程序的灵活安排。安排一些子程序对余量过多的部位先作一定的切削加工。

对大余量毛坯进行阶梯切削时的加工路线：图 1 – 21 所示为车削大余量工件的两种加工路线，图 1 – 21（a）是错误的阶梯切削路线，图 1 – 21（b）按 1→5 的顺序切削，每次切削所留余量相等，是正确的阶梯切削路线。因为在同样背吃刀量的条件下，按图 1 – 21（a）方式加工所剩的余量过多。

2. 刀具的切入、切出

在数控机床上进行加工时，要安排好刀具的切入、切出路线，尽量使刀具沿轮廓的切

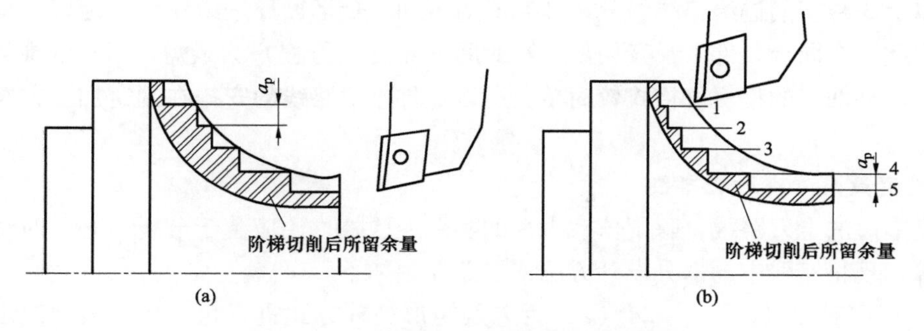

图 1－21 车削大余量毛坯的阶梯路线

（a）径向切削由小到大；（b）径向切削由大到小

线方向切入、切出。尤其是车螺纹时，必须设置升速段 δ_1 和降速段 δ_2（见图 1－22），这样可避免因车刀升降而影响螺距的稳定。

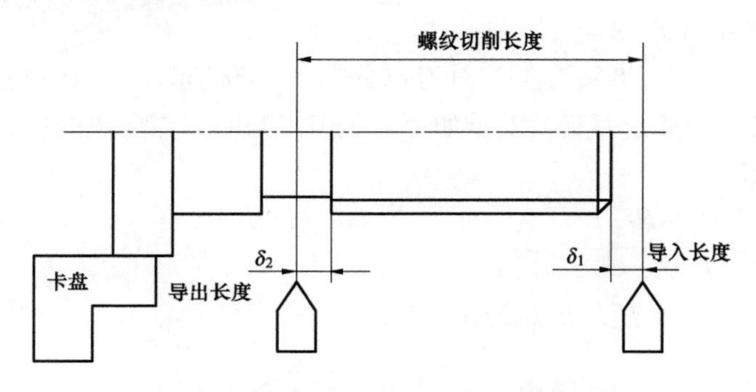

图 1－22 车螺纹时的引入距离和超越距离

3. 确定最短的切削进给路线

切削进给路线短，可有效地提高生产效率，降低刀具损耗等。在安排粗加工或半精加工的切削进给路线时，应同时兼顾到被加工零件的刚性及加工的工艺性等要求，不要顾此失彼。

图 1－23 所示为粗车工件时几种不同切削进给路线的安排示例。其中，图 1－23（a）表示利用数控系统具有的封闭式复合循环功能而控制车刀沿着工件轮廓进行走刀的路线；图 1－23（b）为利用其程序循环功能安排的三角形走刀路线；图 1－23（c）为利用其矩形循环功能而安排的矩形走刀路线。

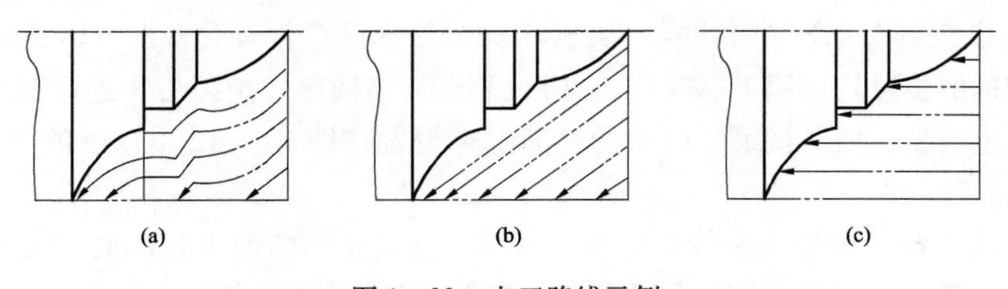

图 1－23 走刀路线示例

（a）沿工件轮廓走刀；（b）三角形走刀；（c）矩形走刀

对以上3种切削进给路线经分析和判断后可知，矩形循环进给路线的走刀长度总和为最短。因此，在同等条件下，其切削所需时间（不含空行程）为最短，刀具的损耗小。另外，矩形循环加工的程序段格式较简单，所以这种进给路线的安排在制定加工方案时应用较多。

4. 确定最短的空行程路线

确定最短的走刀路线，除了依靠大量的实践经验外，还应善于分析，必要时辅以一些简单计算。现将实践中的部分设计方法或思路介绍如下。

（1）巧用对刀点。图1－24（a）为采用矩形循环方式进行粗车的一般情况示例。其起刀点A的设定是考虑到精车等加工过程中需方便地换刀，故设置在离坯料较远的位置，同时将起刀点与其对刀点重合在一起，按三刀粗车的走刀路线安排如下：

第一刀：A→B→C→D→A

第二刀：A→E→F→G→A

第三刀：A→H→I→J→A

图1－24（b）则是巧将起刀点与对刀点分离，并设于图示B点位置，仍按相同的切削用量进行三刀粗车，其走刀路线安排如下：起刀点与对刀点分离的空行程为A→B

第一刀：B→C→D→E→B

第二刀：B→F→G→H→B

第三刀：B→I→J→K→B

显然，图1－24（b）所示的走刀路线短。

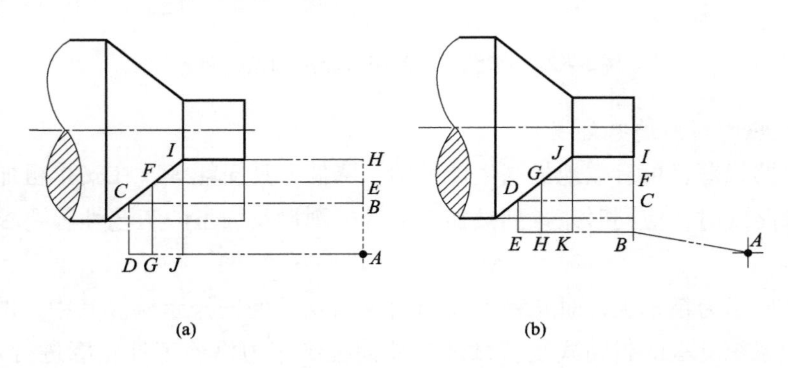

图1－24 巧用起刀点

（a）起刀点对刀点重合；（b）起刀点对刀点分离

（2）巧设换刀点。为了考虑换（转）刀的方便和安全，有时将换（转）刀点也设置在离坯件较远的位置处（图1－24中A点），那么，当换第二把刀后，进行精车时的空行程路线必然也较长；如果将第二把刀的换刀点也设置在图1－24（b）中的B点位置上，则可缩短空行程距离。

（3）合理安排“回零”路线。在手工编制较复杂轮廓的加工程序时，为使其计算过程尽量简化，既不易出错，又便于校核，编程者（特别是初学者）有时将每一刀加工完后的刀具终点通过执行“回零”（即返回对刀点）指令，使其全都返回到对刀点位置，然后再进行后续程序。这样会增加走刀路线的距离，从而大大降低生产效率。因此，在合理安排“回零”路线时，应使其前一刀终点与后一刀起点间的距离尽量减短，或者为零，即可满足走刀路线为最短的要求。

1.9.2 数控铣削加工刀具路径

一、顺铣与逆铣的选择

沿着刀具的进给方向看，如果铣刀旋转方向与工件进给方向相同，则称为顺铣，如图1－25（a）所示；铣刀旋转方向与工件进给方向相反，则称为逆铣，如图1－25（b）所示。逆铣时，切削由薄变厚，刀齿从已加工表面切入，对铣刀的使用有利。逆铣时，当铣刀刀齿接触工件后不能马上切入金属层，而是在工件表面滑动一小段距离，在滑动过程中，由于强烈地摩擦，就会产生大量的热量，同时在待加工表面易形成硬化层，降低了刀具的耐用度，影响工件表面的光洁度，给切削带来不利。顺铣时，刀齿开始和工件接触时切削厚度最大，且从表面硬质层开始切入，刀齿受很大的冲击负荷，铣刀较快变钝，但刀齿切入过程中没有滑移现象。

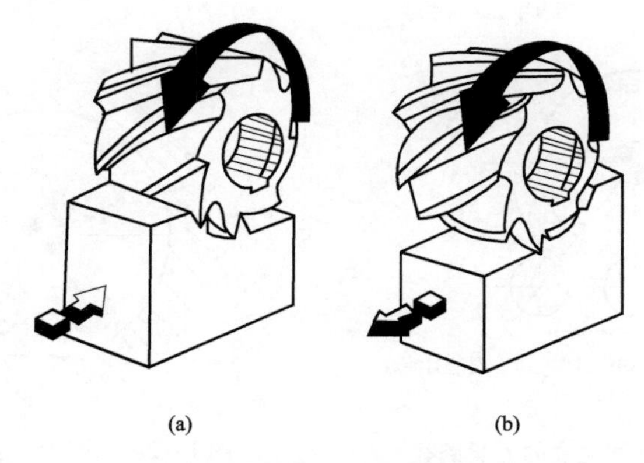

图1－25 顺铣和逆铣

（a）顺铣；（b）逆铣

在同等切削条件下，顺铣功率消耗要低5%～15%，同时顺铣也更加有利于排屑。一般应尽量采用顺铣法加工，以提高被加工零件表面的光洁度（降低粗糙度），保证尺寸精度。但是在切削面上有硬质层、积渣、工件表面凹凸不平较显著时，如加工锻造毛坯，应采用逆铣法。

二、平面零件加工的刀具路径

当铣削平面零件外轮廓时，一般采用立铣刀侧刃切削。刀具切入工件时，应避免沿零件外轮廓的法向切入，而应沿外轮廓曲线延长线的切向切入，以避免在切入处产生刀具的刻痕而影响表面质量，保证零件外轮廓曲线平滑过渡。同理，在切离工件时，也应避免在工件的轮廓处直接退刀，而应该沿零件轮廓延长线的切向逐渐切离工件，如图1－26所示。

铣削封闭的内轮廓表面时，若内轮廓曲线允许外延，应沿切线方向切入切出。若内轮廓曲线不允许外延，刀具只能沿内轮廓曲线的法向切入切出，此时刀具的切入切出点应尽量选在内轮廓曲线两几何元素的交点处。当内部几何元素相切无交点时，为防止刀补取消时在轮廓拐角处留下凹口，刀具切入切出点应远离拐角，如图1－27所示。

当整圆加工完毕时（见图1－28），不要在切点处直接退刀，而应让刀具沿切线方向多运动一段距离，以免取消刀补时，刀具与工件表面相碰，造成工件报废。外圆轮廓的刀具路径如图1－28所示。铣削内圆弧时，也要遵循从切向切入的原则，最好安排从圆弧过渡到圆弧的加工路线（见图1－29），这样可以提高内孔表面的加工精度和加工质量。

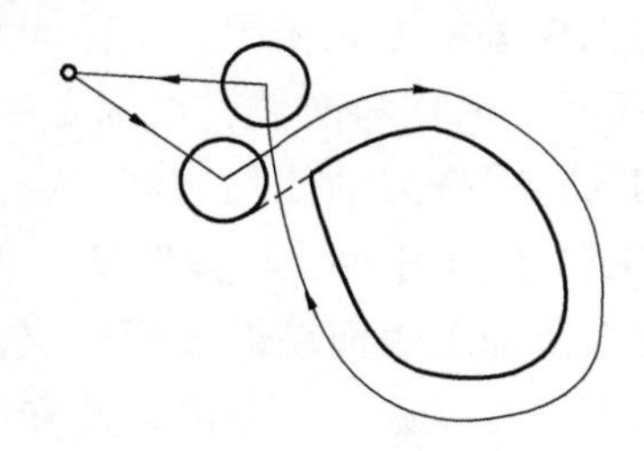

图1－26 外轮廓的刀具路径

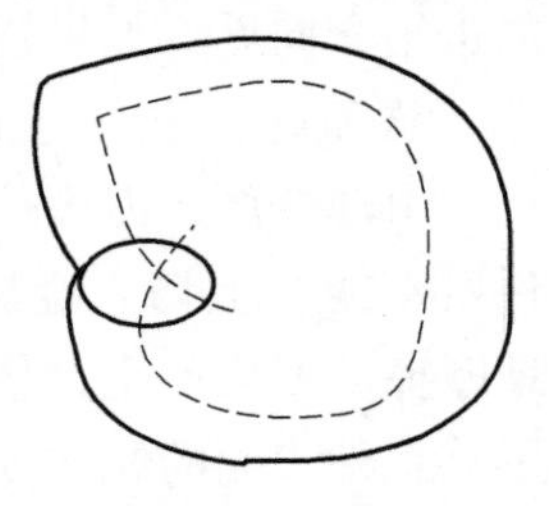

图1－27 内轮廓的刀具路径

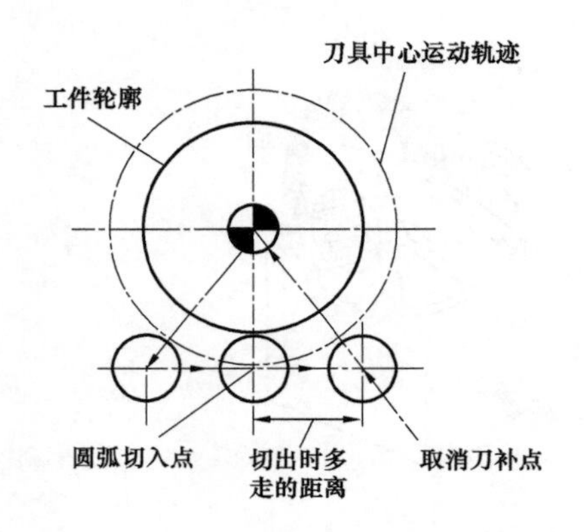

图1－28 外圆轮廓的刀具路径

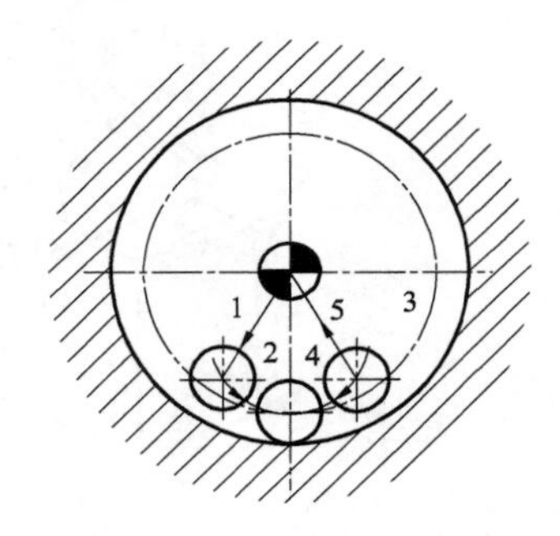

图1－29 内圆轮廓的刀具路径

三、型腔加工的刀具路径

当铣削型腔轮廓时，一般采用立铣刀侧刃切削。在图1－30中，图（a）和图（b）分别为用行切法加工和环切法加工凹槽的走刀路线，而图（c）是先用行切法，最后环切一刀光整轮廓表面。图1－30所示的3种方案中，图（a）方案的加工表面质量最差，在周边留有大量的残余；图（b）方案和图（c）方案加工后能保证精度，但图（b）方案采用环切方案，走刀路线稍长，而且编程计算工作量大。

此外，轮廓加工中应避免进给停顿。因为加工过程中的切削力会使工艺系统产生弹性变形并处于相对平衡状态，进给停顿时，切削力突然减小会改变系统的平衡状态，刀具会在进给停顿处的零件轮廓上留下刻痕。

四、曲面加工的刀具路径

铣削曲面时，常用球头刀采用行切法进行加工。对于边界敞开的曲面加工，可采用两种走刀路线。采用图1－31（a）所示的加工方案时，每次沿直线加工，刀位点计算简单，程序少，加工过程符合直纹面的形成，可以准确保证母线的直线度。当采用图1－31（b）

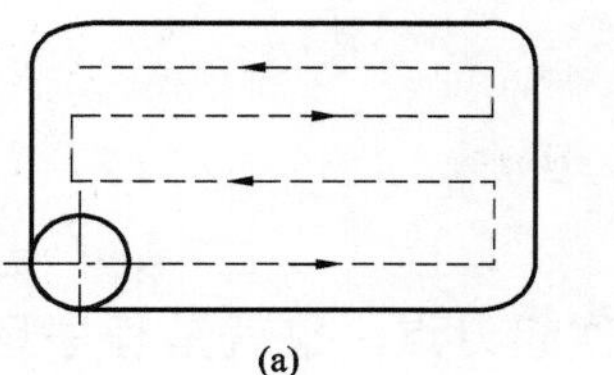
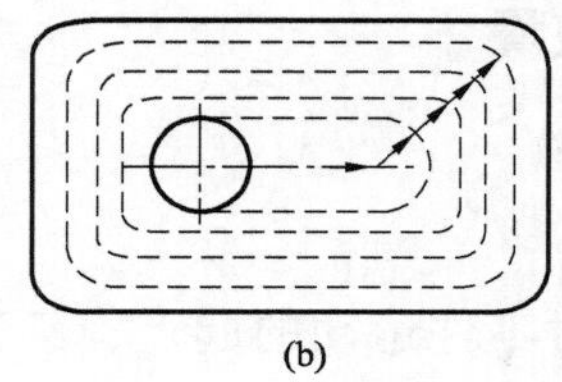
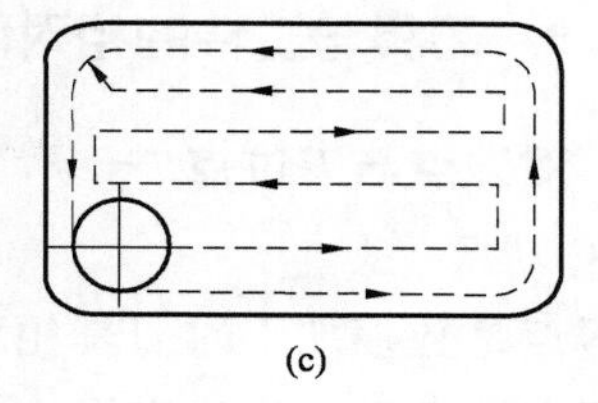

图 1-30　型腔加工的刀具路径

(a) 行切法；(b) 环切法；(c) 先行切后环切

所示的加工方案时，符合这类零件数据给出情况，便于加工后检验，叶形的准确度较高，但程序较多。由于曲面零件的边界是敞开的，没有其他表面限制，所以边界曲面可以延伸，球头刀应由边界外开始加工。

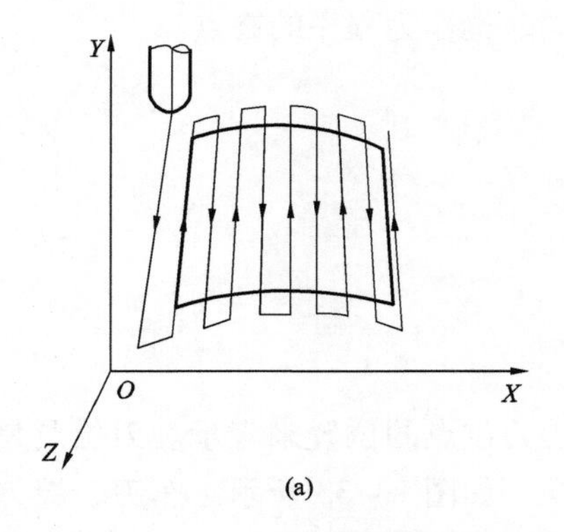

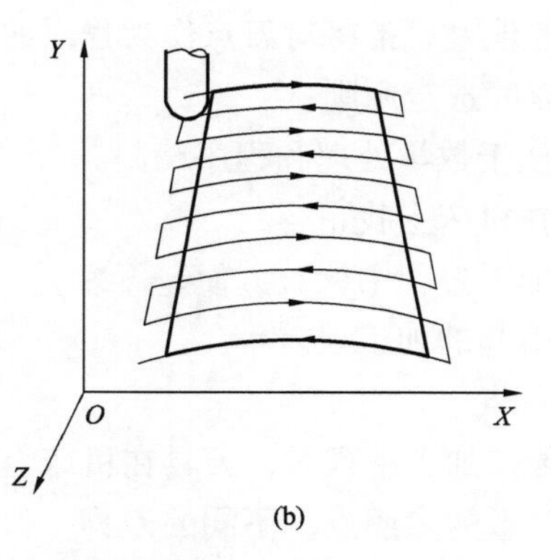

图 1-31　直纹曲面加工的刀具路径

(a) 平行直纹面刀路；(b) 垂直直纹面刀路

五、孔加工的刀具路径

按照一般习惯，总是先加工均布于同一圆周上的 8 个孔，再加工另一圆周上的孔，如图 1-32 (a) 所示。但是对点位控制的数控机床而言，要求定位精度高，定位过程尽可能快，因此这类机床应按空程最短来安排走刀路线，如图 1-32 (b) 所示，以节省加工时间。

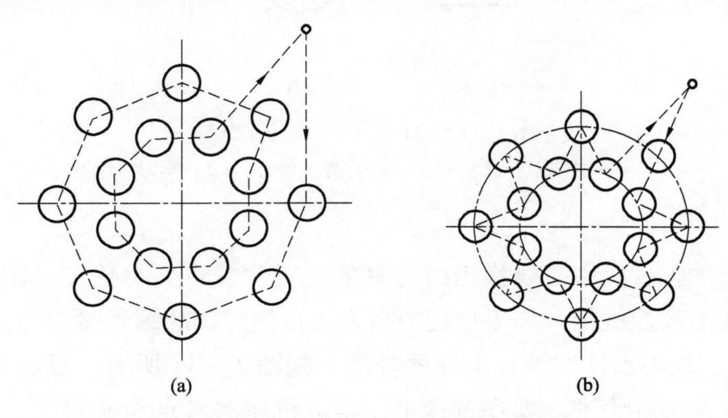

图 1-32　孔加工的刀具路径

1.9.3 刀具与工件的相对位置

一、对刀点与刀位点

1. 对刀点

对刀点是数控加工时刀具相对零件运动的起点，又称起刀点，也就是程序运行的起点。对刀点选定后，便确定了机床坐标系和零件坐标系之间的相互位置关系。

对刀点可以设置在被加工工件上，也可以设置在夹具上，但必须与工件的定位基准有一定的坐标尺寸联系，这样才能确定机床坐标系与工件坐标系的相互关系。为了提高工件的加工精度，对刀点应尽量选在工件的设计基准或工艺基准上。对于以孔定位的工件，可以取孔的中心作为对刀点。对车削加工，则通常将对刀点设在工件外端面的中心上。当工件上没有合适的部位用来对刀时，也可以加工出工艺孔来对刀。成批生产时，为减少多次对刀带来的误差，常将对刀点作为程序的起点，同时也作为程序的终点。

对刀点的选定原则：

（1）便于数学处理和程序编制。

（2）在机床上找正容易。

（3）加工过程中检查方便、可靠。

（4）引起的加工误差小。

2. 刀位点

进行数控加工编程时，刀具在机床上的位置由刀位点的位置来表示。刀位点是刀具上代表刀具位置的参照点。不同的刀具，刀位点不同，如图 1－33 所示。车刀、镗刀的刀位点是指其刀尖，立铣刀、端铣刀的刀位点是指刀具底面与刀具轴线的交点，球头铣刀的刀位点是指球头铣刀的球心。所谓对刀，是指加工开始前，将刀具移动到指定的对刀点上，使刀具的刀位点与对刀点重合。

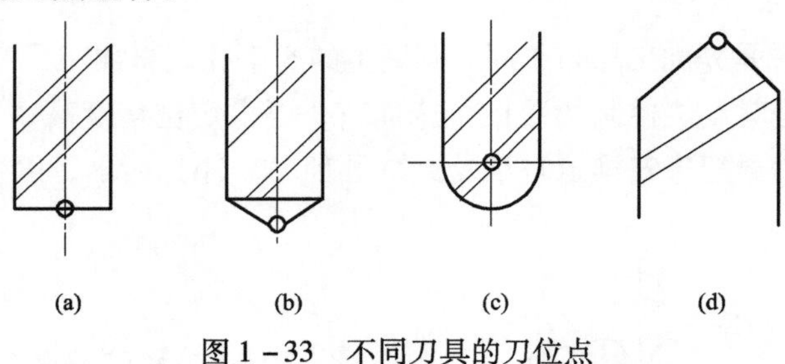

图 1－33 不同刀具的刀位点

（a）平头立铣刀；（b）钻头；（c）球头铣刀；（d）车刀、镗刀

二、换刀点

换刀点，是指加工过程中需要换刀时刀具的相对位置点。对数控车床、数控镗铣床、加工中心等多刀加工数控机床，加工过程中需要进行换刀，故编程时应考虑设置一个换刀位置（即换刀点）。换刀点往往设在工件的外部，如图 1－34 所示，以能顺利换刀、不碰撞工件及机床上其他部件为准。如在铣床上，常以机床参考点为换刀点；在加工中心上，以换刀机械手的固定位置点为换刀点；在车床上，则以刀架远离工件的行程极限点为换刀

点。选取的这些点，都是便于计算的相对固定点。

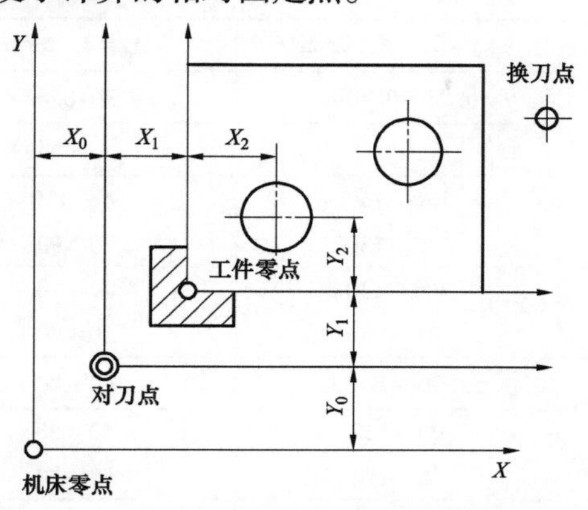

图 1－34 对刀点和换刀点的确定

1.10 切削用量的确定

合理选择切削用量对于发挥数控机床的最佳效益有着至关重要的关系。选择切削用量的原则：粗加工时，一般以提高生产效率为主，但也应考虑经济效益和加工成本；半精加工和精加工时，应在保证加工质量的前提下，兼顾切削效率、经济效益和加工成本。数控编程时，编程人员必须确定每道工序的切削用量，并以指令的形式写入程序中，所以编程前必须确定合适的切削用量。

1.10.1 数控车床切削用量

一、背吃刀量的确定

在工艺系统刚性和机床功率允许的条件下，粗加工时尽可能选取较大的背吃刀量，以减少进给次数；半精加工和精加工时，应考虑适当留出精车余量，其所留精车余量一般为 0.1～0.5mm。

二、主轴转速的确定

1. 光车时的主轴转速

光车时的主轴转速应根据零件上被加工部位的直径，并按零件、刀具的材料、加工性质等条件所允许的切削速度来确定。切削速度除了计算和查表选取外，还可根据实践经验确定。需要注意的是交流变频调速数控车床低速输出力矩小，因而切削速度不能太低。表 1－2 为硬质合金外圆车刀切削速度的参考值，选用时可参照选择。

表 1－2　　硬质合金外圆车刀切削速度的参考值

工件材料	热处理状态	$a_p=0.3\sim2.0$mm	$a_p=2\sim6$mm	$a_p=6\sim10$mm
		$f=0.08\sim0.30$mm/r	$f=0.3\sim0.6$mm/r	$f=0.6\sim1.0$mm/r
		V_c (m/min)		
低碳钢、易切钢	热轧	140～180	100～120	70～90

续表

工件材料	热处理状态	$a_p=0.3\sim2.0$mm	$a_p=2\sim6$mm	$a_p=6\sim10$mm
		$f=0.08\sim0.30$mm/r	$f=0.3\sim0.6$mm/r	$f=0.6\sim1.0$mm/r
		V_c（m/min）		
中碳钢	热轧	130 ~ 160	90 ~ 110	60 ~ 80
	调质	100 ~ 130	70 ~ 90	50 ~ 70
合金结构钢	热轧	100 ~ 130	70 ~ 90	50 ~ 70
	调质	80 ~ 110	50 ~ 70	40 ~ 60
工具钢	退火	90 ~ 120	60 ~ 80	50 ~ 70
灰铸铁	HBS < 190	90 ~ 120	60 ~ 80	50 ~ 70
	HBS = 190 ~ 225	80 ~ 110	50 ~ 70	40 ~ 60
高锰钢 Mnl3%			10 ~ 20	
铜、铜合金		200 ~ 250	120 ~ 180	90 ~ 120
铝、铝合金		300 ~ 600	200 ~ 400	150 ~ 200
铸铝合金		100 ~ 180	80 ~ 150	60 ~ 100

注 切削钢、灰铸铁时的刀具耐用度约为60min。

2. 车螺纹时的主轴转速

切削螺纹时，数控车床的主轴转速将受到螺纹螺距（或导程）的大小、驱动电动机的升降频率特性、螺纹插补运算速度等多种因素的影响，故对于不同的数控系统，有不同的主轴转速选择范围。

3. 进给量（或进给速度）的确定

（1）单向进给量计算。单向进给量包括纵向进给量和横向进给量。粗车时一般取0.3 ~ 0.8mm/r，精车时常取0.1 ~ 0.3mm/r，切断时常取0.05 ~ 0.2mm/r。表1 - 3是硬质合金车刀粗车外圆或端面的进给量参考值，表1 - 4是按表面粗糙度选择进给量的参考值。

表1 - 3　　硬质合金车刀粗车外圆及端面的进给量

工件材料	刀杆尺寸 $B\times H$（mm）	工件直径 d_w（mm）	背吃刀量（a_p/mm）				
			≤3	>3 ~ 5	>5 ~ 8	>8 ~ 12	>12
			进给量f/（mm/r）				
碳素结构钢 合金结构钢 耐热钢	16 × 25	20	0.3 ~ 0.4				
		40	0.4 ~ 0.5	0.3 ~ 0.4			
		60	0.5 ~ 0.7	0.4 ~ 0.6	0.3 ~ 0.5		
		100	0.6 ~ 0.9	0.5 ~ 0.7	0.5 ~ 0.6	0.4 ~ 0.5	
		400	0.8 ~ 1.2	0.7 ~ 1.0	0.6 ~ 0.8	0.5 ~ 0.6	
	20 × 30 25 × 25	20	0.3 ~ 0.4				
		40	0.4 ~ 0.5	0.3 ~ 0.4			
		60	0.5 ~ 0.7	0.5 ~ 0.7	0.4 ~ 0.6		
		100	0.8 ~ 1.0	0.7 ~ 0.9	0.5 ~ 0.7	0.4 ~ 0.7	
		400	1.2 ~ 1.4	1.0 ~ 1.2	0.8 ~ 1.0	0.6 ~ 0.9	0.4 ~ 0.6

续表

工件材料	刀杆尺寸 $B\times H$（mm）	工件直径 d_w（mm）	背吃刀量（a_p/mm）				
			≤3	>3~5	>5~8	>8~12	>12
			进给量 f/（mm/r）				
铸铁铜合金	16×25	40	0.4~0.5				
		60	0.5~0.8	0.5~0.8	0.4~0.6		
		100	0.8~1.2	0.7~1.0	0.6~0.8	0.5~0.7	
		400	1.0~1.4	1.0~1.2	0.8~1.0	0.6~0.8	
	20×30 25×25	40	0.4~0.5				
		60	0.5~0.9	0.5~0.8	0.4~0.7		
		100	0.9~1.3	0.8~1.2	0.7~1.0	0.5~0.8	
		400	1.2~1.8	1.2~1.6	1.0~1.3	0.9~1.1	0.7~0.9

注 1. 加工断续表面及有冲击工件时，表中进给量应乘系数 $k=0.75\sim0.85$；

2. 在无外皮加工时，表中进给量应乘系数 $k=1.1$；

3. 在加工耐热钢及合金钢时，进给量不大于1mm/r；

4. 加工淬硬钢，进给量应减小。当钢的硬度为44~56HRC时，应乘系数 $k=0.8$；当钢的硬度为56~62HRC时，应乘系数 $k=0.5$。

表1-4　　按表面粗糙度选择进给量的参考值

工件材料	表面粗糙度 R_a（μm）	切削速度范围 v_c（m/min）	刀尖圆弧半径 r（mm）		
			0.5	1.0	2.0
			进给量 f（mm/r）		
铸铁 青钢 铝合金	>5~10	不限	0.25~0.40	0.40~0.50	0.50~0.60
	>2.5~5.0		0.15~0.25	0.25~0.40	0.40~0.60
	>1.25~2.5		0.10~0.15	0.15~0.20	0.20~0.35
碳钢 合金钢	>5~10	<50	0.30~0.50	0.45~0.60	0.55~0.70
		>50	0.40~0.55	0.55~0.65	0.65~0.70
	>2.5~5.0	<50	0.18~0.25	0.25~0.30	0.30~0.40
		>50	0.25~0.30	0.30~0.35	0.30~0.50
	>1.25~2.5	<50	0.10	0.11~0.15	0.15~0.22
		50~100	0.11~0.16	0.16~0.25	0.25~0.35
		>100	0.16~0.20	0.20~0.25	0.25~0.35

注 $r=0.5$mm，用于12mm×12mm及以下刀杆；$r=1$mm，用于30mm×30mm以下刀杆；$r=2$mm，用于30mm×45mm以下刀杆。

（2）合成进给速度的计算。合成进给速度，是指刀具作合成运动（斜线及圆弧插补等）时的进给速度，例如加工斜线及圆弧等轮廓零件时，刀具的进给速度由纵、横两个坐标轴同时运动的速度合成获得，即

$$V_{fH} = \sqrt{V_{fX}^2 + \nu_{fZ}^2}$$

由于计算合成进给速度的过程比较繁琐，所以除特别情况需要计算外，在编制数控加工程序时，一般凭实践经验或通过试切确定合成进给速度值。

1.10.2 数控铣床及加工中心的切削用量

一、切削深度 t

在机床、工件和刀具刚度允许的情况下，尽可能选取较大值；为了保证零件的加工精度和表面粗糙度，一般应留一定的余量进行精加工。

二、切削宽度 L

在编程中切削宽度称为步距，一般切削宽度 L 与刀具直径 D 成正比，与切削深度成反比。在粗加工中，步距取得大有利于提高加工效率。在使用平底刀进行切削时，一般 L 的取值范围为 $L=(0.6\sim0.9)D$。而使用圆鼻刀进行加工，刀具直径应扣除刀尖的圆角部分，即 $d=D-2r$（其中，D 为刀具直径；r 为刀尖圆角半径），而 L 可以取为 $0.8\sim0.9d$。在使用球头刀进行精加工时，步距的确定应首先考虑所能达到的精度和表面粗糙度。

三、进给速度 V_f

进给速度 V_f 的单位为 mm/min。V_f 应根据零件的加工精度和表面粗糙度要求以及刀具和工件材料来选择。V_f 的增加也可以提高生产效率，但是刀具的耐用度也会降低。加工表面粗糙度要求低时，V_f 可选择得大些。进给速度可以按下式进行计算：

$$V_f = n \times z \times f_z \tag{1-1}$$

式中 V_f——工作台进给量，mm/min；

n——主轴转速，r/min；

z——刀具齿数，齿；

f_z——进给量，mm/齿，值由刀具供应商提供。

四、切削速度 V_c

切削速度 V_c 的单位为 m/min。提高 V_c 值也是提高生产率的一个有效措施，但 V_c 与刀具耐用度的关系比较密切。随着 V_c 的增大，刀具耐用度急剧下降，故 V_c 的选择主要取决于刀具耐用度。切削速度 V_c 值还要根据工件的材料硬度作适当的调整。例如：用立铣刀铣削合金钢 30CrNi2MoV 时，V_c 可采用 8m/min 左右；而用同样的立铣刀铣削铝合金时，V_c 可选 200m/min 以上。

五、主轴转速 n

主轴转速的单位是 r/min，一般根据切削速度 V_c 来选定。计算式为

$$n = \frac{1000V_c}{\pi D_c} \tag{1-2}$$

式中 D_c——刀具直径，mm。

在使用球头刀时要作一些调整，球头铣刀的计算直径 D_{eff} 要小于铣刀直径 D_c，故其实际转速不应按铣刀直径 D_c 计算，而应按计算直径 D_{eff} 计算，有

$$D_{eff}=[D_c^2-(D_c-2t)^2]\times 0.5 \tag{1-3}$$

$$n=\frac{1000V_c}{\pi D_{eff}} \tag{1-4}$$

数控机床的控制面板上一般备有主轴转速修调（倍率）开关，可在加工过程中根据实际加工情况对主轴转速进行调整。

在数控编程与加工中，还应考虑在不同情形下选择不同的进给速度。如在初始切削进刀时，特别是 Z 轴下刀时，因为进行端铣，受力较大，同时考虑程序的安全性问题，所以应以相对较慢的速度进给。

另外，在 Z 轴方向的进给由高向低走时，产生端切削，可以设置较低的进给速度。在加工过程中，V_f 也可通过机床控制面板上的修调开关进行人工调整，但是最大进给速度要受到设备刚度和进给系统性能等的限制。

在实际的加工过程中，可能要对各个切削用量参数进行调整，如使用较高的进给速度进行加工，虽然刀具的寿命有所降低，但节省了加工时间，反而能有更好的效益。

对于加工中不断产生的变化，数控加工中的切削用量选择在很大程度上依赖于编程人员的经验，因此，编程人员必须熟悉刀具的使用和切削用量的确定原则，不断积累经验，从而保证零件的加工质量和效率，充分发挥数控机床的优点，提高企业的经济效益和生产水平。

数控程序格式

现在我们已经知道了数控机床的结构、工作原理、数控机床常用刀具、夹具、量具及数控机床加工零件加工工艺的知识，要完成一个零件的数控加工还要掌握编程知识，那么一个数控程序有怎样的规定及要求呢?

1.11 数控编程的步骤与方法

1.11.1 数控编程的方法

数控编程一般分为手工编程和自动编程两种。

一、手工编程

手工编程（见图1－35）就是从分析零件图样、确定加工工艺过程、数值计算、编写零件加工程序单、制作控制介质到程序校验都是人工完成。它要求编程人员不仅要熟悉数控指令及编程规则，而且还要具备数控加工工艺知识和数值计算能力。对于加工形状简单、计算量小、程序段数不多的零件，采用手工编程较容易，而且经济、及时。因此，在点位加工或直线与圆弧组成的轮廓加工中，手工编程仍应用广泛。对于形状复杂的零件，特别是具有非圆曲线、列表曲线及曲面组成的零件，用手工编程就有一定的难度，出错的概率增大，有时甚至无法编出程序，必须用自动编程的方法编制程序。

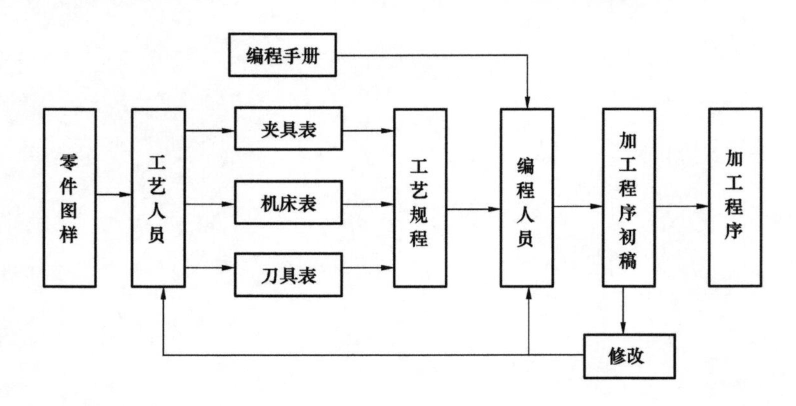

图1－35 手工编程

二、自动编程

自动编程是利用计算机专用软件来编制数控加工程序。编程人员只需根据零件图样的要求，使用数控语言，由计算机自动地进行数值计算及后置处理，编写出零件加工程序

单，加工程序通过直接通信的方式送入数控机床，指挥机床工作。自动编程使得一些计算繁琐、手工编程困难或无法编出的程序能够顺利地完成。

1.11.2 数控编程的步骤

数控编程的主要内容包括分析零件图样及确定加工过程、数据处理、编写零件加工程序、输入程序和工件试切（见图 1-36）。

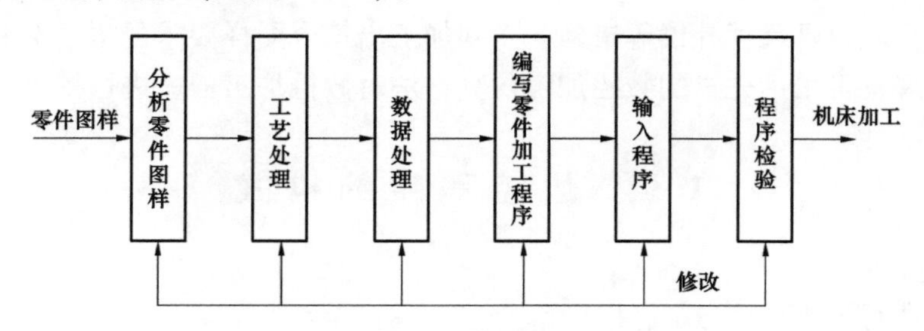

图 1-36 数控编程的步骤

一、分析零件图样及确定加工过程

通过零件图对零件的形状、尺寸精度、表面粗糙度、工件材料、毛坯种类和热处理状况等进行分析，然后选择机床、刀具，确定定位夹紧装置、加工方法、加工顺序及切削用量。加工工艺应充分考虑所用数控机床的指令功能，充分发挥机床的效能，做到加工路线合理、走刀次数少和加工工时短等。此外，还应填写有关的工艺技术文件，如数控加工工序卡片、数控刀具卡片、走刀路线图等。

二、数学处理

根据零件图的几何尺寸及设定的编程坐标系，计算出刀具中心的运动轨迹，得到全部刀位数据。一般数控系统具有直线插补和圆弧插补的功能，对于形状比较简单的平面形零件（如直线和圆弧组成的零件）的轮廓加工，只需要计算出几何元素的起点、终点、圆弧的圆心（或圆弧的半径）、两几何元素的交点或切点的坐标值。对于形状复杂的零件（如由非圆曲线、曲面组成的零件），需要用直线段（或圆弧段）逼近实际的曲线或曲面，根据所要求的加工精度计算出其节点的坐标值。

三、编写零件加工程序

根据加工路线计算出刀具运动轨迹数据和已确定的工艺参数及辅助动作，编程人员可以按照所用数控系统规定的功能指令及程序段格式，逐段编写出零件的加工程序。

四、将程序输入数控机床

将加工程序输入数控机床的方式有：光电阅读机、键盘、磁盘、磁带、存储卡、连接上级计算机的 DNC 接口及网络等。目前，常用的方法是通过键盘直接将加工程序输入（MDI 方式）到数控机床程序存储器中或通过计算机与数控系统的通信接口将加工程序传送到数控机床的程序存储器中，由机床操作者根据零件加工需要进行调用。现在一些新型数控机床已经配置大容量存储卡存储加工程序，当作数控机床程序存储器使用，因此数控程序可以事先存入存储卡中。

五、程序校验与首件试切

数控程序必须经过校验和试切才能正式加工。在有图形模拟功能的数控机床上，可以进行图形模拟加工，检查刀具轨迹的正确性，对无此功能的数控机床可进行空运行检验。但这些方法只能检验出刀具运动轨迹是否正确，不能查出对刀误差、由于刀具调整不当或因某些计算误差引起的加工误差及零件的加工精度，所以有必要经过零件加工的首件试切这一重要步骤。当发现有加工误差或不符合图纸要求时，应分析误差产生的原因，以便修改加工程序或采取刀具尺寸补偿等措施，直到加工出符合图样要求的零件为止。随着数控加工技术的发展，可采用先进的数控加工仿真方法对数控加工程序进行校核。

1.12 数控程序的格式

1.12.1 程序结构及格式

一、程序结构

数控程序由程序编号、程序内容和程序结束段组成，图 1-37 所示是一个数控程序结构示意图。

```
1   %
2   O0600
    N1     G92 X0 Y0 Z1
    N2     S300 M03                 —6
3   N3     G90 G00 X-5.5 Y-6
    N4     G01 Z-1.2  M08
    …
    N170   M30                      —5
4   %
```

图 1-37 程序结构

1—起始符；2—程序名；3—程序主体；4—程序结束符；5—功能字；6—程序段

1. 程序编号

采用程序编号地址码区分存储器中的程序，不同数控系统程序编号地址码不同，如日本 FANUC 数控系统采用 O 作为程序编号地址码、美国的 AB8400 数控系统采用 P 作为程序编号地址码、德国的 SMK8M 数控系统采用% 作为程序编号地址码等。

2. 程序内容

程序内容部分是整个程序的核心，由若干个程序段组成，每个程序段由一个或多个指令字构成，每个指令字由地址符和数字组成，它代表机床的一个位置或一个动作，每一程序段用“；”号结束。

3. 程序结束段

以程序结束指令 M02 或 M30 作为整个程序结束的符号。

二、程序段格式

每个程序段是由程序段编号，若干个指令（功能字）和程序段结束符号组成。如：

```
N0001  G01  X50.0 Z-64.0  F100;
```

N、G、X、Z、F——地址码；

“-”——符号（负号）64.0 为数据字；

N——程序段地址码，用来制定程序段序号；

G——准备功能地址码，G01 为直线插补指令；

X、Z——坐标轴地址码，其后面数据字表示刀具在该坐标轴方向应移动的距离；

F——进给速度地址码，其后面数据字表示刀具进给速度值，F100 表示进给速度为

100mm/min；

；——程序段结束码，与“NL”、“LF”或“CR”、“＊”等符号含义等效，不同的数控系统规定有不同的程序段结束符。

说明：数控机床的指令格式国际上有很多标准，并不完全一致。而随着数控机床的发展，不断改进和创新，其系统功能更加强大，使用更加方便，在不同数控系统之间，程序格式存在一定的差异，因此，在具体进行某一数控机床编程时，应参考该数控机床编程手册，仔细了解其数控系统的编程格式。

三、程序字

一系列的程序字组成数控程序段，程序字通常由地址和数值两部分组成，地址通常是某个大写字母（数控程序中的地址代码意义见表1－5），它可以作为一个信息单元存储、传递和操作。

表1－5　数控程序中的地址代码及意义

功　能	地　址	意　义
程序号	:（ISO），O（EIA）	程序序号
顺序号	N	顺序号
准备功能	G	动作模式（直线、圆弧等）
尺寸字	X、Y、Z	坐标移动指令
	A、B、C、U、V、W	附加轴移动指令
	R	圆弧半径
	I、J、K	圆弧中心坐标
进给功能	F	进给速率
主轴旋转功能	S	主轴转速
刀具功能	T	刀具号、刀具补偿号
辅助功能	M	辅助装置的接通和断开
补偿号	H、D	补偿序号
暂停	P、X	暂停时间
子程序号指定	P	子程序序号
子程序重复次数	L	重复次数
参数	P、Q、R	固定循环

程序字的用法：

1. 坐标字

用来设定机床各坐标的位移量由坐标地址符及数字组成，一般以X、Y、Z、U、V、W等字母开头，后面紧跟“＋”或“－”及一串数字。该数字一般以脉冲当量为单位，不使用小数点，如果使用小数表示该数，则基本单位为mm。

2. 准备功能字（简称G功能）

以字母G开头，后接一个两位数字，因此又称为G指令。它是控制机床运动的主要功能类别。表1－6是FANUC数控系统的准备功能G代码列表。

表1－6　　FANUC数控系统的准备功能G代码

G代码	功　　能	G代码	功　　能
G00*	快速定位（快速进给）	G49*	刀具长度补偿取消
G01*	直线插补（切削进给）	G52	局部坐标系设定
G02	顺时针（CW）圆弧插补	G53	机械坐标系选择
G03	逆时针（CCW）圆弧插补	G54*	第一工件坐标设置
G04	暂停、正确停止	G55	第二工件坐标设置
G09	正确停止	G56	第三工件坐标设置
G10	资料设定	G57	第四工件坐标设置
G11	资料设定模式取消	G58	第五工件坐标设置
G15	极坐标指令取消	G59	第六工件坐标设置
G16	极坐标指令	G65	宏程序调用
G17*	*XY*平面选择	G66	宏程序调用模态
G18	*ZX*平面选择	G67	宏程序调用取消
G19	*YZ*平面选择	G73	高速深孔钻孔循环
G20	英制输入	G74	左旋攻螺纹循环
G21	公制输入	G76	精镗孔循环
G22*	行程检查功能打开（ON）	G80*	固定循环取消
G23	行程检查功能关闭（OFF）	G81	钻孔循环、钻镗孔
G27	机械原点复位检查	G82	钻孔循环、反镗孔
G28	机械原点复位	G83	深孔钻孔循环
G29	从参考原点复位	G84	攻螺纹循环
G30	第二原点复位	G85	粗镗孔循环
G31	跳跃功能	G86	镗孔循环
G33	螺纹切削	G87	反镗孔循环
G39	转角补正圆弧切削	G90*	绝对指令
G40*	刀具半径补偿取消	G91	增量指令
G41	刀具半径左补偿	G92	坐标系设定
G42	刀具半径右补偿	G98	固定循环中起始点复位
G43	刀具长度正补偿	G99	固定循环中*R*点复位
G44	刀具长度负补偿		

* 记号G码在电源开时是G码状态。

3. 进给功能字

指定刀具相对工件的运动速度，进给功能字以地址符“F”为首，后跟一串字代码，单位为mm/min，在进给速度与主轴转速相关时，如进行车螺纹、攻丝或套扣等加工时，使用的单位还可为mm/r。

4. 主轴速度功能字

指定主轴旋转速度，以地址符 S 为首，后跟一串数字，单位为 r/min。

5. 刀具功能字

当系统具有换刀功能时，刀具功能字用以选择替换的刀具，以地址符 T 为首，其后一般跟两位数字，该数代表刀具的编号。

6. 辅助功能字

这是指用于机床加工操作时的工艺性指令，以地址符 M 为首，其后跟两位数字（M00 ~ M99）。常用的辅助功能 M 代码见表 1 – 7。

表 1 – 7　　辅助功能 M 代码

M 代码	功　能	M 代码	功　能
M00	程序停止	M08	冷却液开
M01	计划停止	M09	冷却液关闭
M02	程序结束	M30	程序结束并返回
M03	主轴顺时针旋转	M74	错误检测功能打开
M04	主轴逆时针旋转	M75	错误检测功能关闭
M05	主轴停止旋转	M98	子程序调用
M06	换刀	M99	子程序调用返回

7. 模态指令和非模态指令

模态指令一经程序段指定，便一直有效，直到出现同组另一指令或被其他指令取消时才失效，与上一段相同的模态指令可省略不写；非模态指令是在程序段中指定有效，下一段则无效。G 指令和 M 指令均有模态和非模态指令之分。

1.12.2 编程的规则

一、绝对值编程

绝对值编程是根据预先设定的编程原点计算出绝对值坐标尺寸进行编程的一种方法，即采用绝对值编程时，首先要指出编程原点的位置，并用地址 X、Z 进行编程。

二、增量值编程

增量值编程是根据与前一个位置的坐标值增量来表示位置的一种编程方法，即程序中的终点坐标是相对于起点坐标而言的。采用增量值编程时，用地址 U、W 代替 X、Z 进行编程。

三、混合编程

绝对值编程与增量值编程混合起来进行编程的方法称为混合编程。编程时也必须先设定编程原点。

如图 1 – 38 所示的点的运动轨迹，从始点 A 到终点 B 的移动过程，可用绝对值指令编程或相对值指令编程，具体如下。

绝对值编程：`X70.0  Z40.0`；相对值编程：`U40.0  W-60.0`；混合编程 `X70.0  W-60.0`；

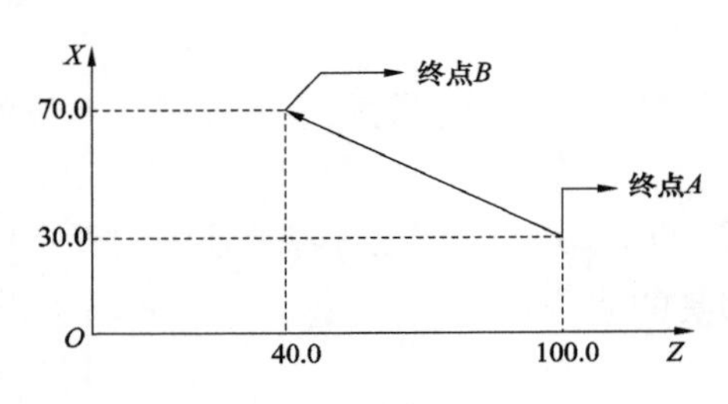

图 1－38 点的运动轨迹

思考与练习题

一、填空题

1. 从零件图开始，到获得数控机床所需控制（　　）的全过程称为程序编制，程序编制的方法有（　　）和（　　）。

2. 数控机床按控制运动轨迹可分为（　　）、点位直线控制和（　　）几种。按控制方式又可分为（　　）、（　　）和半闭环控制等。

3. 对刀点既是程序的（　　），也是程序的（　　）。为了提高零件的加工精度，对刀点应尽量选在零件的（　　）基准或工艺基准上。

4. 在数控加工中，刀具刀位点相对于工件运动的轨迹称为（　　）路线。

5. 切削用量三要素是指（　　）、（　　）、（　　）。

6. 在铣削零件的内外轮廓表面时，为防止在刀具切入、切出时产生刀痕，应沿轮廓（　　）方向切入、切出，而不应（　　）方向切入、切出。

7. 数控机床大体由（　　）、（　　）、（　　）和（　　）组成。

8. 数控机床按控制系统功能特点分类，分为（　　）、（　　）和（　　）。

9. 数控机床中的标准坐标系采用（　　），并规定（　　）刀具与工件之间距离的方向为坐标正方向。

10. 数控机床坐标系三坐标轴 X、Y、Z 及其正方向用（　　）判定，X、Y、Z 各轴的回转运动及其正方向 $+A$、$+B$、$+C$ 分别用（　　）判断。

11. 与机床主轴重合或平行的刀具运动坐标轴为（　　）轴，远离工件的刀具运动方向为（　　）。

12. 粗铣平面时，因加工表面质量不均匀，选择铣刀时直径要（　　）一些。精铣时，铣刀直径要（　　），最好能包容加工面宽度。

13. 在数控铣床上加工整圆时，为避免工件表面产生刀痕，刀具从起始点沿圆弧表面的进入，进行圆弧铣削加工；整圆加工完毕退刀时，顺着圆弧表面的（　　）退出。

14. 走刀路线是指加工过程中，（　　）相对于工件的运动轨迹和方向。

15. 粗加工时，应选择（　　）的背吃刀量、进给量，（　　）的切削速度。

16. 精加工时，应选择较（　　）背吃刀量、进给量，较（　　）的切削速度。

17. 机床参考点通常设置在（　　）。

二、判断题（正确的在句末括号内打“√”号，错误的打“×”号）

1. 数控机床编程有绝对值和增量值编程，使用时不能将它们放在同一程序段中。（ ）

2. 数控机床按控制系统的特点，可分为开环、闭环系统和半闭环系统。（ ）

3. 不同结构布局的数控机床有不同的运动方式，但无论何种形式，编程时都认为工件相对于刀具运动。（ ）

4. 数控机床按工艺用途分类，可分为数控切削机床、数控电加工机床、数控测量机等。（ ）

5. 数控机床按控制坐标轴数分类，可分为两坐标数控机床、三坐标数控机床、多坐标数控机床和五面加工数控机床等。（ ）

6. 数控车床的刀具功能字 T 既指定了刀具数，又指定了刀具号。（ ）

7. 数控机床的编程方式是绝对编程或增量编程。（ ）

8. 数控机床用恒线速度控制加工端面、锥度和圆弧时，必须限制主轴的最高转速。（ ）

9. 在数控机床上加工零件，应尽量选用组合夹具和通用夹具装夹工件，避免采用专用夹具。（ ）

10. 数控机床加工过程中，可以根据需要改变主轴速度和进给速度。（ ）

11. 数控机床的机床坐标原点和机床参考点是重合的。（ ）

12. 机床参考点是数控机床上固有的机械原点，该点到机床坐标原点在进给坐标轴方向上的距离可以在机床出厂时设定。（ ）

13. 刀位点是刀具上代表刀具在工件坐标系的一个点，对刀时，应使刀位点与对刀点重合。（ ）

14. 机床的进给路线就是刀具的刀尖或刀具中心相对机床的运动轨迹和方向。（ ）

15. 机床的原点就是机械零点，编制程序时必须考虑机床的原点。（ ）

16. 机械零点是机床调试和加工时十分重要的基准点，由操作者设置。（ ）

三、选择题

1. 下列说法正确的是（ ）。

A. 机床坐标系的原点是人为设定的，可以任意变动

B. 工件坐标系的原点是固定的参考点

C. 工件坐标系的原点是人为设定的，不能任意变动

D. 机床坐标系的原点是固定的参考点

2. 数控车床采用前置刀架，则 X 轴正向（ ）。

A. 指向操作者 B. 远离操作者 C. 指向左边 D. 指向右边

3. 数控车床的 S 指令是指（ ）。

A. 主轴功能 B. 辅助功能 C. 进给功能 D. 刀具功能

4. 数控车床的 M 指令是指（ ）。

A. 主轴功能 B. 辅助功能 C. 进给功能 D. 刀具功能

5. 选择粗加工切削用量时，首先应选择尽可能大的（　　），以减少走刀次数。

A. 背吃刀量　B. 切削速度　C. 主轴转速　D. 进给速度

四、问答题

1. 数控机床与普通机床相比，其特点是什么？
2. 数控机床由哪些基本结构组成？各部分的基本功能是什么？
3. 数控编程开始前，进行工艺分析的目的是什么？
4. 确定刀具路线时应考虑什么因素？
5. 数控加工工艺的主要内容是什么？
6. 选择夹具的基本要求是什么？
7. 数控刀具有哪些特点？
8. 如何选择切削三要素用量？
9. 如何理解对刀点、刀位点及换刀点？
10. 数控程序包括哪些内容？

第二部分

数控车床编程与加工技术

小坤进厂后，通过一段时间的学习，渐渐明白了数控机床的工作原理、数控加工刀具、夹具及量具的使用、数控加工工艺处理的方法、数控程序的基本格式。小坤心里十分高兴，但是如何编程及加工呢？他还是一片茫然，他怀着忐忑的心情去问高师傅：“我们什么时候真正动手编程加工零件呢？”高师傅说：“前面你通过学习已经对数控机床有了一定的了解，但要在数控车床上加工零件还有困难，因为对数控车床的编程知识还没有掌握，要在数控车床上完成相关零件的加工必须要学习数控车床编程的基本知识。”

数控车床编程基础

2.1 数控车床的坐标系

在数控车床上加工工件时，刀具与工件的相对运动是以数字的形式来体现的。在加工零件前必须建立相应的坐标系，才能明确刀具与工件的相对位置。

2.1.1 数控车床坐标系及运动方向

一、坐标系的建立

车床坐标系是车床上固有的坐标系，是车床加工运动的基本坐标系。有的车床是刀具移动工作台（工件）不动，有的车床则是刀具不动而工作台（工件）移动，不管是刀具移动还是工件移动，车床坐标系永远假定刀具相对于静止的工件而运动。同时，运动的正方向是增大工件和刀具之间距离的方向。

车床坐标系通常采用如图 2－1 所示的右手直角笛卡儿坐标系。一般情况下，如立式铣床坐标系（见图 2－2）主轴的方向为 Z 坐标，而工作台的两个运动方向分别为 X、Y 坐标。

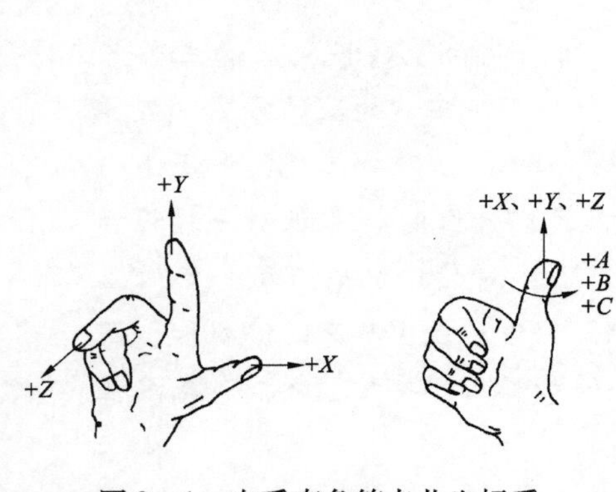

图 2－1　右手直角笛卡儿坐标系

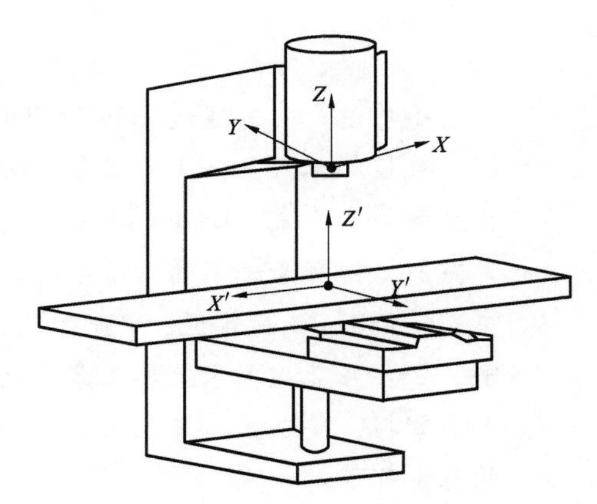

图 2－2　立式铣床坐标系

二、坐标系的确定

伸出右手的大拇指、食指和中指，并互为 90°，则大拇指代表 X 坐标，食指代表 Y 坐标，中指代表 Z 坐标，大拇指的指向为 X 坐标的正方向，食指的指向为 Y 坐标的正方向，中指的指向为 Z 坐标的正方向。

三、坐标轴的确定方法

确定车床坐标轴时，一般顺序是先确定 Z 坐标，再确定 X 坐标和 Y 坐标。

1. 确定 Z 轴

一般是选取产生切削力的工件回转中心的轴线作为 Z 轴，同时规定刀具远离工件方向为 Z 轴正方向。

（1）对于有主轴的车床，以车床主轴轴线作为 Z 轴。

（2）对于没有主轴的车床，则以与装夹工件的工作台面相垂直的直线作为 Z 轴。

2. 确定 X 轴

X 轴一般平行于工件表面且与 Z 轴垂直。

（1）对于工件旋转车床，如数控车床、数控磨床等，X 坐标的方向在工件的径向上，且平行于横向滑座，刀具远离工件回转中心的方向为 X 轴的正方向。

（2）对于刀具旋转的车床，如数控铣床、数控镗床、数控钻床等，若主轴是垂直的，面对刀具主轴朝立柱看时，向右为 X 轴正方向；若主轴是水平的，从主轴向工件看，向右为 X 轴正方向。

3. 确定 Y 轴

Y 轴垂直于 X 轴和 Z 轴，当 X 轴、Z 轴及正方向确定以后，可根据右手笛卡儿坐标系判断 Y 轴及其正方向。

2.1.2 数控车床坐标系与工件坐标系

一、数控车床原点与参考点

数控车床原点，是指在机床上设置的一个固定点，即机床坐标系的原点。它在数控车床装配、调试时就已确定下来，是数控机床进行加工运动的基准参考点。在数控车床上，机床原点一般取在卡盘端面与主轴中心线的交点处。机床参考点的位置是由机床制造厂家在每个进给轴上用限位开关精确调整好的，坐标值已输入数控系统中。因此参考点对机床原点的坐标是一个已知数。通常，数控车床上机床参考点是离机床原点最远的极限点。数控车床原点与参考点如图 2－3 所示。

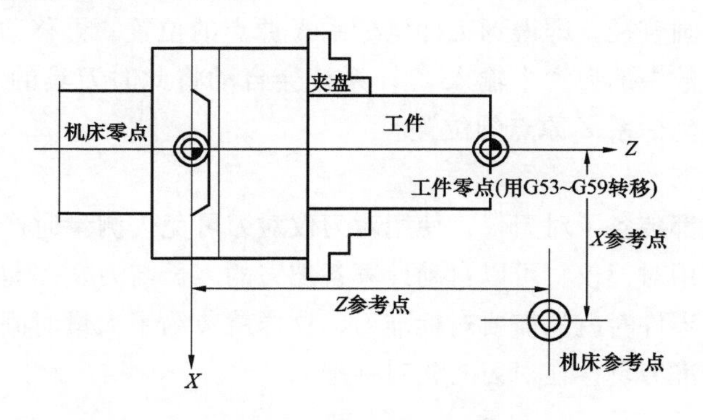

图 2－3 数控车床坐标系

数控机床开机时，必须先确定机床原点，而确定机床原点的运动就是刀架返回参考点的操作，这样通过确认参考点，就确定了机床原点。只有机床参考点被确认后，刀具（或工作台）移动才有基准。

二、工件坐标系及工件原点

数控车床加工时，工件通过卡盘夹持于机床坐标系下的任意位置。工件坐标系的原点是由编程者自行确定，一般来说，数控车床的 X 向零点应取在工件的回转中心，即主轴轴线上，Z 向零点一般在工件的左端面或右端面，即工件原点一般应选在主轴中心线与工件右端面或左端面的交点处，实际加工时考虑加工余量和加工精度，工件原点应选择在精加工后的端面上或精加工后的夹紧定位面上，如图 2－3 所示。编程人员在编写零件加工程序时通常要选择一个工件坐标系，也称编程坐标。工件坐标系坐标轴的意义必须与机床坐标轴相同，这样刀具轨迹就变为工件轮廓在工件坐标系下的坐标了。编程人员就不用考虑工件上的各点在机床坐标系下的位置，从而大大简化了问题，故工件坐标系的原点也称编程原点。

三、数控车床的对刀

在数控车床坐标系中设有一个固定的参考点［假设为（X，Z）］，这个参考点的作用主要是用来给机床本身一个定位。因为每次开机后无论刀架停留在哪个位置，系统都把当前位置设定为（0，0），这样势必造成基准的不统一，所以每次开机的第一步操作为参考点回归（有的称为回零点），也就是通过确定（X，Z）来确定原点（0，0）。为了计算和编程方便，通常将程序原点设定在工件右端面的回转中心上，尽量使编程基准与设计、装配基准重合。机械坐标系是机床唯一的基准，所以必须要弄清楚程序原点在机械坐标系中的位置。故把数控车床坐标系的参考点与工件原点（也是编程原点）建立联系的过程称为对刀。

常见对刀的方法如下。

1. 试切法对刀

试切法对刀是实际中应用得最多的一种对刀方法。工件和刀具装夹完毕，驱动主轴旋转，移动刀架至工件试切一段外圆。然后保持 X 坐标不变移动 Z 轴刀具离开工件，测量出该段外圆的直径。将其输入到相应的刀具参数中的刀长中，系统会自动用刀具当前 X 坐标减去试切出的那段外圆直径，即得到工件坐标系 X 原点的位置。再移动刀具试切工件一端端面，在相应刀具参数中的刀宽中输入 Z_0，系统会自动将此时刀具的 Z 坐标减去刚才输入的数值，即得工件坐标系 Z 原点的位置。

2. 对刀仪自动对刀

现在很多车床上都装备了对刀仪，使用对刀仪对刀可免去测量时产生的误差，大大提高对刀精度。由于使用对刀仪，可以自动计算各把刀的刀长与刀宽的差值，并将其存入系统中，在加工另外的零件时就只需要对标准刀，这样就节约了大量时间。注意，使用对刀仪对刀一般都设有标准刀具，在对刀时先对标准刀。

2.2 数控车床的编程

日本 FANUC 系统是数控车床中使用最多的系统之一，本节主要以 FANUC Oi－TB 数控车床为例进行介绍。由于数控车床加工的零件主要是轴类、盘类等回转体，该类零件在图样上标注尺寸多以直径值标注，为简化编程中尺寸换算的麻烦，在 *X* 轴的数值均采用直径值来编程，另外，数控车床出厂时系统参数也设定为直径编程。

2.2.1 G00 与 G01 指令

G00 是快速定位指令，用 G00 指令数控车床的刀具相对工件的进给速度是数控车床设定好的最快速度，G00 指令通常用于空行程；G01 是直线插补指令，用 G01 指令数控车床的刀具相对工件的进给速度要通过进给速度功能 *F* 来设定，G01 指令通常用于工件切削加工或退刀。

指令格式：G00 X (U) _Z (W) _;

G01 X (U) _Z (W) _F_;

说明：*X*、*Z*——终点的绝对坐标值；

U、*W*——终点相对起点的坐标值；

X(*U*)——坐标按直径输入。

【例 2-1】加工如图 2-4 所示的零件，已知毛坯直径为 ϕ26mm 长度 50mm 的圆棒材。

数控机床：FANUC Oi-TB 系统的数控车床

刀具：93°外圆车刀 T_1 和切断刀 T_2（刀宽 3mm）；

夹具：通用三爪夹具；

主轴转速：车外圆 800r/min，切断 300r/min；

进给量：车外圆 80mm/min，切断 30mm/min；

对刀：采用试切法对刀（建立工件坐标系）。

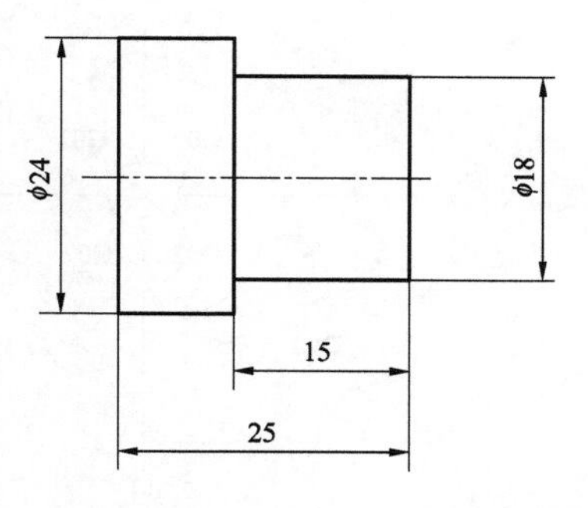

图 2-4 例 2-1 的 G00、G01 应用实例

解 程序如下：

```
O1234;                    →FANUC 系统的程序名
N010 G50;                 →建立工件坐标系
N020 M03 S800;            →主轴正转，转速 800r/min
N030 M06 T0101;           →换 1 号刀
N040 G00 X35.0;           →定位在毛坯右端面位置
N050 G01 X0 F80;          →车端面
N060 X24.0;               →退刀
N070 Z-32.0;              →车 φ24mm 外圆
N080 X30.0;               →径向退刀
N090 G00 Z2.0;            →轴向退刀
N100 X18.0;               →快速定位至 φ18 位置
N110 G01 Z-15.0;          →车 φ18 外圆
N120 X20.0;               →径向退刀
N130 G00 X100 Z100;       →快退至换刀点
N135 M05;                 →主轴停
N140 M06 T0202;           →换 2 号刀
```

```
N145 M03 S300;            →主轴正转，转速300r/min
N150 G00 X35.0 Z-28.0;    →快速移至切断点
N160 G01 X0 F30;          →切断工件
N170 G00 X100.0 Z100.0;   →快退至远点
N180 M05;                 →主轴停
N190 M02;                 →程序结束
```

2.2.2 G02 与 G03 指令

G02 指令是顺时针圆弧插补指令，G03 指令是逆时针圆弧插补指令。判断顺时针圆弧插补与逆时针圆弧插补的方法：沿着弧所在平面（*XZ* 平面）的正法线（+*Y* 轴）向负方向（-*Y* 轴）观察，圆弧插补按顺时针方向为 G02，圆弧插补按逆时针方向为 G03，如图 2-5 所示。

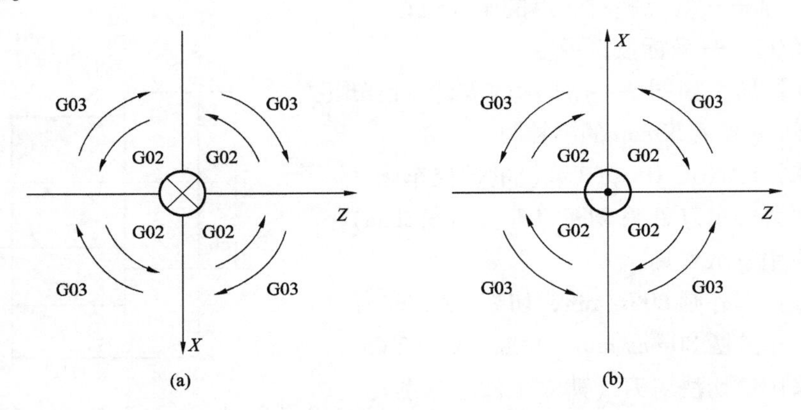

图 2-5 顺圆与逆圆的判断

（a）前置刀架；（b）后置刀架

前置刀架与后置刀架的说明：数控车刀架相对于主轴有两种布置，即前置刀架与后置刀架。操作者站在数控车床前向 *X* 方法看：如果先看到刀架，就是前置刀架，如图 2-5（a）所示；如果先看到主轴，就是后置刀架，如图 2-5（b）所示，一般无特别说明是指前置刀架。

指令格式：G02 X（U）_Z（W）_I_K_F；或 G02 X_Z_R_F；

G03 X（U）_Z（W）_I_K_F；或 G03 X_Z_R_F；

说明：*X*、*Z*——终点的绝对坐标值（*X* 为直径值）；

U、*W*——终点相对起点的坐标值；

I、*K*——圆心相对于起点的位置坐标，*I* = 圆心的 *X* 坐标值 - 圆弧起点的 *X* 坐标值，*K* = 圆心的 *Z* 坐标值 - 圆弧起点的 *Z* 坐标值，如图 2-6 所示。

R——圆弧的半径；

F——进给速度。

【例 2-2】 加工如图 2-7 所示的工件。

解 程序如下：

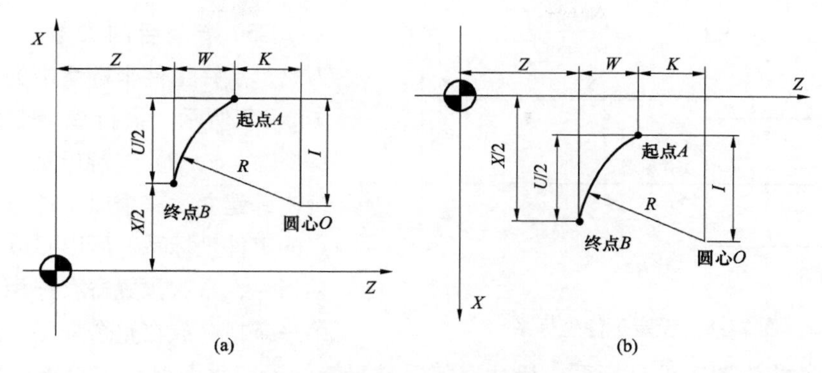

图 2-6 *I*、*K* 的计算

(a) 后置刀；(b) 前置刀

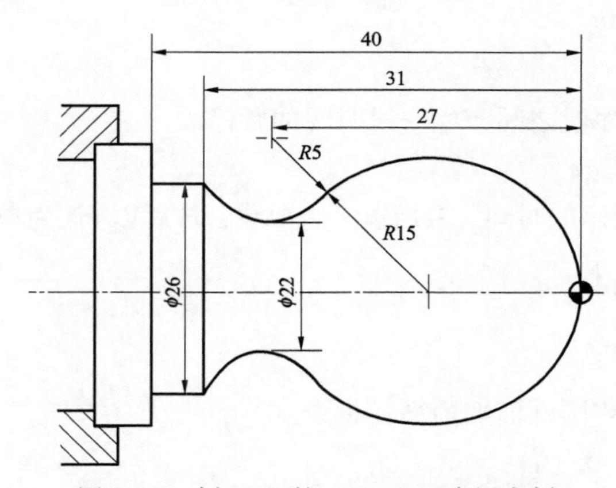

图 2-7 例 2-2 的 G02、G03 应用实例

```
O2111;
N10 G50;                        →设立坐标系
N15 M06 T0101;                  →换 1 号刀
N20 M03 S800;                   →主轴以 800r/min 旋转
N30 G00 X40.0 Z2.0;             →至起刀点
N40 G00 X0;                     →刀到中心
N50 G01 Z0 F60;                 →接触工件
N60 G03 U24.0 W-24.0 R15.0;     →加工 R15 圆弧段
N70 G02 X26.0 Z-31.0 R5.0;      →加工 R5 圆弧段
N80 G01 Z-40.0;                 →加工 φ26 外圆
N90 G00 X50.0 Z50.0;            →回安全点位
N110 M30;                       →主轴停、主程序结束并复位
```

2.2.3 G50 与 G04 指令

一、G50 指令

G50 是设定工件坐标系指令。

格式：G50 X$\underline{\alpha}$ Z$\underline{\beta}$;

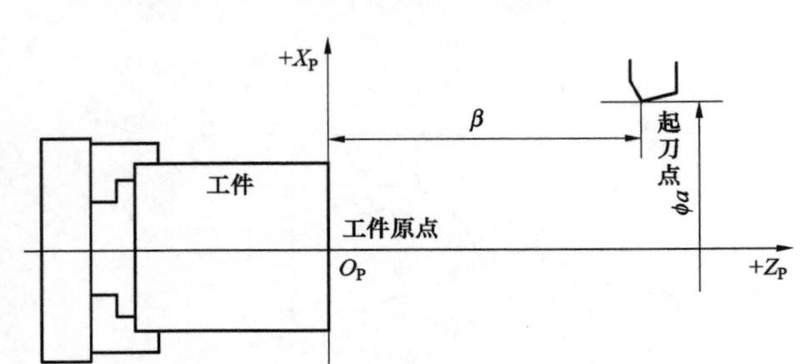

图 2－8　设定工件坐标系

G50 指令后的参数（α，β）值是刀具起点在工件坐标系中的坐标值，如图 2－8 所示。执行该指令后，系统内部即对（α，β）进行记忆，相当于在系统内部建立了一个以工件原点为坐标原点的工件坐标系。所以 G50 是一个非运动指令，只起预置寄存作用，一般作为第一条指令放在整个程序的前面。

用这种方式设置工件坐标系，尺寸字随刀具起始位置变化而变化，该指令属于模态指令，其设定值在重新设定之前一直有效。数控机床在执行 G50 指令时并不动作，只是显示器上的坐标值发生了变化。

二、G04 指令

G04 指令在两个程序段之间产生一段时间的暂停。

格式：`G04 P－；`或`G04 X－；`

地址 *P* 或 *X* 给定暂停的时间，*X* 后以 s 为单位，*P* 后以 ms 为单位。

2.2.4　G90 与 G94 指令

一、G90 指令

G90 指令是圆柱面或圆锥面切削循环指令。

格式：`G90  X (U) _Z (W) _R_F_;`

说明：*X*、*Z*——圆柱面切削终点的绝对坐标值；

U、*W*——圆柱面切削终点的相对于循环起点的相对坐标值；

R——圆锥面切削的起点相对于终点的半径差，具体计算方法为右端面半径尺寸减去左端面半径尺寸，*R* 值可正可负。

G90 指令用于圆柱面内（外）径（见图 2－10）切削循环时，*R* 可省略，该指令执行如图 2－9 所示 *A*→*B*→*C*→*D*→*A* 的轨迹动作；G90 指令圆锥面内（外）切削循环，该指令执行如图 2－10 所示 *A*→*B*→*C*→*D*→*A* 的轨迹动作。

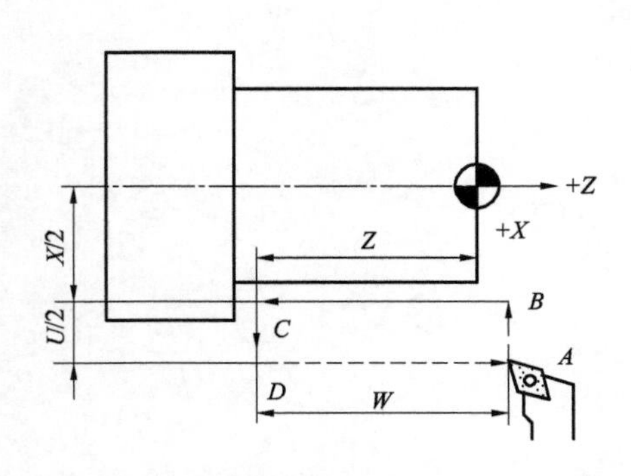

图 2－9　圆柱面内（外）径切削循环

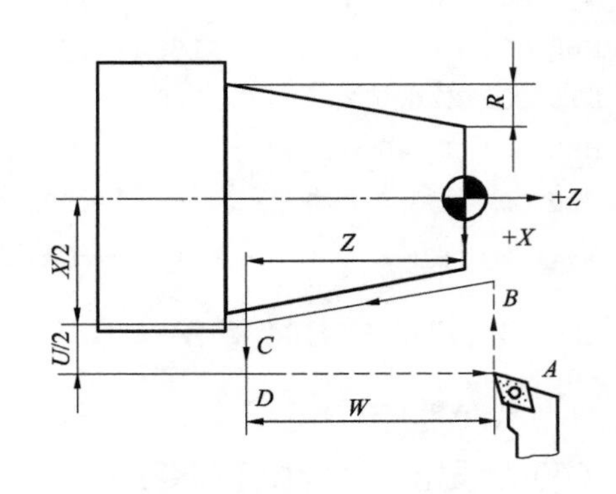

图 2－10　圆锥面内（外）切削循环

【例 2－3】加工如图 2－11 所示的工件。

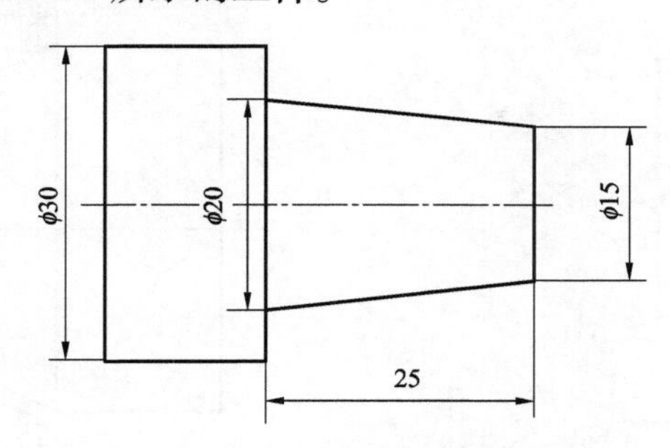

图 2－11 例 2－3 的 G90 应用实例

解 程序如下：

```
O2234;
N10 G50;                                →设立坐标系，定义对刀点的位置
N20 M06 T0101;                          →调 1 号刀
N30 S400 M03;                           →主轴以 400r/min 旋转
N40 G00 X35.0 Z2.0;                     →快速至加工起点
N50 G90 X30.0 Z-25.0 R-2.5 F80;         →加工第一次循环，吃刀深 2.5mm
N60 X26.0;                              →加工第二次循环，吃刀深 2mm
N70 X22.0;                              →加工第三次循环，吃刀深 2mm
N75 X20.0;                              →加工第四次循环，吃刀深 1mm
N80 G00 X50.0 Z20.0;                    →快速至安全点位
N90 M05 M30;                            →程序结束
```

二、G94 指令

G94 指令是圆柱端面或圆锥端面切削循环指令。

格式：G94 X (U) _Z (W) _R _F_;

说明：*X*、*Z*——端面切削终点的绝对坐标值；

U、*W*——端面切削终点相对于循环起点的相对坐标值；

R——端面切削的起点相对于终点在 *Z* 轴方向上的增量值，圆台左大右小，*R* 取正值，反之为负值。

G94 指令用于圆柱端面切削循环时，*R* 可省略，该指令执行如图 2－12 所示 *A*→*B*→*C*→*D*→*A* 的轨迹动作；用于圆锥端面切削循环时，该指令执行如图 2－13 所示 *A*→*B*→*C*→*D*→*A* 的轨迹动作。

【例 2－4】加工如图 2－14 所示的工件。

解 程序如下：

```
O2235;
N10 G50;                    →设立坐标系，定义对刀点的位置
N20 M06 T0101;              →调 1 号刀
N30 S500 M03;               →主轴以 500r/min 旋转
N40 G00 X35.0 Z2.0;         →快速至加工起点
```

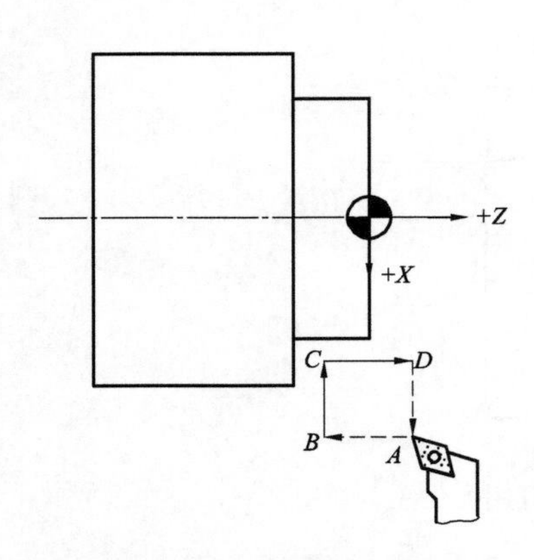

图 2－12　圆柱端面切削循环

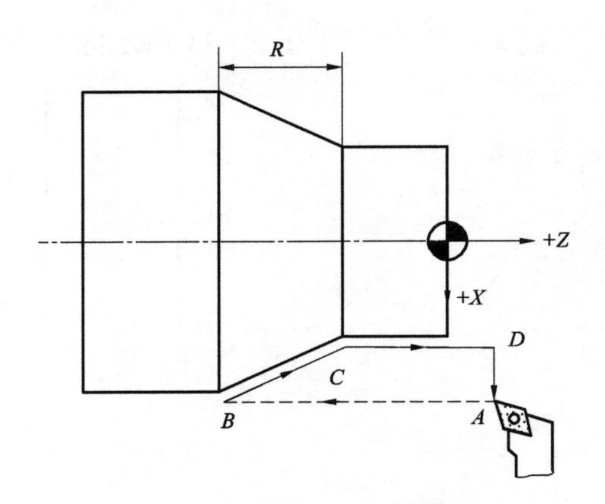

图 2－13　圆锥端面切削循环

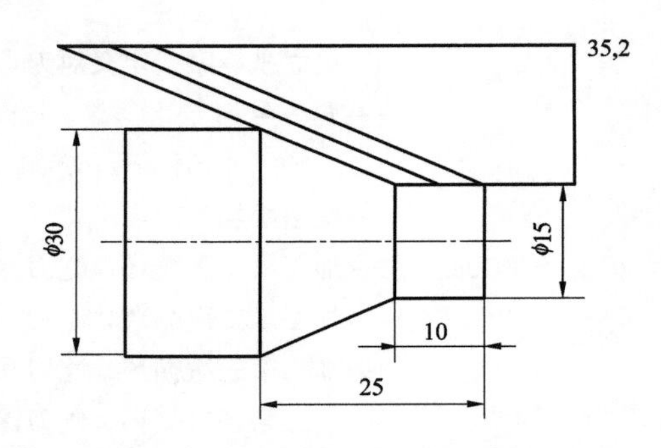

图 2－14　例 2－4 的 G94 应用实例

```
N50 G94 X15 Z0 R-5 F100;    →加工第一次循环，吃刀深 5mm
N60 R-5.0;                  →加工第一次循环，吃刀深 5mm
N70 R-10.0;                 →加工第一次循环，吃刀深 5mm
N80 G00 X50.0 Z20;          →快速至安全点位
N90 M05 M30;                →程序结束
```

G94 与 G90 的工艺过程相似，但 G94 在使用时进给速度 *F* 和背吃刀量要大些，故 G94 常用于切削余量较大的工件。

2.2.5　G71 与 G70 指令

一、G71 指令

G71 指令是毛坯内（外）径粗车复合循环指令。

格式：G71 U (Δd) R (e);

　　　G71 P (ns) Q (nf) U (Δu) W (Δw) F (f);

说明：Δd——每次 *X* 向循环的切削深度（半径值，无正负号）；

　　e——每次 *X* 向退刀量（半径值，无正负号）；

　　ns——精加工轮廓程序段中的开始程序段号；

　　nf——精加工轮廓程序段中的结束程序段号；

Δu——X 方向精加工余量（直径值）；

Δw——Z 方向精加工余量。

G71 指令的循环加工路线如图 2－15 所示。

G71 指令加工过程的说明：循环起点设于毛坯外（C 点），刀具按 Δd 值沿 X 向进给，再向 Z 方向进给，至零件精加工轮廓预留值（$\Delta u/2$ 和 Δw）时，沿 45°退出（退刀量为 e），再沿 Z 方向退出，至循环起点下方时，刀具再按 Δd 值沿 X 向进给，重复上述循环，直至工件达到 G71 设定的精加工余量时，G71 指令才结束。

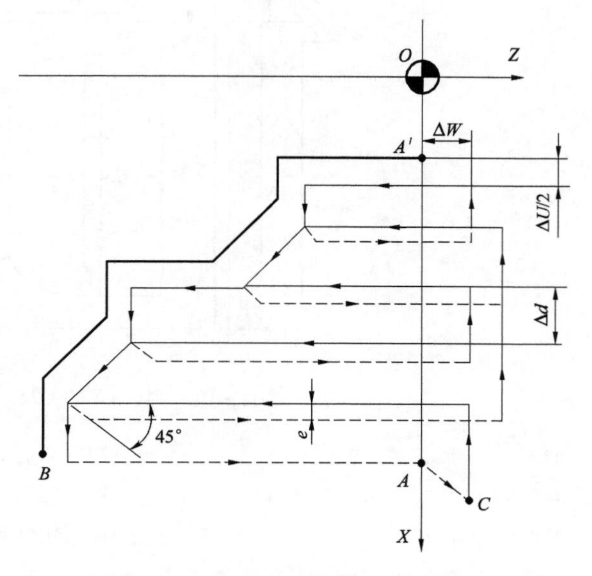

图 2－15　G71 指令的循环加工路线

G71 指令的其他说明：

（1）在使用 G71 进行粗加工时，只有含在 G71 程序段中的 F 功能才有效，而包含在 $ns \sim nf$ 程序段中的 F 指令对粗车循环无效；

（2）G71 指令必须带有 P、Q 地址 ns、nf，且与精加工路径起、止顺序号对应，否则不能进行加工；

（3）在顺序号为 ns 到顺序号为 nf 的程序段中不能调用子程序；

（4）在进行外轮廓加工时 Δu 取正，内孔加工时 Δu 取负值，从右向左加工 Δu 取正值，从左向右加工 Δu 取负值；

（5）循环起点的选择应在接近工件处以缩短刀具行程和避免空进给。

二、G70 指令

G70 指令是毛坯内（外）径精车复合循环指令，用于切除 G71 或 G73 粗加工留下的加工余量。精车内（外）径时，粗加工留下的精加工余量一般为 $X = 0.3 \sim 0.5$mm，$Z = 0.1 \sim 0.3$mm。

格式：`G70 P (ns) Q (nf) F (f);`

G70 程序段中各地址的含义与 G71 相同。

【例 2－5】 加工如图 2－16 所示的工件。

解　程序如下：

```
O2124;
N10 G50;                     →选定坐标系 G50
N15 M06 T0101;               →调 1 号刀
N20 M03 S800;                →主轴以 800r/min 正转
N30 G01 X46.0 Z2.0 F0.8;     →至循环起点
```

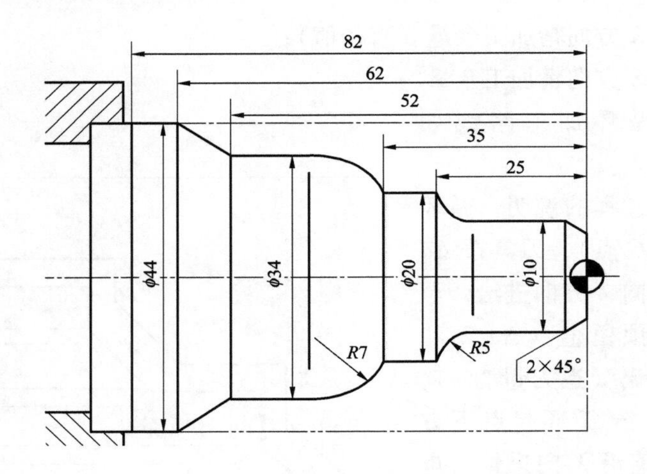

图2-16　例2-5的G71、G70应用实例

```
N35 G71 U1.5 R1.0;                       →被吃刀量1.5mm，退刀1.0mm
N40 G71 P50 Q130 U0.4 W0.1  F0.3;→粗车加工，精加工X余量0.4mm，Z余量0.1mm
N50 G00 X0;                              →加工轮廓起始行，到倒角延长线
N60 G01 X10.0 Z-2.0;                     →加工2×45°倒角
N70 Z-20.0;                              →加工φ10 外圆
N80 G02 U10.0 W-5.0 R5.0;                →加工R5 圆弧
N90 G01 W-10.0;                          →加工φ20 外圆
N100 G03 U14.0 W-7.0 R7.0;               →加工R7 圆弧
N110 G01 Z-52.0;                         →加工φ34 外圆
N120 U10.0 W-10.0                        →加工外圆锥
N130 W-20.0;                             →加工φ44 外圆，精加工轮廓结束行
N135 G70 P50 Q130;                       →精加工
N140 X50.0;                              →退出已加工面
N150 G00 X80.0 Z80.0;                    →回工件外安全点
N160 M05;                                →主轴停
N170 M30;                                →主程序结束并复位
```

2.2.6　G72与G73指令

一、G72指令

G72指令是端面粗车复合循环指令，G72与G71类似，不同的是G72首先Z向进刀Δd，X向切削后按e值45°方向退刀，如此循环至粗加工余量切除，多用于横向粗车量较多的情况。

格式：G72 W (Δd) R (e);

　　　G72 P (ns) Q (nf) U (Δu) W (Δw) F (f);

说明：Δd——每次Z方向循环的切削深度（无正负号）;

　　　e——每次Z向切削退刀量;

ns——精加工轮廓程序段中的开始程序段号；

nf——精加工轮廓程序段中的结束程序段号；

Δu——*X* 方向精加工余量（直径量）；

Δw——*Z* 方向精加工余量。

G72 指令的循环加工路线图如图 2－17 所示。

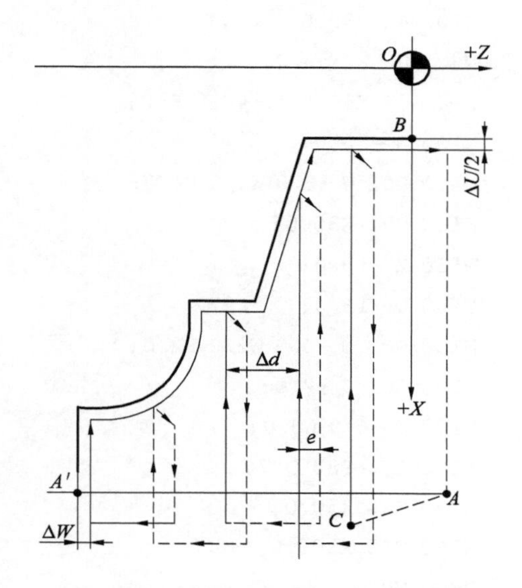

图 2－17　G72 指令的循环加工路线图

G72 指令加工过程的说明：

在使用 G72 进行粗加工时，只有含在 G72 程序段中的 *F*、*S*、*T* 功能才有效，而包含在 *ns*～*nf* 程序段中的 *F*、*S*、*T* 指令对粗车循环无效。

G72 切削循环下，切削进给方向平行于 *X* 轴，*U*(Δu) 和 *W*(Δw) 的符号为正，表示沿轴的正方向移动，为负表示沿轴负方向移动。

G72 指令必须带有 P、Q 地址 *ns*、*nf*，且与精加工路径起、止顺序号对应，否则不能进行加工。

在顺序号为 *ns* 到顺序号为 *nf* 的程序段中，不能调用子程序。

循环起点的选择应在接近工件处以缩短刀具行程和避免空进给。

【例 2－6】 加工如图 2－18 所示的工件。

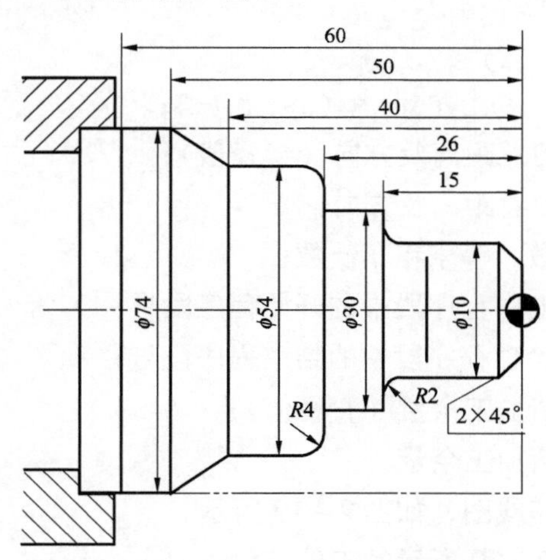

图 2－18　例 2－6 的 G72 实例应用

解　程序如下：

```
O2125;
N10 T0101;                        →换 1 号刀
N20 G50 G00 X100.0 Z80.0;         →到程序起点或换刀点位置
N30 M03 S800;                     →主轴以 800r/min 正转
```

```
N40 X80.0 Z1.0;                      →到循环起点位置
N45 G72 W1.2 R1.0;                   →被吃刀量1.2mm，退刀1.0mm
N50 G72 P80 Q170 U0.2 W0.5 F0.3;     →外端面粗切循环加工
N60 G00 X100.0 Z80.0;                →粗加工后，到换刀点位置
N70 G42 X80.0 Z1.0;                  →加入刀尖圆弧半径补偿
N80 G00 Z-56.0;                      →车轮廓开始，到锥面延长线处
N90 G01 X54.0 Z-40.0 F80;            →加工锥面
N100 Z-30.0;                         →加工φ54 外圆
N110 G02 U-8.0 W4.0 R4.0;            →加工 R4 圆弧
N120 G01 X30.0;                      →加工 Z-26 处端面
N130 Z-15.0;                         →加工φ30 外圆
N140 U-16.0;                         →加工 Z-15 处端面
N150 G03 U-4.0 W2.0 R2.0;            →加工 R2 圆弧
N160 G01 Z-2.0;                      →加工φ10 外圆
N170 U-6.0 W3.0;                     →加工倒2×45°角，加工轮廓结束
N175 G70 P80 Q170                    →精加工
N180 G00 X50.0;                      →退出已加工表面
N190 G40 X100.0 Z80.0                →取消半径补偿，返回程序起点位置
N200 M30                             →主轴停、主程序结束并复位
```

二、G73 指令

G73 指令是仿形粗车循环指令，常用于工件成品与毛坯形状相似的加工，如铸造、锻造毛坯，它的毛坯形状与图样相似。

格式：G73 U (Δi) W (Δk) R (d);

G73 P (ns) Q (nf) U (Δu) W (Δw) F (f);

说明：Δi——X 向退刀总距离及方向（半径值）；

Δk——Z 向退刀总距离及方向；

d——分割次数，等于粗车次数；

ns——精加工轮廓程序段中的开始程序段号；

nf——精加工轮廓程序段中的结束程序段号；

Δu——X 方向精加工余量（直径值）；

Δw——Z 方向精加工余量；

G73 指令的循环加工路线图，如图 2-19 所示。

【例 2-7】 加工如图 2-20 所示的工件。

解　程序如下：

```
O2126;
N10 G50 G00 X80.0 Z80.0;             →选定坐标系，到程序起点位置
N15 T0101;                           →换1号刀
N20 M03 S800;                        →主轴以800r/min正转
N30 G00 X6.00 Z5.0;                  →到循环起点位置
```

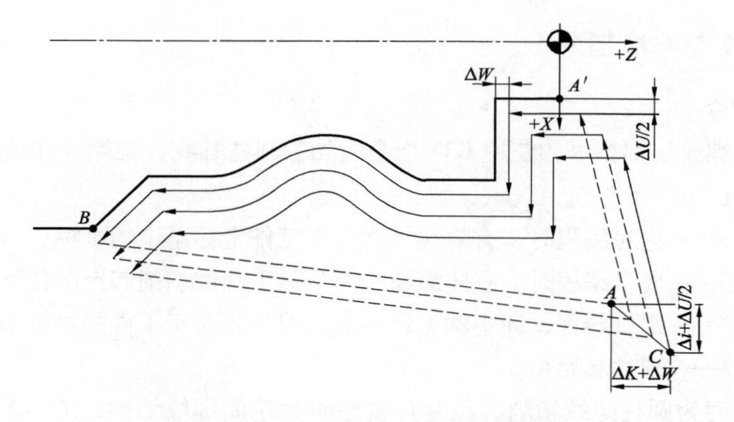

图 2-19　G73 指令的循环加工路线图

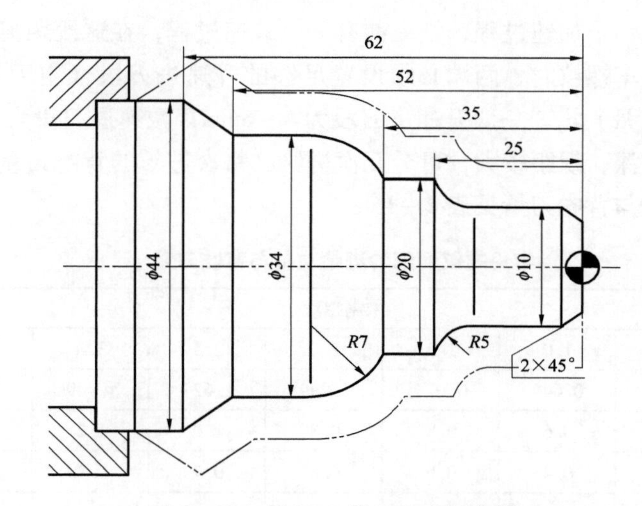

图 2-20　例 2-7 的 G73 应用实例

```
N35 G73 U3.0 W0.9 R3.0;                →X 向余量 3mm，Z 向余量 0.9mm，3 次走刀
N40 G73 P50 Q130 U0.6 W0.1 F0.2;       →闭环粗切循环加工
N50 G00 X0 Z3.0;                       →加工轮廓开始，到倒角延长线处
N60 G01 U10.0 Z-2.0 F80;               →加工倒 2×45°角
N70 Z-20.0;                            →加工 ϕ10 外圆
N80 G02 U10.0 W-5.0 R5.0;              →加工 R5 圆弧
N90 G01 Z-35.0;                        →加工 ϕ20 外圆
N100 G03 U14.0 W-7.0 R7.0;             →加工 R7 圆弧
N110 G01 Z-52.0;                       →加工 ϕ34 外圆
N120 U10.0 W-10.0;                     →加工锥面
N130 U10.0;                            →退出已加工表面，精加工轮廓结束
N135 G70 P50 Q130;                     →精加工
N140 G00 X80.0 Z80.0;                  →返回程序起点位置
N150 M05 M30                           →主轴停、主程序结束并复位
```

2.2.7 G32 与 G92 指令

一、G32 指令

G32 指令是螺纹切削指令，使用 G32 指令能加工圆柱螺纹、锥螺纹和端面螺纹。

格式：G32 X (U) _Z (W) _F_Q_;

说明：X、Z——绝对编程时，有效螺纹终点在工件坐标系中的坐标；

U、W——增量编程时，有效螺纹终点相对于螺纹切削起点的位移量；

F——螺纹导程，即主轴每转一圈，刀具相对于工件的进给值；

Q——螺纹起始角。

$X(U)$ 省略时为圆柱螺纹切削，$Z(W)$ 省略时为端面螺纹切削，$X(U)$、$Z(W)$ 均不省略时为锥螺纹切削。

车螺纹起始时有一个加速过程，结束前有一个减速过程，在这段距离中，螺纹不可能保持均匀，因此，在车螺纹时，两端必须设置足够的升速进刀段（空刀导入量）d_1 和减速退刀段（空刀导入量）d_2。一般升速进刀段为 4 ~6mm，减速退刀段为 1 ~3mm。

如果螺纹牙型较深、螺距较大，可分几次进给，每次进给的背吃刀量逐渐递减。常用螺纹切削的进给次数与背吃刀量见表 2 –1。

表 2 –1　　常用螺纹切削的进给次数与背吃刀量

米制螺纹								
	螺距	1.0	1.5	2.0	2.5	3.0	3.5	4.0
	牙深	0.649	0.974	1.299	1.624	1.949	2.273	2.598
背吃刀量及切削次数	1 次	0.6	0.8	0.8	1.0	1.2	1.5	1.5
	2 次	0.4	0.5	0.6	0.7	0.7	0.7	0.8
	3 次	0.2	0.3	0.5	0.6	0.6	0.6	0.6
	4 次	0.1	0.2	0.4	0.4	0.4	0.6	0.6
	5 次		0.15	0.2	0.4	0.4	0.4	0.4
	6 次			0.1	0.15	0.4	0.4	0.4
	7 次					0.2	0.2	0.4
	8 次						0.15	0.3
	9 次							0.2

【例 2 –8】加工如图 2 –21 所示的工件。刀具选用 T01：外圆正偏刀；T02：4mm 宽割刀；T03：60°螺纹刀。

解　程序如下：

```
O2127;
N10 G50;              →设定工件坐标系
N20 M06 T0101;        →调 1 号刀
N30 S500 M03;         →主轴正转转速为 500r/min
```

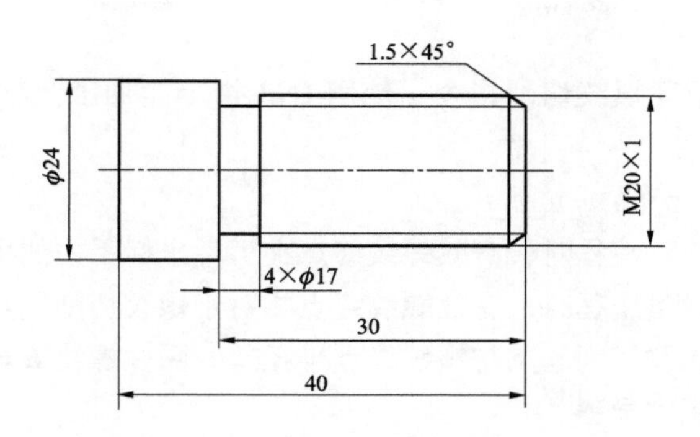

图 2-21 例 2-8 的 G32 实例应用

```
N40 G00 X20.4 Z2.0;         →快速移动点定位至外圆粗加工起始位置
N50 G01 Z-30.0 F100;        →粗车螺纹外圆
N60 X24.0;                  →粗车台阶
N70 Z-45.0;                 →粗车ϕ24 外圆
N80 X26.0;                  →退出毛坯外
N90 G00 X30.0 Z2.0;         →快速移动点定位
N100 S1000 M03;             →主轴正转转速为1000r/min
N110 X0;                    →快速移动点定位，精加工起始点
N120 G01 Z0 F80;            →进至右端中心
N130 X18.0;                 →精车端面
N140 X20.0 Z-1.5;           →倒角
N150 Z-30.0;                →精车螺纹外圆
N160 X24.0;                 →精车台阶
N170 Z-45.0;                →精车ϕ24
N180 X26.0;                 →退出毛坯外
N190 G00 X50.0 Z50.0;       →快速点定位至换刀点
N200 M06 T0202;             →换 2 号刀
N210 S300 M03;              →主轴正转转速为300r/min
N220 G00 Z-3;               →快速移动点定位
N230 G01 X17.0 F50;         →切槽
N240 G04 P2000;             →槽底暂停2s
N250 G01 X30.0;             →退出槽底
N260 G00 X50.0 Z50.0;       →快速移动点定位
N270 M06 T0303;             →换 3 号刀
N280 G00 X18.0 Z2.0;        →快速移动点定位，作螺纹加工准备
N290 G32 Z-28.0 F1.0;       →车螺纹
N300 G00 X30.0;             →快速移动点定位，先退 X 方向
N310 Z2.0;                  →再退 Z 方向
N320 G00 X50.0 Z50.0;       →快速移动点定位
N330 M05 M30;               →程序结束
```

二、G92 指令

G92 指令是单一循环螺纹切削指令，使用 G92 指令能加工圆柱螺纹、锥螺纹和端面螺纹。

格式：G32 X (U) _Z (W) _R_F_;

说明：X、Z——绝对编程时，有效螺纹终点在工件坐标系中的坐标；

U、W——增量编程时，有效螺纹终点相对于螺纹切削起点的位移量；

R——螺纹切削起点与螺纹终点半径差。圆柱螺纹 $R=0$，可省略；

F——螺纹导程。

G92 指令用于加工圆柱螺纹切削循环如图 2－22 所示 $A \to B \to C \to D \to A$ 的轨迹动作；G92 指令用于加工圆锥螺纹切削循环如图 2－23 所示 $A \to B \to C \to D \to A$ 的轨迹动作。

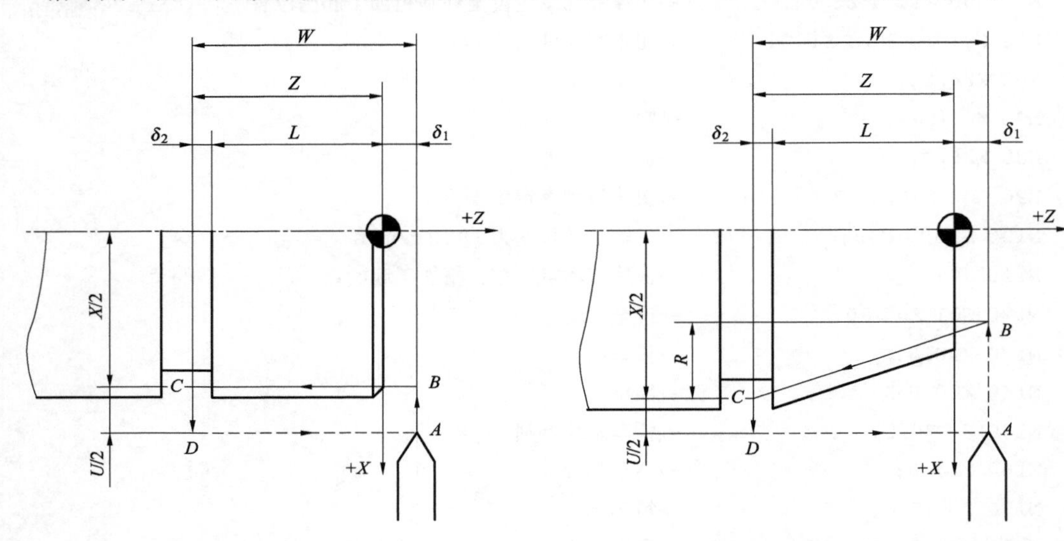

图 2－22 圆柱螺纹切削循环 G92　　图 2－23 圆锥螺纹切削循环 G92

【例 2－9】加工如图 2－24 所示的工件（毛坯外形已加工完成）。

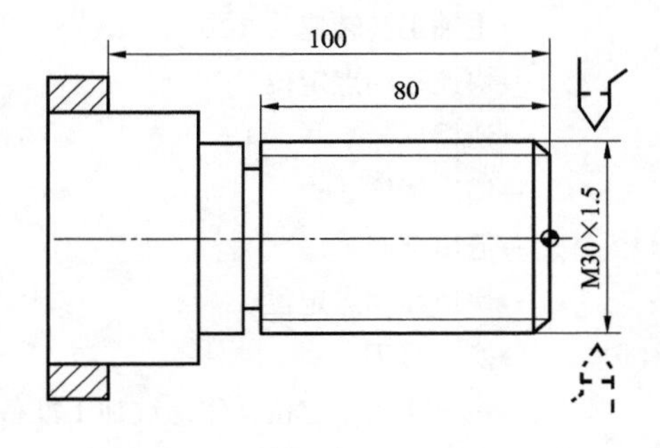

图 2－24 例 2－9 的 G92 应用实例

解 程序如下：

```
O2129;
N10 G50;                    →选定坐标系
```

```
N20 M06 T0303;              →调 3 号螺纹刀
N30 M03 S300;               →主轴以 300r/min 正转
N40 G00 X32.0 Z2.0;         →至循环起点
N50 G92 X29.2 Z-82.0 F1.5;  →第一次循环切螺纹，切深 0.8mm
N60 X28.6;                  →第二次循环切螺纹，切深 0.4mm
N70 X28.2;                  →第三次循环切螺纹，切深 0.4mm
N80 X28.04;                 →第四次循环切螺纹，切深 0.16mm
N90 M05 M30;                →主轴停、主程序结束并复位
```

2.2.8 G76 指令

G76 指令为复合循环螺纹切削指令，该指令根据地址参数的设置，自动计算，完成由进刀、切螺纹、退刀和返回动作组成的多次走刀切削循环。

格式：G76 P (m) (r) (α) Q (Δdmin) R (d)

G76 X (u) Z (w) R (i) P (k) Q (Δd) F (f)

说明：$X(u)$、$Z(w)$ ——终点坐标，增量编程时要注意正、负号；

m——精加工次数（1~99），为模态值；

r——退尾倒角量，数值为 0.01~9.9L，为模态值；

α——刀尖角，可以选择 80°，60°，55°，30°，29°，0°共 6 种，其角度数值用两位数指定；m，r，α 与地址一次指定，如 $m=2$，$r=1.5$，$\alpha=60°$时，可写成 P021560；

Δd_{min}——最小切削深度（半径值）；

d——精加工余量；

i——螺纹两端的半径差；螺纹切削起点与螺纹切削终点的半径差。加工圆柱螺纹时 I 为 0，加工圆锥螺纹时，当 X（U）向切削起点坐标小于终点坐标时 I 为负，反之为正；

k——螺纹的螺牙高度（半径值）；

Δd——第一刀深度（半径值）；

f——螺纹导程。

G76 指令用于圆柱螺纹切削复合循环如图 2-25 所示。

【例 2-10】 加工如图 2-26 所示的工件（毛坯外形已加工完成，加工螺纹为 ZM60×2，其中括弧内尺寸根据标准得到）。

解 程序如下：

```
O2130;
N10 G50;                    →确定其坐标系
N20 M06 T0202;              →换 2 号刀
N30 M03 S300;               →主轴以 300r/min 正转
N40 G00 X90.0 Z4.0;         →到螺纹循环起点位置
N50 G76 P020000 Q0.1 R0.1;
```

```
N60 G76 X58.15 Z-24.0 R-0.94 P1.299 Q0.9 F1.5;
N70 G00 X100.0 Z100.0;        →返回程序起点位置或换刀点位置
N80 M05;                      →主轴停
N90 M30;                      →主程序结束并复位
```

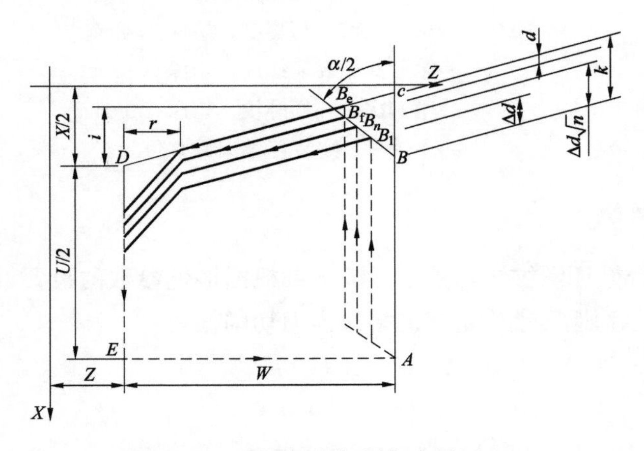

图 2-25　圆柱螺纹切削复合循环 G76

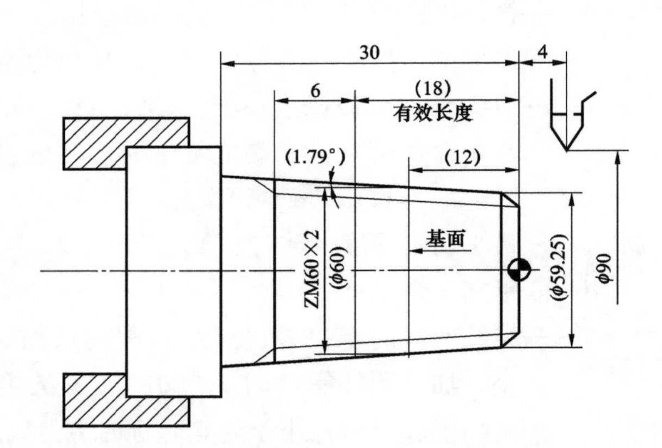

图 2-26　例 2-10 的 G76 应用实例

轴类零件的加工

通过任务一的学习我们已经对数控车床的编程有了一定的了解，我们应当学习实际零件的加工来提高分析工艺及数控编程的能力；针对该情况，在数控车床加工有代表性的轴类零件，如图 2－27 所示。

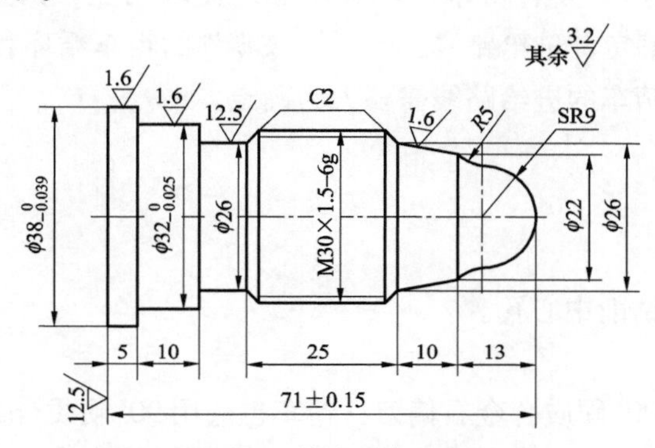

图 2－27　轴类零件的加工

要求：毛坯为棒材 φ40，材料 45 号钢，小批量生产。

2.3　轴类零件图分析

2.3.1　零件图工艺分析

该零件表面由圆柱、圆锥、圆弧及螺纹等表面组成。其中，多个直径尺寸有较严的尺寸精度和表面粗糙度等要求；尺寸标注完整，轮廓描述清楚。零件材料为 45 号钢，无热处理和硬度要求。通过分析，可采用以下几点工艺措施。

一、取基本尺寸

对图样上给定的几个精度要求较高的尺寸，因其公差数值较小，故编程时不必取平均值，而全部取其基本尺寸即可。

二、钻中心孔

为了便于装夹，坯件左端应预先车出夹持部分，伸出 80mm 左右，右端面也应先粗车出并钻好中心孔。

2.3.2　选择设备并确定零件的定位基准和装夹方式

一、选择设备

根据被加工零件的外形和材料等条件，选用带 FANUC 系统的 TND360 数控车床。

二、定位基准

确定坯料轴线和左端大端面（设计基准）为定位基准。

三、装夹方法

左端采用三爪自定心卡盘定心夹紧，右端采用活动顶尖支承的装夹方式。

2.3.3 确定加工顺序及进给路线

加工顺序按由粗到精、由近到远（由右到左）的原则确定，即先从右到左进行粗车（留0.25mm精车余量），然后从右到左进行精车，最后车削螺纹。

FANUC系统的数控车床具有粗车循环和车螺纹循环功能，只要正确使用编程指令，机床数控系统就会自动确定其进给路线，因此，该零件的粗车循环和车螺纹循环不需要人为确定其进给路线，但精车的进给路线需要人为确定。

2.3.4 刀具选择

一、中心孔

选用ϕ5mm中心钻钻削中心孔。

二、粗精车

粗车及平端面选用90°硬质合金右偏刀；精车也选用90°硬质合金右偏刀。

三、螺纹加工

车螺纹选用硬质合金60°外螺纹车刀。

四、切断

切断采用宽度为4mm的切断刀。

2.3.5 切削用量选择

一、背吃刀量的选择

轮廓粗车循环时选$a_p=3$mm，精车$a_p=0.25$mm；螺纹粗车时选$a_p=0.4$mm，逐刀减少，精车$a_p=0.1$mm。

二、主轴转速的选择

车直线和圆弧时，查表选粗车切削速度$v_c=90$mm/min、精车切削速度$v_c=120$mm/min，然后利用公式$v_c=\pi Dn/1000$计算主轴转速n（粗车直径$D=40$mm，精车工件直径取平均值）：粗车450r/min、精车1000r/min。车螺纹时，计算主轴转速$n=300$r/min。

三、进给速度的选择

查表选择粗车、精车每转进给量，再根据加工的实际情况确定粗车每转进给量为0.4mm/r，精车每转进给量为0.15mm/r，最后根据公式$vf=nf$计算粗车、精车进给速度分别为180mm/min和80mm/min。

综上所述，列各工序刀具的切削参数见表2－2。

表 2-2　　各工序刀具的切削参数

加工数据表					
工序	加工内容	刀具	刀具类型	主轴转速 (r/min)	进给量 (mm/min)
1	粗车轮廓	T01	90°硬质合金右偏刀	450	180
2	精车轮廓	T01	90°硬质合金右偏刀	1000	80
3	车外螺纹	T02	硬质合金 60°外螺纹车刀	300	
4	切断	T03	4mm 的切断刀	400	30

2.4 程 序 编 辑

程序如下：

```
O2216;
M06 T0101;                      →换 01 号刀
M03 S450;                       →主轴正转，转速 450r/min
G00 X40.0 Z2.0;                 →至循环起点
G71 U3.0 R0.5;                  →粗车循环开始，每次进刀 3mm，退刀 0.5mm
G71 P1 Q2 U0.5 W0.2 F180;       →粗车循环从 N1 ~ N2，留 X 向精车余量 0.5mm，Z 向精车余
                                 量 0.2mm，粗车进给速度为 180mm/min
N1 G00 X0;                      →车刀进至 X0 处
G01 Z0;                         →车刀进至 Z0 处
G03 X18.0 Z-9.0 R9.0 F180;      →加工 R9 圆弧
G02 X22.0 Z-13.0 R5.0 F180;     →加工 R5 圆弧
G01 X26.0 Z-23.0;               →加工圆锥
X29.8 Z-25.0;                   →倒角
Z-56.0;                         →加工直径 29.8 的圆柱
X32.0;                          →加工端面
Z-66.0;                         →加工直径 32 的圆柱
X38.0;                          →加工端面
N2 Z-76.0;                      →退刀
G00 X100.0 Z100.0;              →退刀至换刀点
M05;                            →主轴停
M3 S1000;                       →主轴正转，转速 1000r/min
G0 X40.0 Z2.0;                  →至循环起点
G70 P1 Q2 F80;                  →精车外轮廓
G00 X100.0 Z100.0;              →退刀至换刀点
M05;                            →主轴停
M06 T0303;                      →换 03 号刀
```

```
M03 S400;                      →主轴正转，转速400r/min
G00 X35.0 Z-52.0;              →至切槽点外
G01 X26.0 F30;                 →切槽
G00 X34.0;                     →退刀
Z-56.0;                        →至切槽点外
G01 X26.0;                     →切槽
G00 X100.0;                    →退刀
Z100.0;                        →退刀
M05;                           →主轴停
M06 T0202;                     →换02号刀
M03 S300;                      →主轴正转，转速300r/min
G0 X30.0 Z-10.0;               →至螺纹循环起点
G76 P010060 Q0.1 R0.1          →加工螺纹
G76 X28.05 Z-49.0 P0.8 Q0.4 F1.5
G00 X100.0 Z100.0;             →退刀
M05;                           →主轴停
M30;                           →程序结束
```

2.5 VNUC 仿真加工

2.5.1 启动 VNUC 仿真软件

启动 VNUC 仿真软件，进入工作界面。

一、选择系统及车床

单击“选项”，选择“数控车床”→“FANUC－TB 系统”→“大连机床厂”，进入 VNUC 仿真软件的工作界面，如图2－28所示。

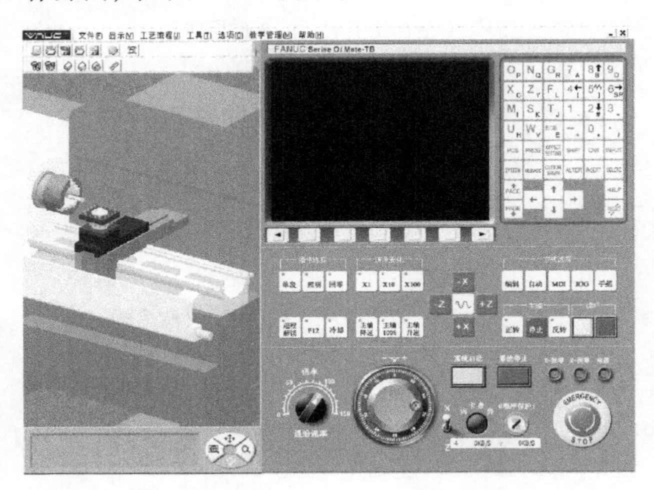

图2－28 VNUC 仿真软件的工作界面

二、系统启动及回零

单击“系统启动”，打开“急停”；单击“回零”，回零灯亮，单击“+X、+Z”回零，直到“X—回零、Z—回零”灯亮，表明系统回零。显示器上综合坐标“X为0，Z为0”，如图2-29所示。

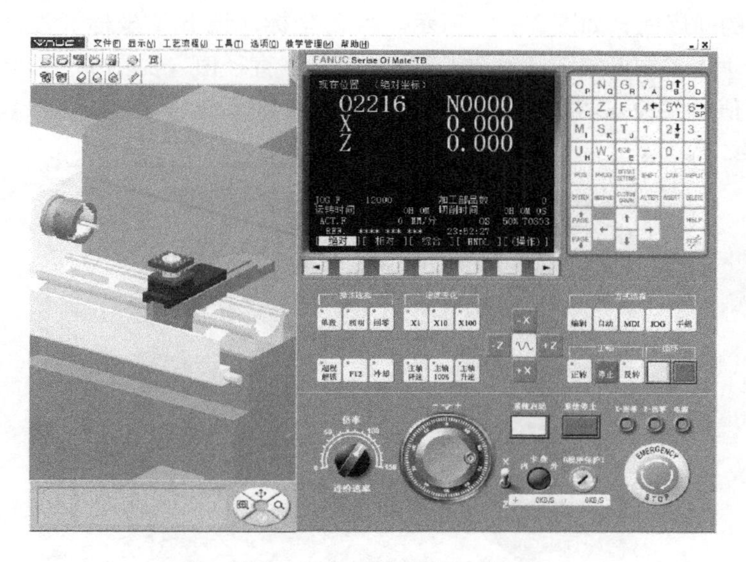

图2-29 系统启动及回零

三、安装毛坯、刀具

单击“工艺流程”选择毛坯为$\phi40\times100$，调整右端长度为80mm，夹具为三爪夹具，并安装此毛坯。单击“工艺流程”选择刀具，1号刀为“90°右偏刀外圆车刀”、2号刀为“60°外螺纹车刀”、3号刀为“刀宽4mm的切断刀”，并安装刀具，如图2-30所示。

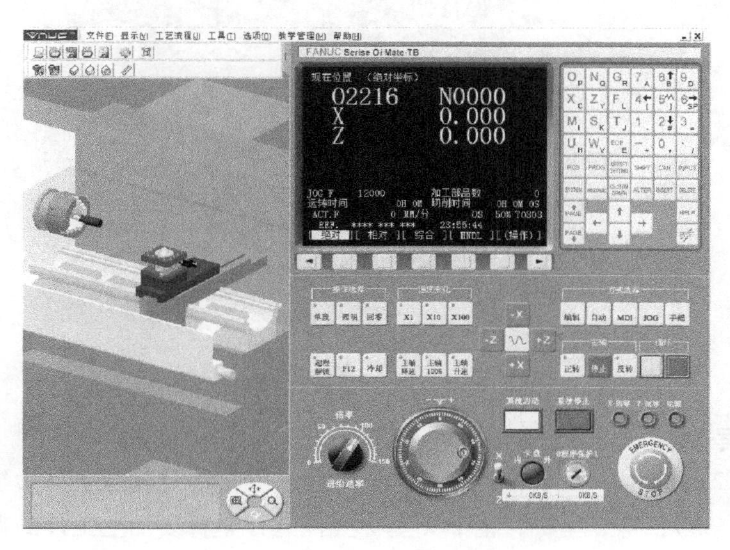

图2-30 安装毛坯、刀具

2.5.2 对刀

一、对 1 号刀

用 MDI 换 1 号刀，切换为俯视图，在 JOG 方式下移动刀具至工件边缘，并试切工件的端面及少量的圆周面，如图 2-31 所示。得 Z 坐标，记下 X 坐标（注意 X 坐标要加上工件的直径值才是 X 向的对刀值），启动测量工具测直径值（见图 2-32）并加 X 坐标得到 X 向的对刀值，并输入 “OFFSET” 下 1 号刀偏数值下。

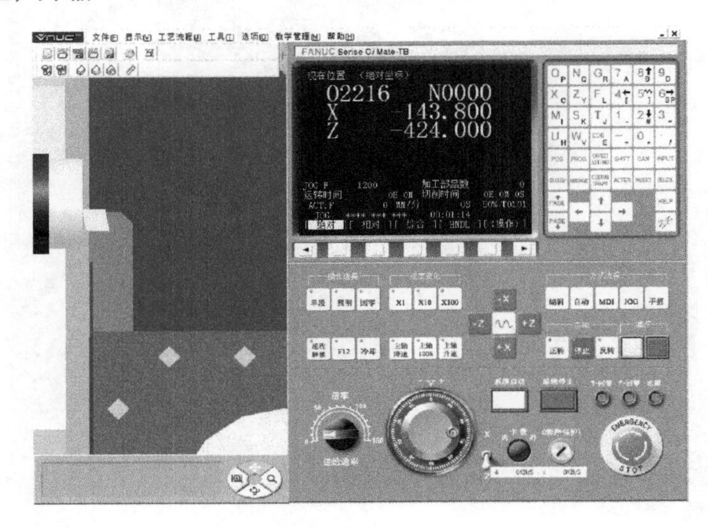

图 2-31 对 1 号刀

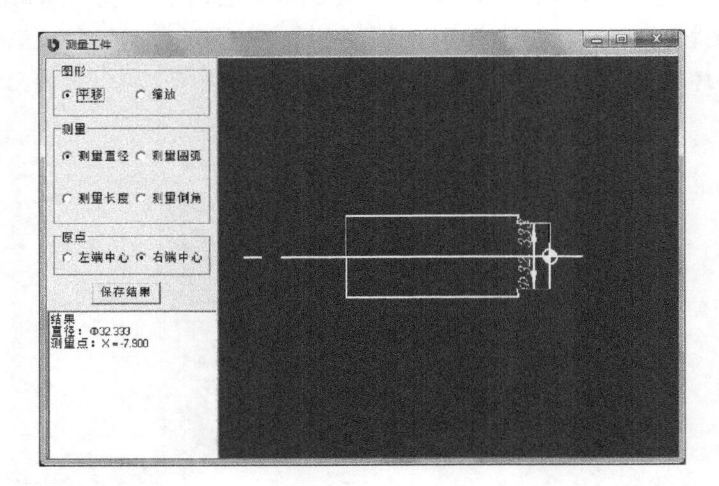

图 2-32 测直径值

二、对 2 号刀

用 MDI 换 2 号刀，切换为俯视图，在 JOG 方式下移动刀具至工件边缘，并试切工件边缘（见图 2-33），得 Z 坐标，记下 X 坐标（注意 X 坐标要加上工件的直径值才是 X 向的对刀值），用对 1 号刀时测量得到的直径值加 X 坐标得到 X 向的对刀值，并输入

“OFFSET”下 3 号刀偏数值下。

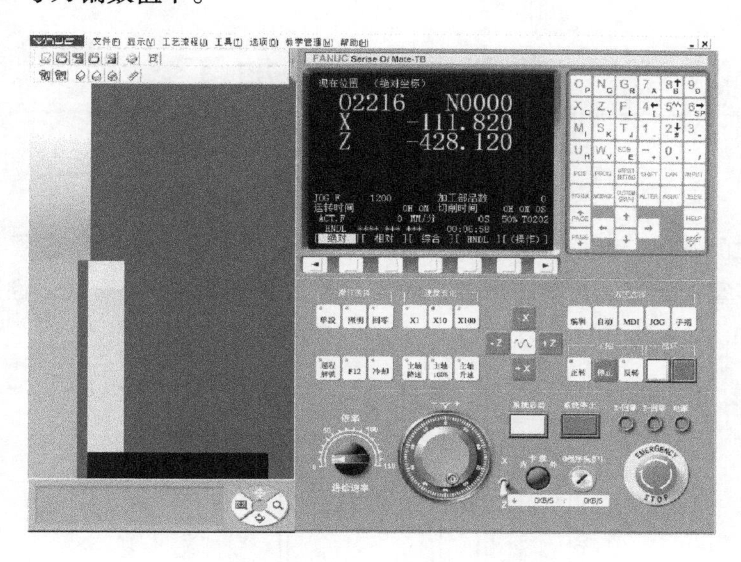

图 2－33 对 2 号刀

三、对 3 号刀

对 3 号刀方法与对 2 号刀方法一样。

2.5.3 输入程序

输入程序的方式有两种：在编辑状态下输入和在文件下载入。

2.5.4 自动加工

自动加工前系统回零，回到程序头，单击“循环”完成自动加工，如图 2－34 所示。

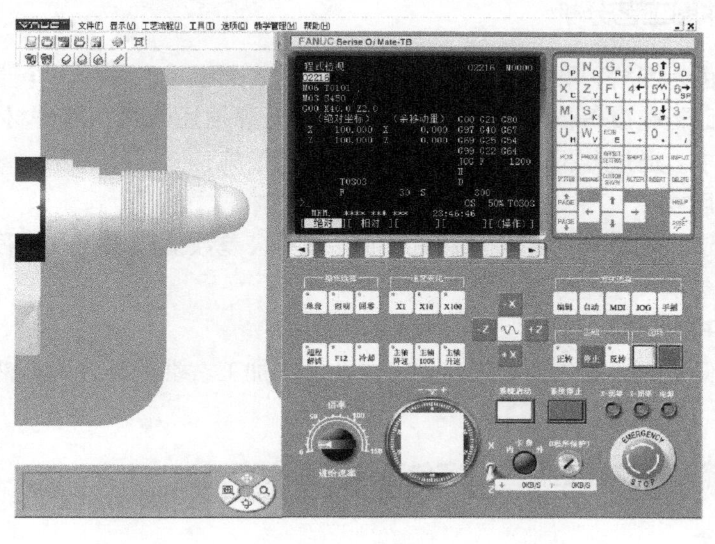

图 2－34 自动加工

套类零件的加工

通过任务二的学习，我们已经对数控车床轴类零件的工艺分析及编程有了一定的了解，为了进一步掌握运用数控车床加工零件的方法，现选择另一类有代表性的套类零件为例进行介绍，如图 2－35 所示。

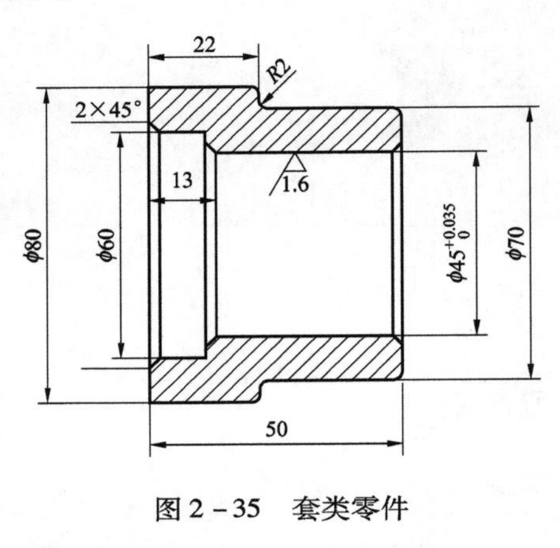

图 2－35　套类零件

2.6　套类零件图分析

2.6.1　零件图工艺分析

该零件表面由外圆柱、圆锥、圆弧及内圆柱等的表面组成。其中多个直径尺寸有较严的尺寸精度和表面粗糙度等要求；尺寸标注完整，轮廓描述清楚。零件材料为 Q235，无热处理和硬度要求。通过分析，可采用以下几点工艺措施：

一、取基本尺寸

对图样上给定的几个精度要求较高的尺寸，因其公差数值较小，故编程时不必取平均值，而全部取其基本尺寸即可。

二、钻中心孔

为了加工方便，先夹工件的左端，加工内孔，再加工右端的外轮廓；然后调头装夹加工端面及外轮廓。

2.6.2　选择设备并确定零件的定位基准和装夹方式

一、选择设备

根据被加工零件的外形和材料等条件，选用带 FANUC 系统的 TND360 数控车床。

二、定位基准

确定坯料轴线和左端大端面（设计基准）为定位基准。

三、装夹方法

左端及右端装夹均采用三爪自定心卡盘定心夹紧。

2.6.3 确定加工顺序及进给路线

加工顺序按由粗到精、由近到远（由右到左）、内外交叉的原则确定。夹 ϕ70mm 外圆，找正，加工 ϕ80mm 外圆及 ϕ60、ϕ45mm 内孔。所用刀具有外圆加工正偏刀（T01）、内孔车刀（T02）。加工工艺路线：粗加工 ϕ60mm 的内孔→粗加工 ϕ45mm 的内孔→精加工 ϕ60、ϕ45mm 的内孔及孔底平面→加工 ϕ80mm 的外圆。

夹 ϕ80mm 外圆，加工 ϕ70mm 的外圆及端面。所用刀具有 45°端面刀（T01）、外圆加工正偏刀（T02）。加工工艺路线：加工端面→加工 ϕ70mm 的外圆→加工 R_2 圆弧及平面。

2.6.4 刀具选择

一、内孔车刀

选用内孔车刀加工内孔。

二、粗精车加工

粗车及平端面选用 90°硬质合金右偏刀；精车也选用 90°硬质合金右偏刀。

2.6.5 切削用量选择

一、背吃刀量的选择

外轮廓粗车循环时选 $a_p=3$mm，精车 $a_p=0.25$mm；内孔粗车循环时选 $a_p=2$mm，精车 $a_p=0.25$mm。

二、主轴转速的选择

粗车内孔 300r/min、精车内孔 800r/min；粗车外轮廓 400r/min，精车外轮廓 1000r/min。

三、进给速度的选择

查表选择粗车、精车每转进给量，最后根据公式 $v_f=nf$ 计算粗车、精车外轮廓进给速度分别为 200mm/min 和 100mm/min；粗车、精车内轮廓进给速度分别为 160mm/min 和 70mm/min。

综上所述，各工序刀具的切削参数见表 2－3。

表 2－3　　各工序刀具的切削参数

加工数据表					
工序	加工内容	刀具	刀具类型	主轴转速（r/min）	进给量（mm/min）
1	粗车外轮廓	T01	90°硬质合金右偏刀	400	200

续表

加工数据表

工序	加工内容	刀具	刀具类型	主轴转速（r/min）	进给量（mm/min）
2	精车外轮廓	T01	90°硬质合金右偏刀	1000	100
3	粗车内轮廓	T02	内孔车刀	300	70
4	精车内轮廓	T02	内孔车刀	800	160

2.7 程序编辑

夹 ϕ70mm 外圆，找正。

加工 ϕ80mm 外圆及 ϕ60、ϕ45mm 内孔程序如下：

```
O2331;
M06 T0202;                      →换 2 号刀
M03 S300;                       →主轴正转，转速 300mm/min
G00 X40.0 Z2.0;                 →至循环起点
G71 U1.5 R1.0;                  →粗车循环内孔，每次进刀 1.5mm，退刀 1.0mm
G71 P1 Q2 U-0.3 W-0.1 F160;    →粗车循环从 N1 至 N2，X 向留给精车的余量为 0.3mm，Z 向
                                 留给精车的余量为 0.1mm，粗车的进给速度为 160mm/min
N1 G01 X64.0;                   →循环首点
Z0;
X60.0 Z-2.0;                    →车内倒角
Z-11.0;                         →车 φ60 内圆柱
X49.0;                          →车内端面
X45.0 Z-13.0;                   →车内倒角
Z-48.0;                         →车 φ48 内圆柱
X49.0 Z-50.0;                   →车倒角
Z-55.0;                         →车 φ49 内圆柱
G00 X0;                         →X 向退刀
N2 Z50.0;                       →Z 向退刀
M03 S800;                       →主轴正转，转速 800mm/min
G70 P1 Q2 F70;                  →精车循环
G00 X100.0 Z100.0;              →退刀
M06 T0101;                      →换 1 号刀
M03 S400;                       →主轴正转，转速 400mm/min
G00 X80.3;                      →快速定位至 X80.3
Z2.0;                           →快速定位至 Z2.0
```

```
G01 Z -25.0 F200;            →加工直径为80.3mm 的圆柱
G00 X85.0;                   →退刀
Z2.0;                        →退刀
M03 S1000;                   →主轴正转，转速1000mm/min
G01 X80.0 F100;              →至 X80.0 点
Z -25.0;                     → 加工直径为80mm 的圆柱
G00 X100.0 Z100.0;           →退刀
M02;                         →程序结束
M05;                         →主轴停
```

调头夹 ϕ80mm 外圆。手动加工端面保证尺寸 50mm。

70mm 的外圆程序如下：

```
O2332;
M06 T0101;                   →换1 号刀
M03 S400;                    →主轴正转，转速400mm/min
G00 X85.0 Z2.0;              →至循环起点
G71 U1.5 R1.0;               →粗车循环，每次进刀1.5mm，退刀1.0mm
G71 P1 Q2 U0.3 W0.1 F200;    →粗车循环从 N1 至 N2，X 向留给精车的余量为0.3mm，Z 向
                               留给精车的余量为0.1mm，粗车的进给速度为200mm/min
N1 G01 X70.0;                →循环首点
Z0;
Z -26.0;                     →加工 φ70 圆柱
G02 X74.0 Z -28.0 R2.0;      →加工 R2 圆弧
G01 X80.0;                   → 加工端面
Z -32.0;                     →加工 φ80 圆柱
N2 G00 X100.0 Z100.0;        →退刀
M03 S1000;                   →主轴正转，转速1000mm/min
G00 X72.0 Z2.0;              →精车起点
G70 P1 Q2 F100;              →精车循环
M02;                         →程序结束
M05;                         →主轴停
```

2.8 VNUC 仿真加工

2.8.1 启动 VNUC 仿真软件

启动 VNUC 仿真软件，进入工作界面。

一、选择系统及车床

单击“选项”，选择“数控车床”、“FANUC－TB 系统”、“大连机床厂”，启动仿真软件工作界面，如图 2－36 所示。

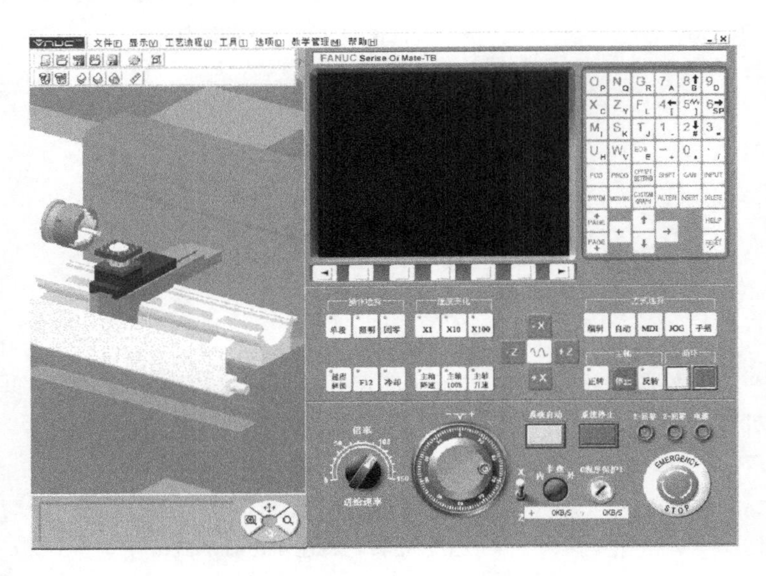

图 2-36　启动仿真软件工作界面

二、启动系统及回零

单击“系统启动”、打开“急停”；单击“回零”，回零灯亮，单击“+*X*、+*Z*”回零，直到“*X*—回零、*Z*—回零”灯亮，表明系统回零。显示器上综合坐标“*X* 为 0，*Z* 为 0”，如图 2-37 所示。

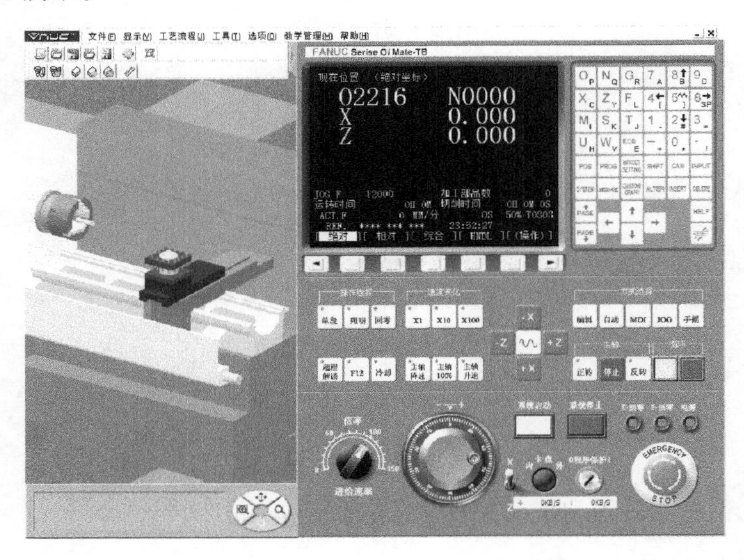

图 2-37　启动系统及回零

三、安装毛坯、刀具

单击“工艺流程”选择毛坯为 $\phi85\times\phi40\times100$，调整右端长度为 60mm，夹具为三爪夹具，并安装此毛坯。单击“工艺流程”选择刀具，1 号刀为“90°右偏刀外圆车刀”、2 号刀为“内孔车刀”，并安装刀具，如图 2-38 所示。

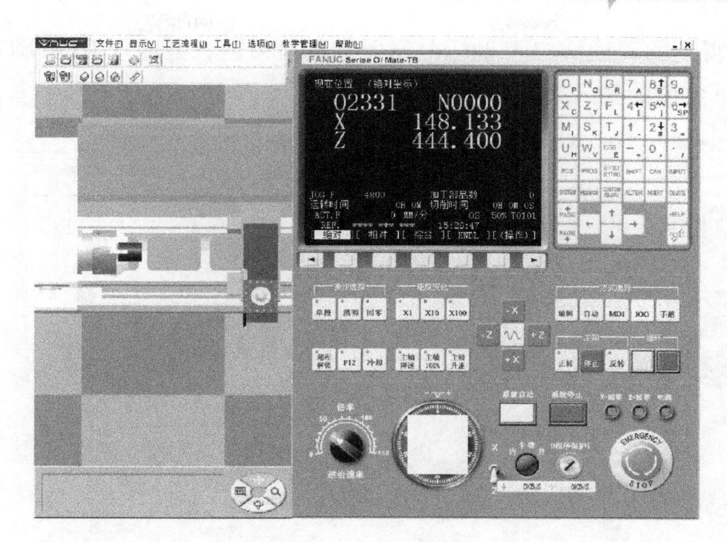

图 2－38　安装毛坯、刀具

2.8.2　对刀

一、对 1 号刀

用 MDI 换 1 号刀，切换为俯视图，在 JOG 方式下移动刀具至工件边缘，并试切工件的端面及少量的圆周面，如图 2－39 所示。得 Z 坐标，记下 X 坐标（注意 X 坐标要加上工件的直径值才是 X 向的对刀值），启动测量工具测直径值（如图）并加 X 坐标得到 X 向的对刀值，输入 OFFSET 下 1 号刀偏数值下。

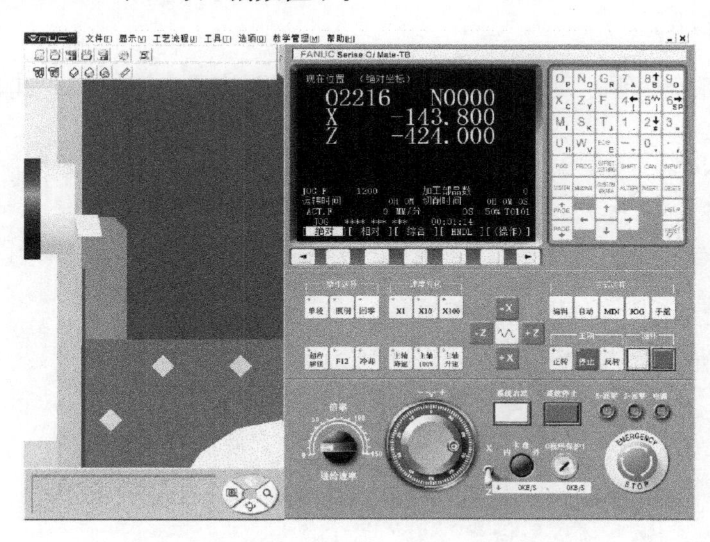

图 2－39　对 1 号刀

二、对 2 号刀

用 MDI 换 2 号刀，切换为俯视图，在 JOG 方式下移动刀具至工件边缘，并试切工件边缘，得 Z 坐标，记下 X 坐标（注意 X 坐标要加上工件的直径值才是 X 向的对刀值），用对 1 号刀时测量得到的直径值加 X 坐标得到 X 向的对刀值，并输入 OFFSET 下 2 号刀偏数值下。OFFSET 下数值的输入如图 2－40 所示。

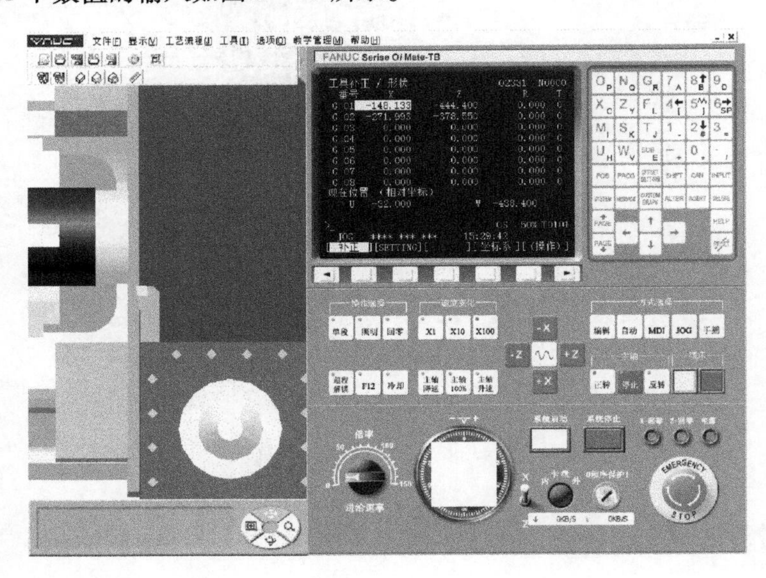

图 2－40　对 2 号刀

2.8.3　输入程序

输入程序的方式有在编辑状态下输入和文件下载入两种。

2.8.4　自动加工

自动加工前系统回零，回到程序头，单击“循环”完成自动加工，如图 2－41 所示。

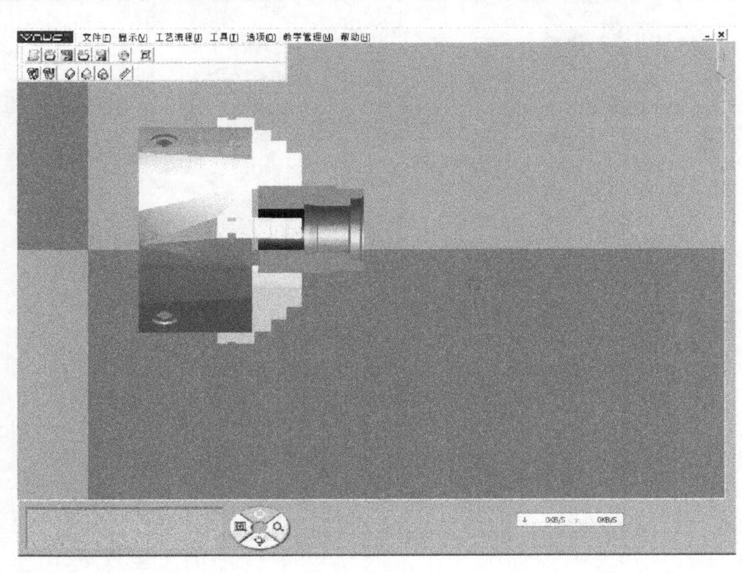

图 2－41　自动加工

2.8.5 调头加工

调头装夹工件。

一、手动车端面

在 JOG 下车端面，达到长度尺寸为 50mm。

二、完成对刀及程序输入

对刀步骤及程序输入上同，在此省略。

三、自动加工

自动加工前系统回零，回到程序头，单击“循环”自动加工完成的套类零件，如图 2－42 所示。

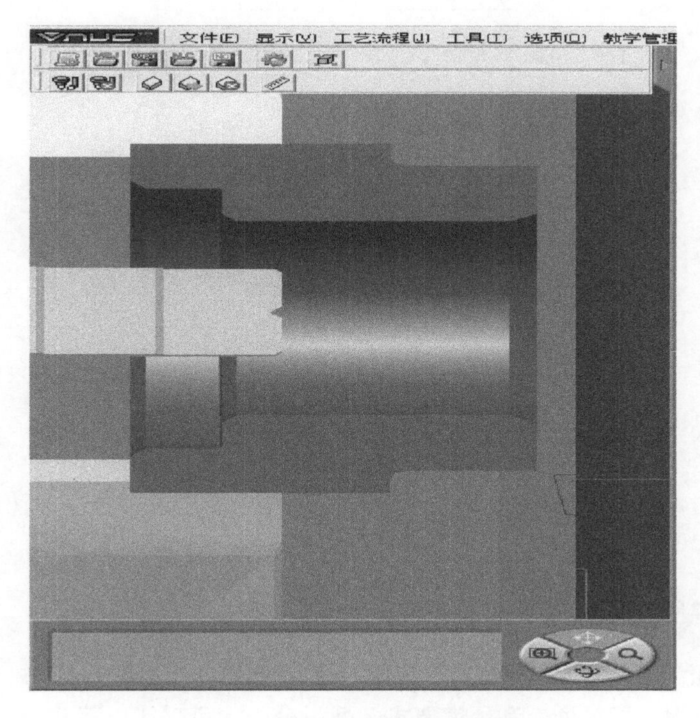

图 2－42 完成的套类零件

任务四

典型零件的加工

通过任务二、三的学习我们已经对数控车床加工轴类、套类零件有了一定的了解，为了提高对实际零件的工艺分析及数控编程的能力，我们选择一个典型零件在数控车床上加工，如图 2－43 所示。

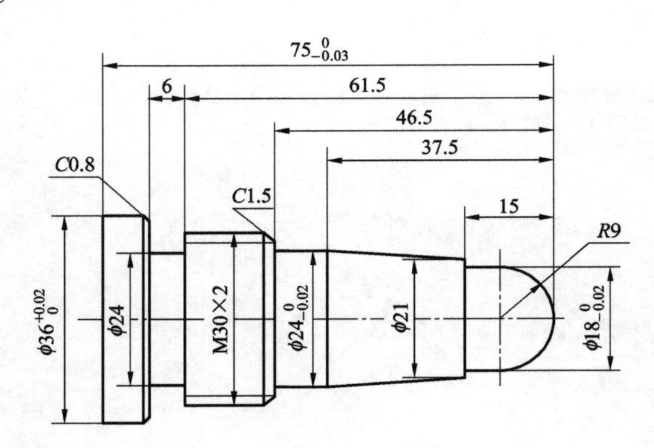

图 2－43　典型零件加工

要求：毛坯为棒材 $\phi40$，材料 45 号钢，小批量生产。

2.9　零件图分析

2.9.1　零件图工艺分析

该零件表面由圆柱、圆锥、圆弧及螺纹等表面组成。尺寸标注完整，轮廓描述清楚。零件材料为 45 号钢，无热处理和硬度要求。通过分析，可采用以下几点工艺措施。

一、取基本尺寸

对图样上给定的几个精度要求较高的尺寸，因其公差数值较小，故编程时不必取平均值，而全部取其基本尺寸即可。

二、钻中心孔

为便于装夹，坯件左端应预先车出夹持部分，伸出 80mm 左右，右端面也应先粗车出并钻好中心孔。

2.9.2　选择设备并确定零件的定位基准和装夹方式

一、选择设备

根据被加工零件的外形和材料等条件，选用带 FANUC 系统的 TND360 数控车床。

二、定位基准

确定坯料轴线和左端大端面（设计基准）为定位基准。

三、装夹方法

左端采用三爪自定心卡盘定心夹紧，右端采用活动顶尖支承的装夹方式。

2.9.3 确定加工顺序及进给路线

加工顺序按由粗到精、由近到远（由右到左）的原则确定。即先从右到左进行粗车（留 0.25mm 精车余量），然后从右到左进行精车，最后车削螺纹。

FANUC 系统的数控车床具有粗车循环和车螺纹循环功能，只要正确使用编程指令，机床数控系统就会自动确定其进给路线，因此，该零件的粗车循环和车螺纹循环不需要人为确定其进给路线，但精车的进给路线需要人为确定。

2.9.4 刀具选择

一、中心孔

选用 ϕ5mm 中心钻钻削中心孔。

二、粗精车

粗车及平端面选用 90°硬质合金右偏刀；精车也选用 90°硬质合金右偏刀。

三、螺纹加工

车螺纹选用硬质合金 60°外螺纹车刀。

四、切断

切断采用宽度为 3mm 的切断刀。

2.9.5 切削用量选择

一、背吃刀量的选择

轮廓粗车循环时选 $a_p = 3$mm，精车 $a_p = 0.25$mm；螺纹粗车时选 $a_p = 0.4$mm，逐刀减少，精车 $a_p = 0.1$mm。

二、主轴转速的选择

车直线和圆弧时，查表选粗车切削速度 $V_c = 90$mm/min、精车切削速度 $V_c = 120$mm/min，然后利用公式 $V_c = \pi Dn/1000$ 计算主轴转速 n（粗车工件直径 $D = 40$mm，精车工件直径取平均值）：粗车 450r/min、精车 1000r/min。车螺纹时，计算主轴转速 $n = 300$r/min。

三、进给速度的选择

查表选择粗车、精车每转进给量，再根据加工的实际情况确定粗车每转进给量为 0.4mm/r，精车每转进给量为 0.15mm/r，最后根据公式 $V_f = nf$ 计算粗车、精车进给速度分别为 180mm/min 和 80mm/min。

综上所述，各工序刀具的切削参数见表 2－4。

表 2-4　各工序刀具的切削参数

加工数据表					
工序	加工内容	刀具	刀具类型	主轴转速（r/min）	进给量（mm/min）
1	粗车轮廓	T01	90°硬质合金右偏刀	450	180
2	精车轮廓	T01	90°硬质合金右偏刀	1000	80
3	车外螺纹	T02	硬质合金60°外螺纹车刀	300	
4	切断	T03	3mm的切断刀	400	30

2.10　程序编辑

程序如下：

```
O2416;
M06 T0101;
M03 S450;
G00 X40.0 Z2.0;
G71 U3.0 R0.5;
G71 P1 Q2 U0.5 W0.2 F180;
N1 G00 X0;
G01 Z0;
G03 X18.0 Z-9.0 R9.0 F180;
G01 Z-15.0;
X21.0;
X24.0 Z-37.5;
Z-46.5;
X27.0;
X30.0 Z-48.0;
Z-67.5;
X34.4;
X36.0 Z-68.3;
N2 Z-75.0;
G00 X100.0 Z100.0;
M05;
M03 S1000;
G00 X40.0 Z2.0;
```

```
G70 P1 Q2 F80;
G00 X100.0 Z100.0;
M05;
M06 T0303;
M03 S400;
G00 X35.0 Z-64.5;
G01 X24.0 F30
G00 X35.0;
Z-67.5;
G01 X24.0;
G00 X100.0;
Z100.0;
M05;
M06 T0202;
M03 S300;
G00 X30.0 Z-44.5;
G76 P010060 Q0.1 R0.1;
G76 X26.0 Z-64.5 P0.8 Q0.4 F2.0;
G00 X100.0 Z100.0;
M05;
M30;
```

2.11 VNUC 仿真加工

2.11.1 启动 VNUC 仿真软件

启动 VNUC 仿真软件，进入工作界面。

一、选择系统及车床

单击“选项”，选择“数控车床”、“FANUC-TB 系统”、“大连机床厂”，启动仿真软件工作界面，如图 2-44 所示。

二、启动系统及回零

单击“系统启动”、打开“急停”；单击“回零”，回零灯亮，单击“+X、+Z”回零，直到“X—回零、Z—回零”灯亮，表明系统回零。显示器上综合坐标“X 为 0，Z 为 0”，如图 2-45 所示。

三、安装毛坯、刀具

单击“工艺流程”选择毛坯为 $\phi40\times100$，调整右端长度为 80mm，夹具为三爪夹具，并安装此毛坯。单击“工艺流程”选择刀具，1 号刀为“90°右偏刀外圆车刀”、2 号刀为“60°外螺纹车刀”、3 号刀为“刀宽 3mm 的切断刀”，并安装刀具，如图 2-46 所示。

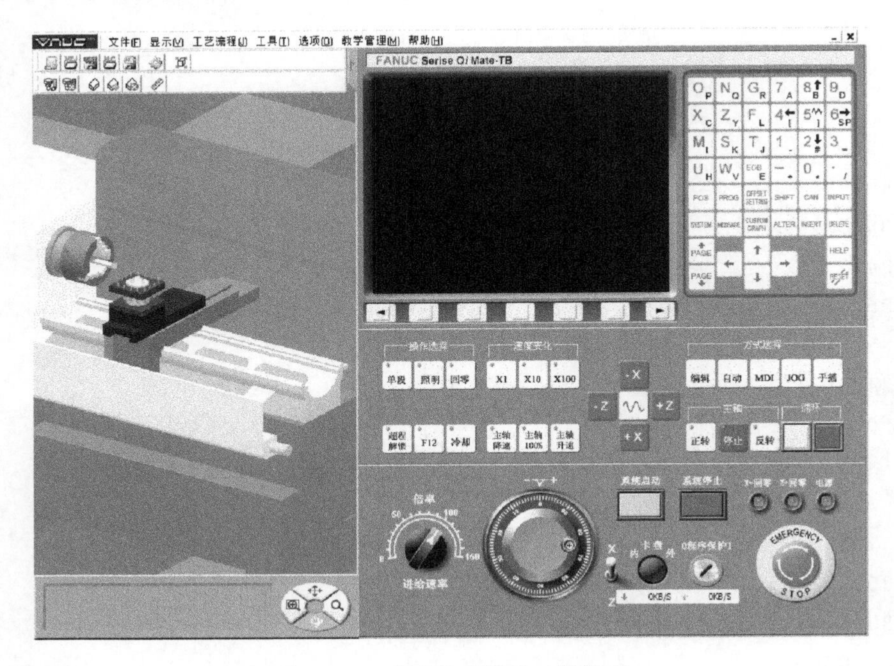

图 2－44　启动仿真软件工作界面

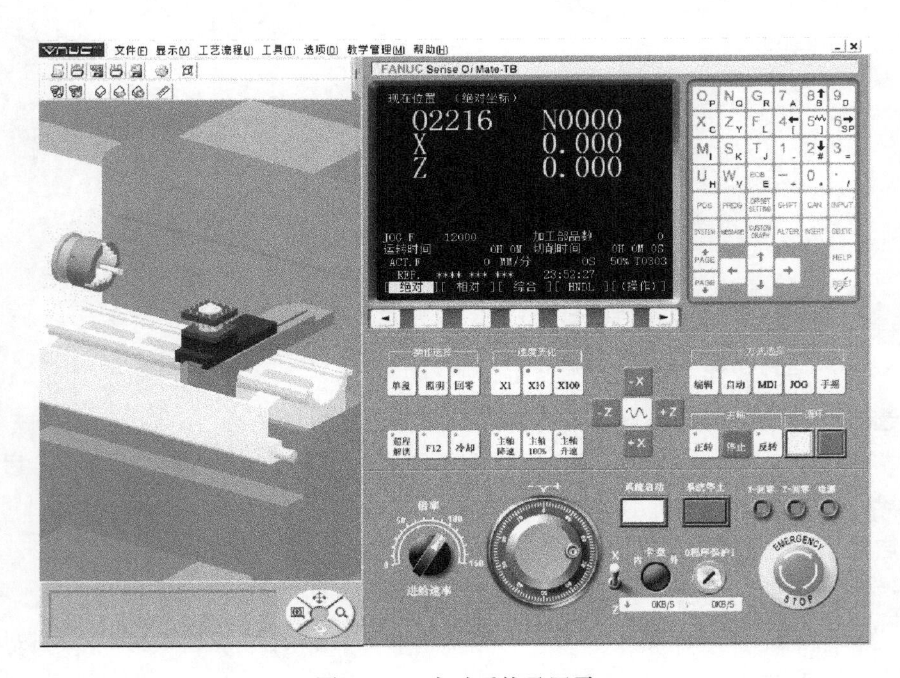

图 2－45　启动系统及回零

2.11.2　对刀

一、对 1 号刀

用 MDI 换 1 号刀，切换为俯视图，在 JOG 方式下移动刀具至工件边缘，并试切工件

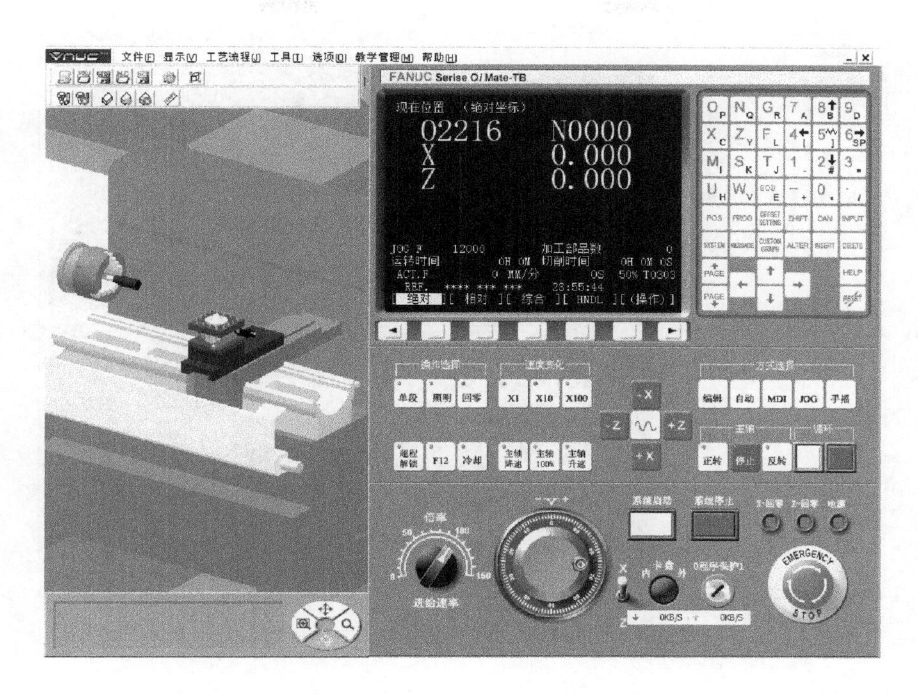

图 2－46 安装毛坯、刀具

的端面及少量的圆周面，如图 2－47 所示。得 *Z* 坐标，记下 *X* 坐标（注意 *X* 坐标要加上工件的直径值才是 *X* 向的对刀值），启动测量工具测直径值（见图 2－48）并加 *X* 坐标得到 *X* 向的对刀值，并输入 OFFSET 下 1 号刀偏数值下。

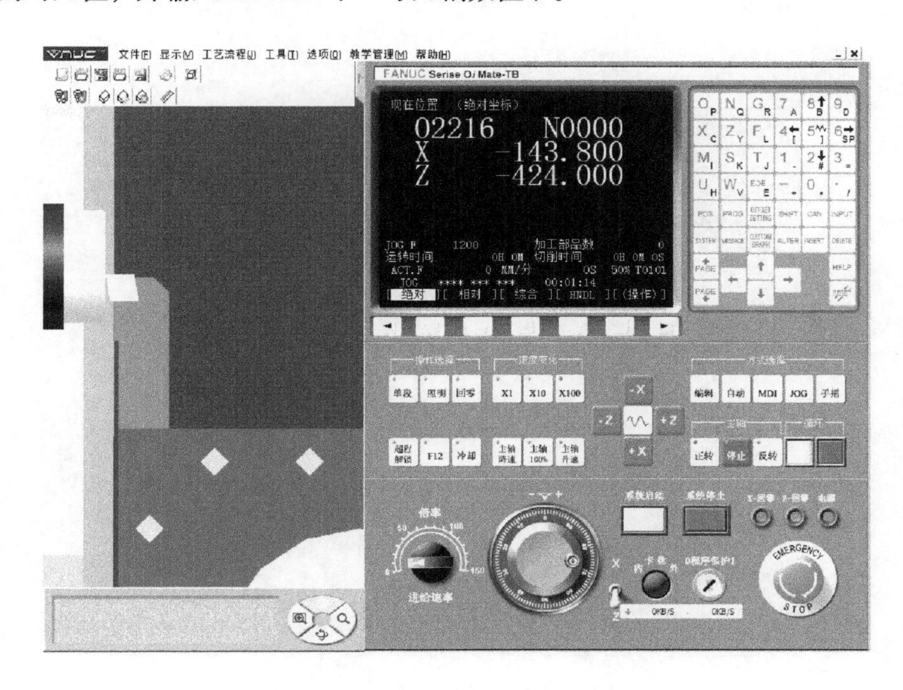

图 2－47 对 1 号刀

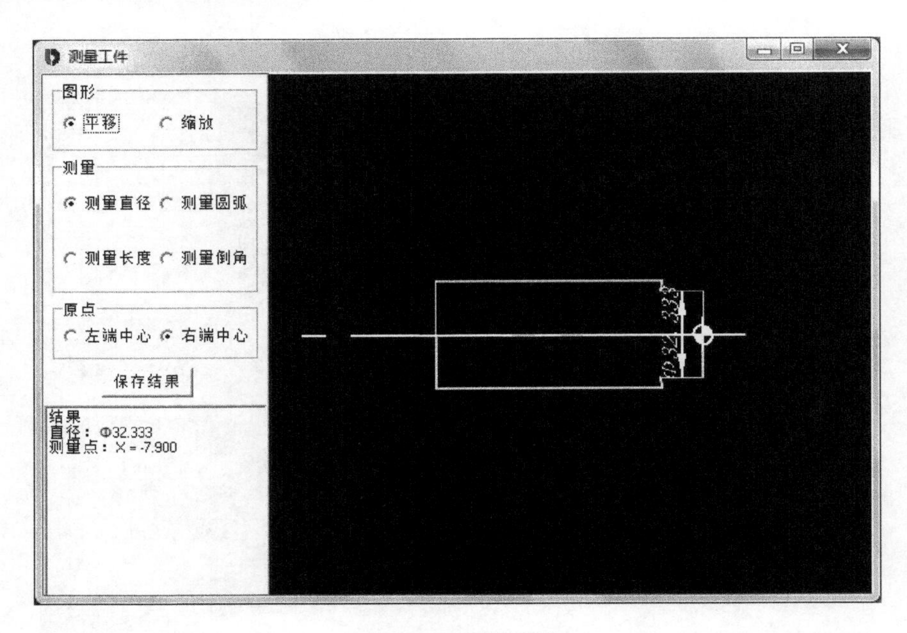

图 2－48　测直径值

二、对 2 号刀

用 MDI 换 2 号刀，切换为俯视图，在 JOG 方式下移动刀具至工件边缘，并试切工件边缘（见图 2－49），得 Z 坐标，记下 X 坐标（注意 X 坐标要加上工件的直径值才是 X 向的对刀值），用对 1 号刀时测量得到的直径值加 X 坐标得到 X 向的对刀值，并输入 OFFSET 下 2 号刀偏数值下。

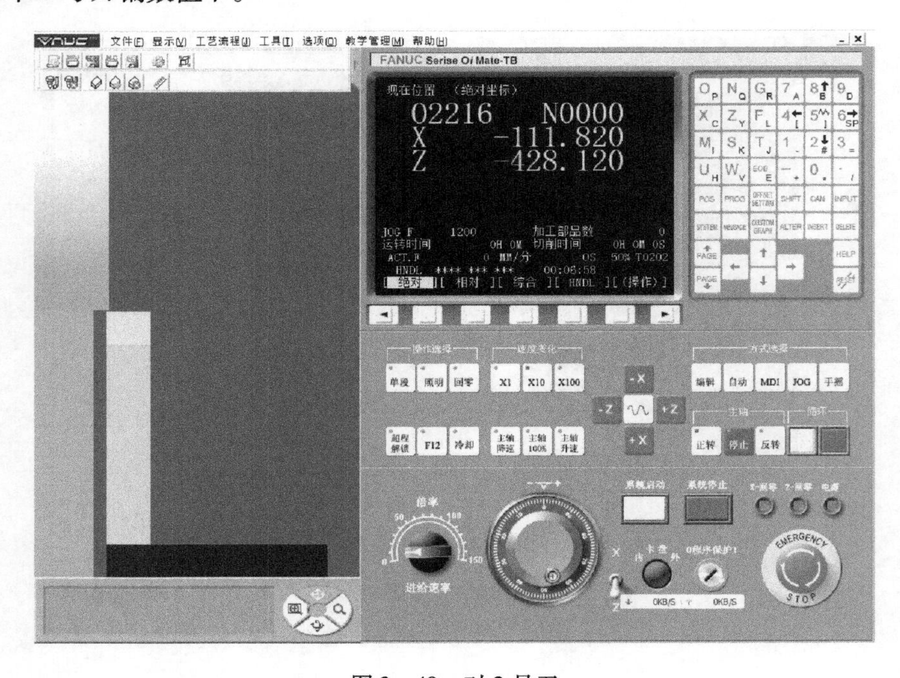

图 2－49　对 2 号刀

三、对 3 号刀

对 3 号刀方法与对 2 号刀方法一样。

2.11.3 输入程序

输入程序的方式有在编辑状态下输入和文件下载入两种。

2.11.4 自动加工

自动加工前系统回零，回到程序头，单击“循环”完成自动加工，如图 2－50 所示。

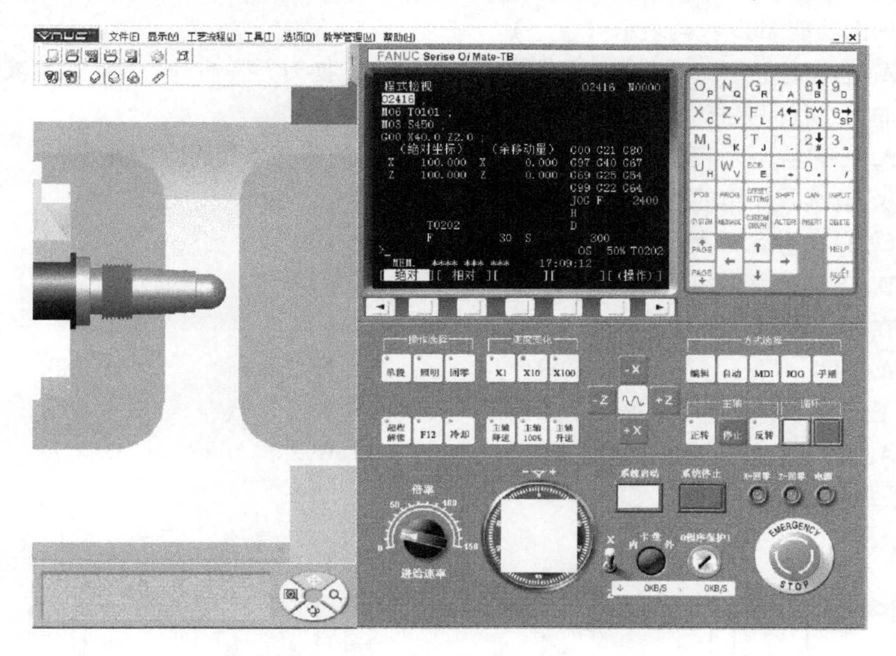

图 2－50 自动加工

思考与练习题

一、填空题

1. 以下指令的含义：G00（ ）、G01（ ）、G02（ ）、G03（ ）。
2. 准备功能 G 代码有（ ）和（ ）两大类。
3. 数控车床编程在 *X* 向要采用（ ）编程。
4. G03X—Z—I—K—F—；中的 I 表示的含义是（ ）。
5. G92X—Z—F—；中的 F 表示的含义是（ ）。

二、判断题（正确的在句末括号内打“√”号，错误的打“×”号）

1. 在执行 G00 指令时，刀具路径不一定为一条直线。（ ）
2. G01 指令中，进给率（*F*）是沿刀具路径方向。（ ）

3. G04 P2500 与 G04 X2.50 暂停时间是相同的。 （ ）

4. 程序 G01 X_ Y_ F100，其中 F100 为主轴每回转床台进给 100mm。 （ ）

5. 程序 G01 X_ Y_ F100，为执行直线切削。 （ ）

6. G02X_Y_R_F_，此单节执行后，必小于 180°之圆弧。 （ ）

7. 利用 I、J 表示圆弧的圆心位置，须使用增量值。 （ ）

三、选择题

1. 加工程序段的结束部分常用（ ）表示。

A. M02 B. M30 C. M00 D. LF

2. 辅助功能 M05 代码表示（ ）。

A. 程序停止 B. 主轴停止 C. 换刀 D. 切削液开

3. 非模态代码是指（ ）。

A. 一经在一个程序段中指定，直到出现同组的另一个代码时才失效

B. 有续效作用的代码

C. 只在写有该代码的程序段中有效

D. 不能独立使用的代码

4. 在 FANUC 系统中，子程序的结束指令是（ ）。

A. M98 B. M99 C. M02 D. M05

5. 下列指令中表示固定循环功能的代码有（ ）。

A. G03 B. G04 C. G92 D. G71

四、编程题

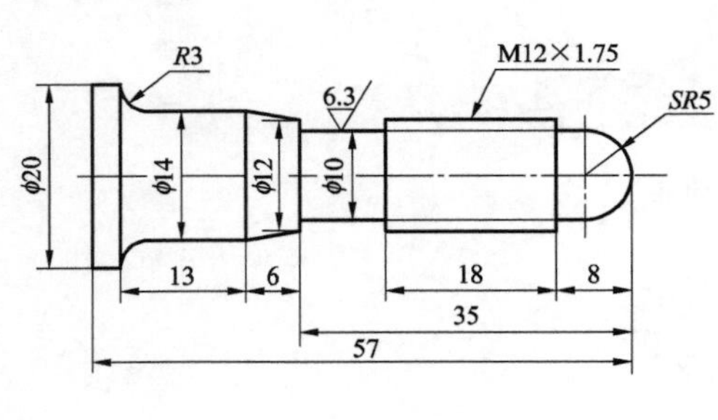

图 2-51

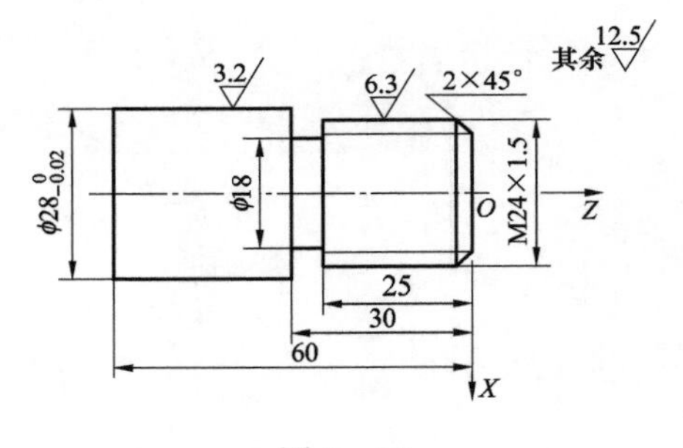

图 2-52

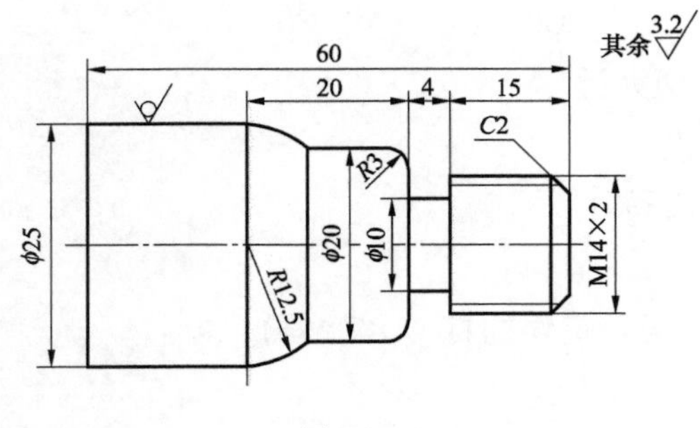

图 2-53

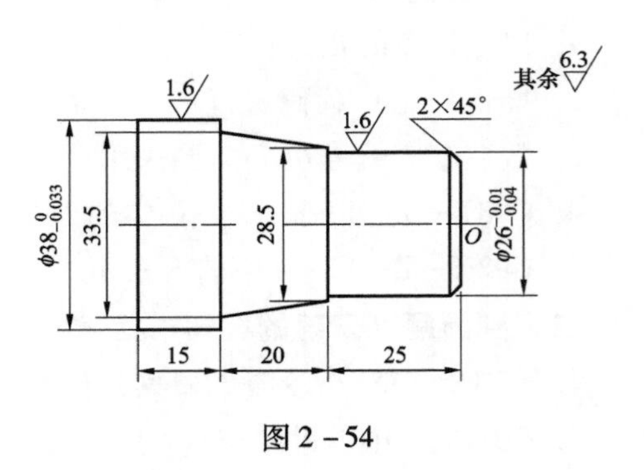

图 2-54

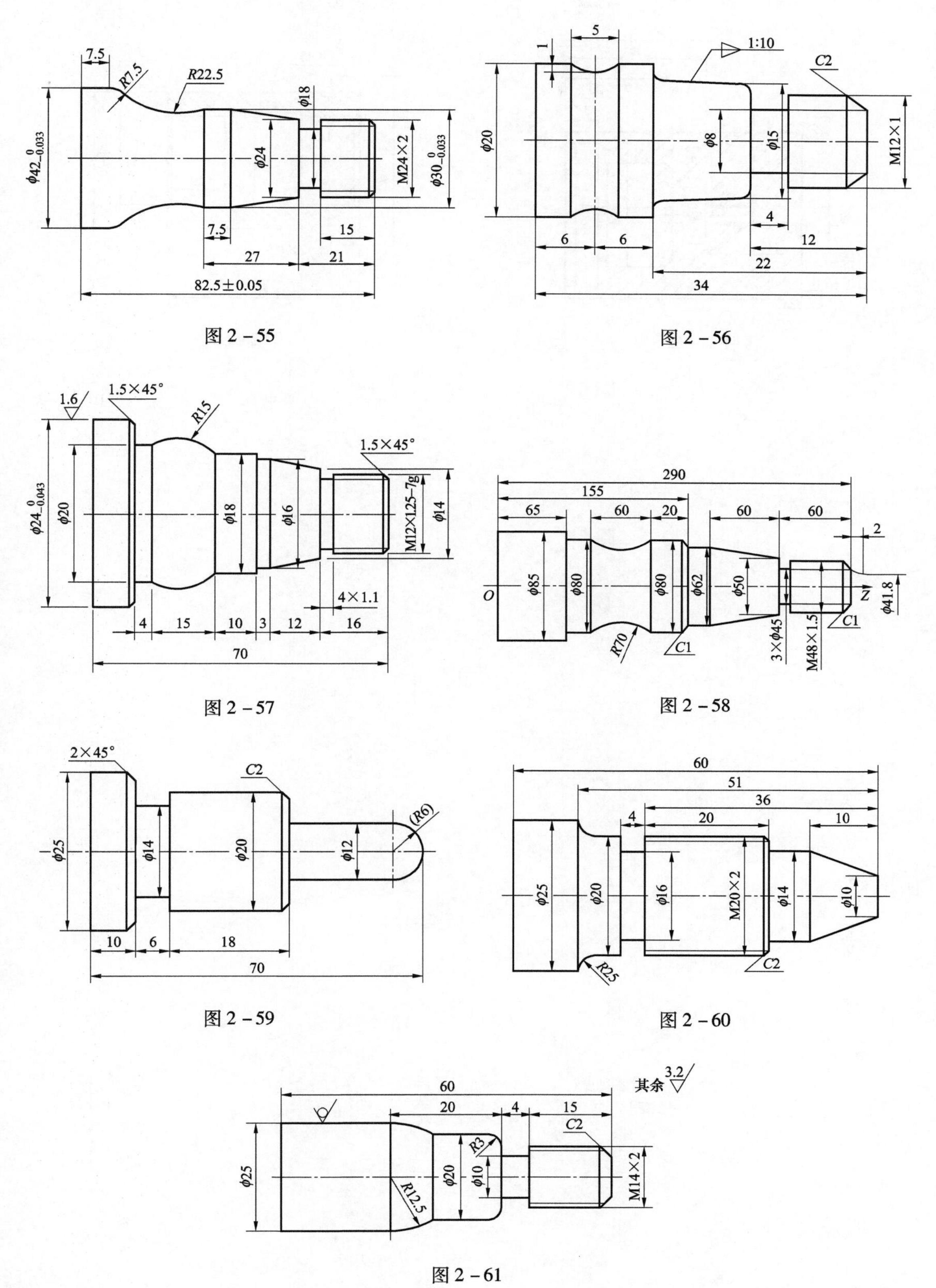

图 2 – 55

图 2 – 56

图 2 – 57

图 2 – 58

图 2 – 59

图 2 – 60

图 2 – 61

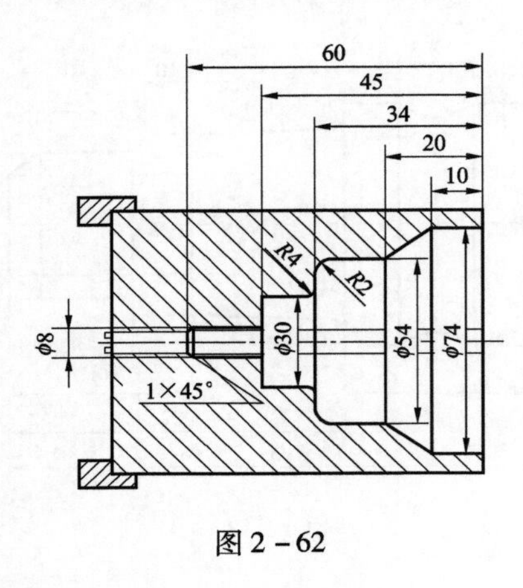
60
45
34
20
10
R4
R2
ϕ8
ϕ30
ϕ54
ϕ74
1×45°

图 2-62

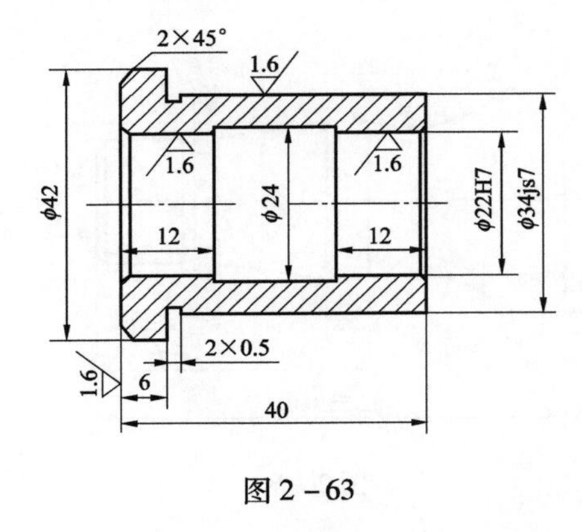
2×45°
1.6
1.6
1.6
ϕ42
ϕ24
ϕ22H7
ϕ34js7
12
12
2×0.5
1.6
6
40

图 2-63

第三部分

加工中心编程

加工中心基本概念

前面通过第一部分和第二部分的学习，了解了数控加工技术的基本原理和数控车床编程的基本方法及应用，现继续深入，通过本任务的学习，让学生了解数控加工中心的概念、分类、加工对象、自动换刀装置，为下一步的数控加工中心编程指令的学习打下基础。

3.1 加工中心简介

3.1.1 加工中心的概念

加工中心（Machining Center，MC）是目前世界上产量最高、应用最广泛的数控机床之一。它主要用于箱体类零件和复杂曲面零件的加工，能把铣削、镗削、钻削、攻螺纹、车螺纹等功能集中在一台设备上。因为它具有多种换刀或选刀功能及自动工作台交换装置（ATC），故工件经一次装夹后，可自动地完成或接近完移工件各面的所有加工工序，从而使生产效率和自动化程度大大提高，因此加工中心又称为自动换刀数控机床或多工序数控机床。

加工箱体类零件的加工中心，一般是在镗、铣床的基础上发展起来的，可称为镗铣类加工中心，习惯上称为加工中心。另外，还有一类加工中心是以轴类零件为主要加工对象，是在车床基础上发展起来的，一般具有C轴控制，除可进行车削、镗削之外，还可进行端面和周面上任意部位的钻削、铣削和攻螺纹加工，在具有插补功能的条件下，可以实现各种曲面铣削加工。这类加工中心习惯上称为车铣中心或车削中心。

加工中心具有良好的加工一致性和经济效益。它与单机操作相比，能排除在很长的工艺流程中许多人为因素的干扰，具有较高的生成效率和质量稳定性。一个程序在计算机控制下反复使用，保证了加工零件尺寸的一致性和互换性。同时，由于工序集中和具有自动换刀功能，零件在一次装夹后完成有精度要求的铣、钻、扩、铰、镗、锪、攻丝等复合加工。

加工中心的加工范围主要取决于刀库容量。刀库是多工序集中加工的基本条件，刀库中刀具的存储量一般有10～40、60、80、100、120等多种规格，有些柔性制造系统配有中央刀库，可以存储上千把刀具。刀库中刀具容量越大，加工范围越广，加工的柔性程度越高，一些常用刀具可长期装在刀库上，需要时随时调整，大大减少了更换刀具的准备时间。具有大容量刀库的加工中心可实现多品种零件的加工，从而最大限度地发挥加工中心的优势。

加工中心除了具有直线插补和圆弧插补功能外，还具有各种固定加工循环、刀具半径自动补偿、刀具长度自动补偿、在线检测、刀具寿命管理、故障自动诊断、加工过程图形显示、人一机对话、离线编程等功能。

3.1.2 加工中心的分类

一、按功能特征分类

按功能特征分类可分为镗铣、钻削和复合加工中心。

1. 镗铣加工中心

镗铣加工中心和龙门式加工中心，以镗铣为主，适用于箱体、壳体加工以及各种复杂零件的特殊曲线和曲面轮廓的多工序加工，适用于多品种、小批量的生产方式。

2. 钻削加工中心

以钻削为主，刀库形式以转塔头形式为主，适用于中、小批量零件的钻孔、扩孔、铰孔、攻螺纹及连续轮廓铣削等多工序加工。

3. 复合加工中心

复合加工中心主要指五面复合加工，可自动回转主轴头，进行立卧加工。主轴自动回转后，在水平和垂直面实现刀具自动交换。

二、按结构特征分类

加工中心工作台有各种结构，按工作台结构特征分类，可分成单、双和多工作台。设置工作台的目的是为了缩短零件的辅助准备时间，提高生产效率和机床自动化程度。最常见的是单工作台和双工作台两种形式。

三、按主轴种类分类

根据主轴结构特征分类，可分为单轴、双轴、三轴及可换主轴箱的加工中心。

四、按自动换刀装置分类

按自动换刀装置可分为以下 4 种。

1. 塔头加工中心

有立式和卧式两种。主轴数一般为 6 ~ 12 个，这种结构换刀时间短、刀具数量少、主轴转塔头定位精度要求较高。

2. 刀库 + 主轴换刀加工中心

这种加工中心的特点是无机械手式主轴换刀，利用工作台运动及刀库转动，并由主轴箱上下运动进行选刀和换刀。

3. 刀库 + 机械手 + 主轴换刀加工中心

这种加工中心结构多种多样，由于机械手卡爪可同时分别抓住刀库上所选的刀和主轴上的刀，换刀时间短，并且选刀时间与机加工时间重合，因此得到广泛应用。

4. 刀库 + 机械手 + 双主轴转塔头加工中心

这种加工中心在主轴上的刀具进行切削时，通过机械手将下一步所用的刀具换在转塔头的非切削主轴上。主轴上的刀具切削完毕，转塔头即回转，完成换刀工作，换刀时间短。

五、按主轴在加工时的空间位置分类

加工中心常按主轴在空间所处的状态分为立式加工中心和卧式加工中心，加工中心的主轴在空间处于垂直状态的称为立式加工中心，主轴在空间处于水平状态的称为卧式加工中心，如图3－1所示。主轴可作垂直和水平转换的，称为立卧式加工中心或五面加工中心，也称为复合加工中心。这种加工中心具有立式和卧式加工中心的功能，在工件的一次装夹后，能完成除安装面外的所有5个面的加工。这种加工方式可以使工件的形位误差降到最低，省去2次装夹的工装，从而提高生产效率，降低加工成本。

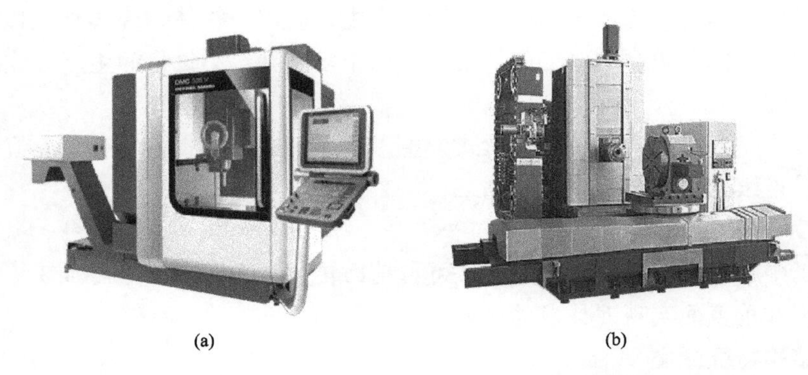

(a)　　(b)

图3－1　按主轴在加工时的空间位置分类

（a）立式加工中心；（b）卧式加工中心

另外，按加工中心立柱的数量分类，有单柱式和双柱式（龙门式），如图3－2所示。

按加工中心运动坐标数和同时控制的坐标数分类，有三轴二联动、三轴三联动、四轴三联动、五轴四联动、六轴五联动等，如图3－3所示。三轴、四轴是指加工中心具有的运动坐标数，联动是指控制系统可以同时控制运动的坐标数，从而实现刀具相对工件的位置和速度控制。

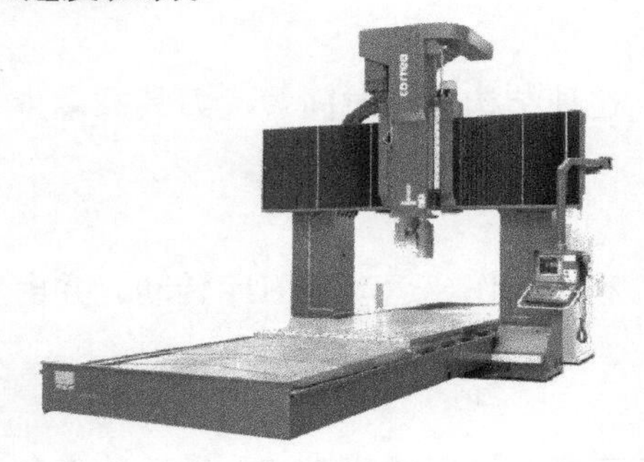

图3－2　龙门加工中心

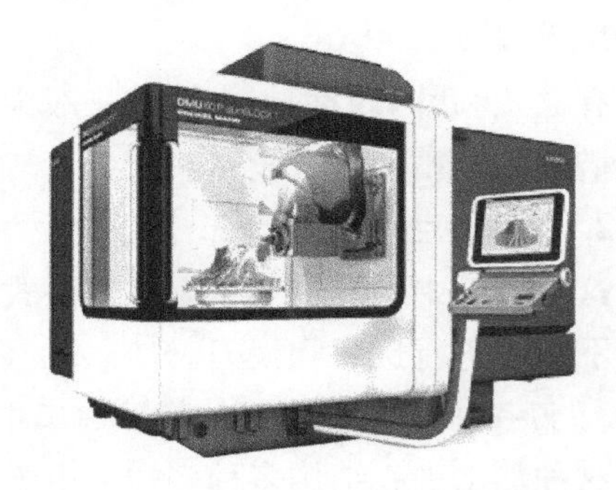

图3－3　五坐标加工中心

按加工精度分，有普通加工中心和高精度加工中心。普通加工中心，分辨率为1μm，最大进给速度为15～25m/min，定位精度为10μm左右。高精度加工中心的分辨率为0.1μm，最大进给速度为60～100m/min，定位精度为2～10μm。定位精度介于2～10μm的，以+4μm较多，可称精密级。

3.1.3 加工中心的加工对象

加工中心适宜于加工复杂、工序多、要求较高、需用多种类型的普通机床和众多刀具夹具，且经多次装夹和调整才能完成加工的零件。其加工的主要对象有箱体类零件、复杂曲面、异形件、盘套板类零件和特殊加工5类。

一、箱体类零件

箱体类零件一般是指具有一个以上孔系，内部有型腔，在长、宽、高方向有一定比例的零件。这类零件在机床、汽车、飞机制造等行业用得较多，如图3-4所示。

图3-4 箱体零件

箱体类零件一般都需要进行多工位孔系及平面加工，公差要求较高，特别是形位公差要求较为严格，通常要经过铣、钻、扩、镗、铰、锪，攻丝等工序，需要刀具较多，在普通机床上加工难度大，工装套数多，费用高，加工周期长，需多次装夹、找正，手工测量次数多，加工时必须频繁地更换刀具，工艺难以制定，更重要的是精度难以保证。

箱体类零件的加工中心，当加工工位较多，需工作台多次旋转角度才能完成的零件，一般选卧式镗铣类加工中心。当加工的工位较少，且跨距不大时，可选立式加工中心，从一端进行加工。

二、复杂曲面

复杂曲面在机械制造业，特别是航天航空工业中占有特殊重要的地位。复杂曲面采用普通机加工方法是难以甚至无法完成的。在我国，传统的方法是采用精密铸造，可想而知其精度是较低的。复杂曲面类零件如各种叶轮、导风轮、球面、各种曲面成形模具、螺旋桨、水下航行器的推进器，以及一些其他形状的自由曲面，如图3-5所示。

(a)

(b)

图3-5 复杂曲面零件

（a）头盔；（b）蜘蛛立体造形

这类零件均可用加工中心进行加工。铣刀作包络面来逼近球面。复杂曲面用加工中心加工时，编程工作量较大，几乎要依靠自动编程技术。

三、异形零件

异形零件是外形不规则的零件，大都需要点、线、面多工位混合加工。异形件的刚性一般较差，夹压变形难以控制，加工精度也难以保证，甚至某些零件有的加工部位用普通机床无法完成。用加工中心加工时应采用合理的工艺措施，一次或二次装夹，利用加工中心多工位点、线、面混合加工的特点，完成多道工序或全部的工序内容。

四、盘、套、板类零件

带有键槽或径向孔，或端面有分布的孔系，曲面的盘套或轴类零件，如带法兰的轴套，带键槽或方头的轴类零件等，还有具有较多孔加工的板类零件，如各种电动机盖等。端面有分布孔系、曲面的盘类零件宜选择立式加工中心，有径向孔的可选卧式加工中心。

五、特殊加工

在熟练掌握了加工中心的功能之后，配合一定的工装和专用工具，利用加工中心可完成一些特殊的工艺加工，如在金属表面上刻字、刻线、刻图案；在加工中心的主轴上装上高频电火花电源，可对金属表面进行线扫描表面淬火；用加工中心装上高速磨头，可实现小模数渐开线圆锥齿轮磨削及各种曲线、曲面的磨削等。

3.1.4 加工中心的自动换刀装置

自动换刀装置的用途是按照加工需要，自动地更换装在主轴上的刀具，它是一套独立完整的部件。

一、自动换刀装置的形式

自动换刀装置的结构取决于机床的类型、工艺范围及刀具的种类、数量等。自动换刀装置主要有回转刀架和带刀库的自动换刀装置两种形式。

回转刀架换刀装置的刀具数量有限，但结构简单，维护方便。

带刀库的自动换刀装置是由刀库和机械手组成的，它是多工序数控机床上应用最广泛的换刀装置。其整个换刀过程较复杂，首先把刀具过程中需要使用的全部刀具分别安装在标准刀柄上，在机外进行尺寸预调后，按一定的方式放入刀库；换刀后，先在刀库中进行选刀，并由机械手从刀库和主轴上取出刀具，在进行刀具交换后，将新刀具装入主轴，把旧刀具放回刀库。存放刀具的刀库具有较大的容量，它既可以安装在主轴箱的侧面或上方，也可以作为独立部件安装在机床以外。

二、刀库的形式

刀库的形式很多，结构各异，如图3-6所示。加工中心常用的刀库有鼓轮式和链式两种。

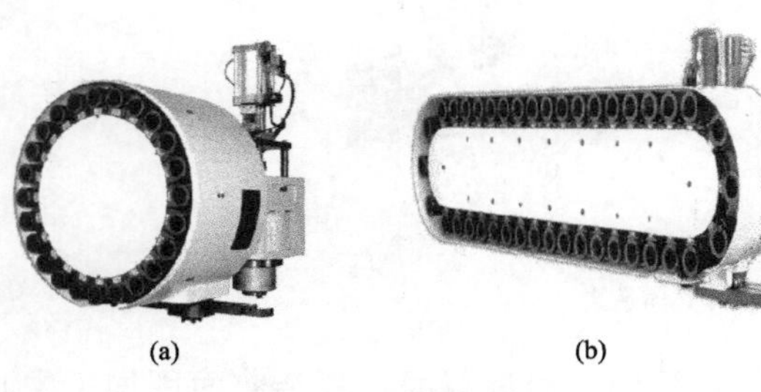

图3-6 刀库形式

(a) 鼓轮式；(b) 链式

图3-6 (a) 所示为鼓轮式刀库，其结构简单、紧凑，应用较多，一般存在刀具不超过32把。

图3-6 (b) 所示为链式刀库，多为轴向取刀，适用于要求刀库容量较大

的机床。

三、换刀过程

自动换刀装置的换刀过程由选刀和换刀两部分组成。选刀即刀库按照选刀命令（或信息）自动将要用的刀具移动到换刀位置，完成选刀过程，为下面换刀做好准备；换刀即把主轴上用过的刀具取下，将选好的刀具安装在主轴上。

四、刀具的选择方法

数控机床常用的选刀方式有顺序选刀方式和任选方式两种。

1. 顺序选刀方式

将加工所需要的刀具，按照预先确定的加工顺序依次安装在刀座中，换刀时，刀库按顺序转位。这种方式的控制及刀库运动简单，但刀库中刀具排列的顺序不能错。

2. 任选方式

对刀具或刀座进行编码，并根据编码选刀。它可分为刀具编码和刀座编码两种方式。

刀具编码方式是利用安装在刀柄上的编码元件（如编码环、编码螺钉等）预先对刀具进行编码后，再将刀具放入刀座中；换刀时，通过编码识别装置根据刀具编码选刀。采用这种方式的刀具可以放在刀库的任意刀座中；刀库中的刀具不仅可在不同的工序中多次重复使用，而且换下的刀具也不必放回原来的刀座中。

刀座编码方式是预先对刀库中的刀座（用编码钥匙等方法）进行编码，并将与刀座编码相对应的刀具放入指定的刀座中；换刀时，根据刀座编码选刀，如程序中指定为 T6 的刀具必须放在编码为 6 的刀座中。使用过的刀具也必须放回原来的刀座中。

目前，计算机控制的数控机床都普遍采用计算机记忆方式选刀。这种方式是通过可编程逻辑控制器（PLC）或计算机，记忆每把刀具在刀库中的位置，自动选择所需要的刀具。

加工中心编程指令

通过本任务的学习，让学生了解数控加工中心的主要功能；掌握数控铣削编程指令功能：加工准备指令、基本加工类指令、钻孔、加工轨迹编辑类/编程类指令。

3.2 加工中心程序的编制

加工中心是带有刀库和自动换刀装置的数控机床，又称为自动换刀数控机床或多工序数控机床。其特点是数控系统能控制机床自动地更换刀具，连续地对工件各加工表面自动进行铣、钻、扩、铰、镗、攻螺纹等多种工序的加工；适用于加工凸轮、箱体、支架、盖板、模具等各种复杂型面的零件。

除换刀程序外，加工中心的编程方法与数控铣床的编程方法基本相同。

3.2.1 加工中心数控系统的功能

一、准备功能（G 指令）

准备功能也称为 G 指令，是建立坐标平面、坐标系偏置、刀具与工件相对运动轨迹（插补功能）以及刀具补偿等多种加工操作方式的指令。G 指令的范围为 G00 ~ G99，其功能见表 3 - 1。

表 3 - 1　常用 G 指令及其功能

G 指令	组别	功　能	G 指令	组别	功　能
G00 *	01	快速点定位	G21 *	06	公制单位设定
G01		直线插补	G28		返回参考点
G02		顺时针圆弧插补	G29	00	由参考点返回
G03		逆时针圆弧插补	G40 *	07	取消半径补偿
G04	00	暂停	G41		建立刀具左补偿
G15 *	17	极坐标取消	G42		建立刀具右补偿
G16		建立极坐标	G43	08	正向长度补偿
G17 *	02	选择 *XY* 平面	G44	08	负向长度补偿
G18		选择 *XZ* 平面	G49 *		长度补偿取消
G19		选择 *YZ* 平面	G52	00	局部坐标系建立
G20	06	英制单位设定	G54 *	14	建立工件坐标系 1

续表

G指令	组别	功　能	G指令	组别	功　能
G55	14	建立工件坐标系2	G80 *	09	固定循环取消
G56		建立工件坐标系3	G81～G89		钻、攻螺纹、镗孔等
G57		建立工件坐标系4	G90 *	03	绝对坐标编程
G58		建立工件坐标系5	G91		增量坐标编程
G59		建立工件坐标系6	G92	00	工件坐标系设定
G73	09	排屑钻孔循环	G98	10	固定循环返回到初始点
G74		左旋攻螺纹循环	G99		固定循环返回到 *R* 点

注 1. 带有 * 记号的G代码，当电源接通时，系统处于这个代码状态。G00，G01 可以用参数设定来选择。

2. 00 组指令是一次性指令，为非模态指令，仅在所在的程序行内有效。

3. 其他组别的G指令为模态指令，此类指令一经设定，一直有效，直到被同组G指令取代。

4. 在同一个程序段中可以指定几个不同组的G代码，不能在同一个程序段中指定两个以上的同组G代码时，后一个G代码有效。

5. 固定循环也可被01组G代码取消。

二、辅助功能（M指令）

辅助功能也称为M指令，由地址字M后跟1～2位数字组成。M指令主要用来设定数控机床电控装置单纯的开/关动作，以及控制加工程序的执行走向。常用M指令功能见表3－2。

表3－2　常用G指令及其功能

M指令	使用功能	M指令	使用功能
M00	程序停止	M06	刀具交换
M01	程序选择性停止	M08	冷却液开
M02	程序结束	M09	冷却液关
M03	主轴正转	M30	程序结束，返回开头
M04	主轴反转	M98	调用子程序
M05	主轴停止	M99	子程序结束

1. 暂停指令M00

当CNC执行到M00指令时，将暂停执行当前程序，以方便操作者进行刀具更换、工件的尺寸测量、工件调头或手动变速等操作。暂停时机床的主轴进给及冷却液停止，而全部现存的模态信息保持不变。若要继续执行后续程序，只需重按操作面板上的“启动”键即可。

2. 程序结束指令M02

M02用在主程序的最后一个程序段中，表示程序结束。当CNC执行到M02指令时，机床的主轴、进给及冷却液全部停止。使用M02的程序结束后，若要重新执行该程序就必须重新调用该程序。

3. 程序结束并返回到零件程序头指令 M30

M30 和 M02 功能基本相同，只是 M30 指令还兼有控制返回到零件程序头（O 或%）的作用。使用 M30 的程序结束后，若要重新执行该程序，只需再次按操作面板上的“启动”键即可。

4. 子程序调用及返回指令 M98、M99

M98 用来调用子程序；M99 表示子程序结束。

在子程序开头必须规定子程序号，以作为调用入口地址。在子程序的结尾用 M99，以控制执行完该子程序后返回主程序。

5. 主轴控制指令 M03、M04 和 M05

M03 启动主轴，主轴以顺时针方向（从 Z 轴正向朝 Z 轴负向看）旋转；M04 启动主轴，主轴以逆时针方向旋转；M05 主轴停止旋转。

6. 换刀指令 M06

M06 用于具有刀库的数控铣床或加工中心，用以换刀。M06 通常与刀具功能字 T 指令一起使用，如 M06 T03 是更换调用 03 号刀具，数控系统收到指令后，将原刀具换走，而将 03 号刀具自动地安装在主轴上。

7. 冷却液开停指令 M08、M09

M08 指令将打开冷却液；M09 指令将关闭冷却液，其中 M09 为默认功能。

三、F、S、T 功能

1. F 功能

F 是控制刀具位移动速度的进给速率指令，为模态指令，用字母 F 及其后面的若干位数字来表示。在铣削加工中，刀具位移速度的单位一般为 mm/min（每分钟进给量），如 F150 表示进给速度为 150mm/min。一般来说，数控铣削和加工中心用恒线速，而车削则使用恒转速。如车削中，F0.3 代表进给速度为 0.3mm/r。

2. S 功能

S 功能用以指定主轴转速，为模态指令，用字母 S 及其后面的若干位数字来表示，单位是 r/min，如 S600 表示主轴转速为 600r/min。

3. T 功能

T 是刀具功能代码，后跟两位数字指示更换刀具的编号，即 T00 ~ T99。因数控铣床无 ATC（自动换刀系统），必须用人工换刀，所以 T 功能只用于加工中心。

加工中心常用的刀库有盘式和链式两种，换刀方式分无机械手式和机械手式两种。

无机械手式换刀方式是刀库靠向主轴，先卸下主轴上的刀具，刀库再旋转至要换的刀具位置，上升装上主轴。此种刀库是固定刀号式（即 1 号刀必须插回 1 号刀套内），其换刀指令如下：

M06 T03；斗主轴上的刀具先装回刀库，刀库旋转至 3 号刀正对主轴并装上主轴。

有机械手式换刀大都配合链式刀库。当执行 T 代码时，被调用的刀具会转至准备换刀位置，称为选刀，但无换刀动作，因此 T 指令可在换刀指令 M06 之前设定好，以节省换刀时等待刀具的时间。

注意：各厂家、各系统的加工中心T功能格式很有可能不尽相同，针对具体机床的换刀操作和编程，要以生产厂家提供的随机说明为准。

3.2.2 加工中心的基本编程指令

常用准备功能是编制程序中的核心问题，编程人员必须熟练掌握这些功能的使用方法和特点，才能更好地编写出加工程序。FANUC0i系统的指令格式见附录A。

一、编程术语

在进行编程之前，介绍几个常用的编程术语。

1. 起始平面

起始平面，是程序开始时刀具的初始位置所在的平面。起刀点是加工零件时刀具相对于零件运动的起点，数控程序是从这一点开始执行的。起刀点必须设置在工件的上面，起刀点在坐标系中的高度，一般称为起始平面或起始高度，一般选距工件上表面50mm左右位置。起刀点太高会降低生产效率，太低又不便于操作人员观察工件。起始平面一般高于安全平面。

2. 进刀平面

进刀平面，刀具以高速（G00）下刀至要切削到材料时变成以进刀速度下刀，以免撞刀，此速度转折点的位置即为进刀平面，也称为只面，其高度为进刀高度，也称接近高度，一般距加工平面5mm左右，如图3－7所示。

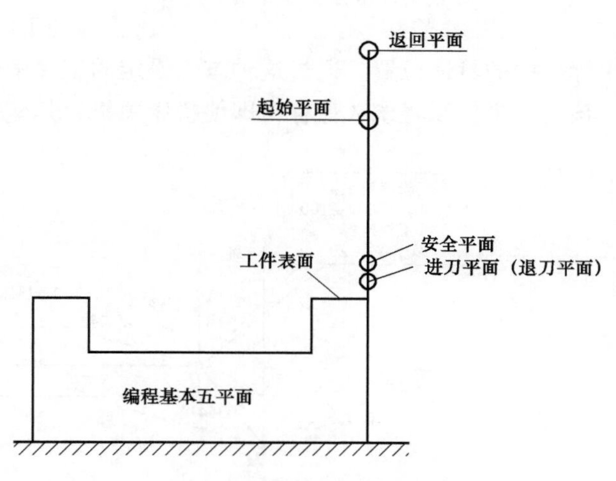

图3－7 编程术语示意图

3. 退刀平面

退刀平面，零件或加工零件的某区域加工结束后，刀具以切削进给速度离开工件表面一段距离后转为高速返回平面，此转折位置即为退刀平面，其高度为退刀高度。

4. 安全平面

安全平面是指刀具在完成工件的一个区域加工后，刀具沿其轴向反向运动一段距离，此时刀尖所处的平面其对应的高度称为安全高度。它一般被定义为高出被加工零件的最高点10mm左右，刀具处于安全平面时，可以以G00速度进行移动。设置安全平面既能防止刀具碰伤工件，又能使非切削加工时间控制在一定的范围内。

5. 返回平面

返回平面指程序结束后，刀尖点（不是刀具中心）所在的Z平面，它在被加工零件表面最高点100mm左右的位置上，一般与起始高度重合或高于起始高度，以便在工件加工完毕后观察和测量，同时在机床移动时能避免工件和刀具发生碰撞现象，刀具在返回平面上高速移动。

二、与坐标、坐标系有关的指令

1. 工件坐标系零点偏移及取消指令 G54～G59、G53；

指令格式：G54/G55/G56/G57/G58/G59；设定工件坐标系零点偏移指令。

G53；取消工件坐标系设定，即选择机床坐标系。

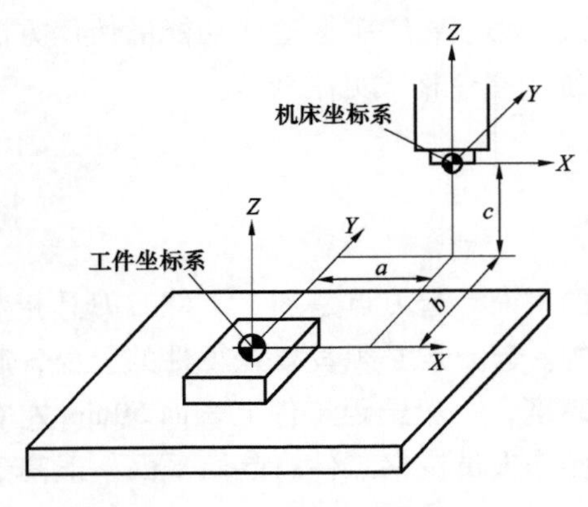

图 3－8 设定工件坐标系零点偏移

说明：工件坐标系原点通常通过零点偏置的方法来进行设定，其设定的过程：找出定位夹紧后工件坐标系的原点在机床坐标系中的绝对坐标值，如图 3－8 所示的 *a*、*b*、*c* 值。这些值一般是通过对刀操作来获得的，并由机床面板操作输入机床寄存单元 G54～G59 中，G54～G59 是系统设定的 6 个工件坐标系，可根据需要任意选用，从而将坐标系原点偏置至工件坐标系原点，如图 3－9 所示。

零点偏置设定工件坐标系的实质就是在编程与加工之前让数控系统知道工件坐标系在机床坐标系中的具体位置。通过这种方法设定的工件坐标系，只要不对其进行修改、删除操作，该工件坐标系将永久保存，即使机床关机，其坐标系也将保留。

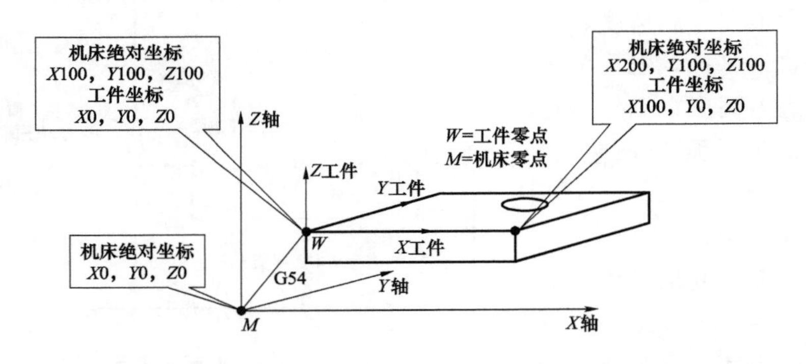

图 3－9 工件坐标系设定

2. 工件坐标系设定指令 G92

指令格式：G92 X_Y_Z_；

说明：*X*、*Y*、*Z* 为刀具当前位置相对于新设定的工件坐标系的新坐标值。

G92 并不驱使机床刀具或工作台运动，数控系统通过 G92 命令确定刀具当前机床坐标位置相对于工件原点（编程起点）的距离关系，以求建立起工件坐标系。例如，要建立图 3－10 所示工件的坐标系，使用 G92 设定坐标系的程序为 G92 *X*50.0 *Y*50.0 *Z*30.0。G92 指令一般放在一个零件程序的第一段。通过 G92 建立的工件坐

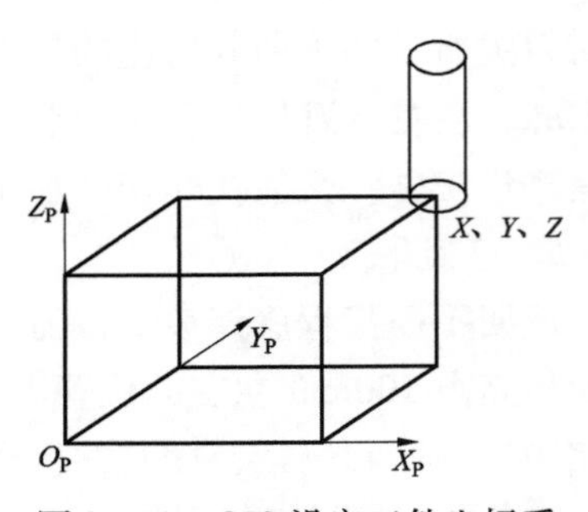

图 3－10 G92 设定工件坐标系

标系与刀具的当前位置有关，实际上由刀具的当前位置及 G92 指令后的坐标值反推得出，是不稳定坐标系。在成批量生产中，为避免刀具位置误差影响加工坐标系位置精度，通常不采用 G92 建立工件坐标系，而是使用一些稳定的坐标系，如 G54 ~ G59 工件坐标系。

注意：执行 G92 指令时，机床不动作，即 *X*、*Y*、*Z* 轴均不移动，但 CRT 显示器上的坐标值发生了变化。G92 坐标系通常用于临时工件加工时的找正，不具有记忆功能，当机床关机后，设定的坐标系即消失。通常运行在程序开始处或自动运行程序之前 MDI 方式下指令 G92，因操作使用不便，新的系统大多数不采用 G92 指令设定工件坐标系。

3. 绝对坐标 G90 与相对坐标 G91 指令

指令格式：G90；

G91；

说明：G90 是绝对值编程，即每个编程坐标轴上的编程值是相对于程序原点的；G91 是相对值编程，即每个编程坐标轴上的编程值是相对于前一位置而言的，该值等于沿轴移动的距离，与坐标轴同向取正，反向取负。

如图 3 – 11 所示，其中从 1 点到 2 点的移动，用绝对值指令 G90 编程和相对值指令 G91 编程的情况如下：

G90 G01 X20.0 Y20.0 F200；

或 G91 G01 X – 30.0 Y – 60.0 F200；或（U – 30.0 V – 60.0 F200）

选择合适的编程方式将使编程得到简化。多数情况下，图纸尺寸由一个固定基准给定，采用绝对值方式编程较方便，而当图纸尺寸是以轮廓顶点之间的间距给出时，采用相对方式编程较方便。目前，有一些数控机床支持 U、V、W 替代 G91 来表示 *X*、*Y*、*Z* 轴的相对坐标编程。

4. 加工平面设定指令 G17、G18、G19

右手直角笛卡儿坐标系的 3 个互相垂直的轴 *X*、*Y*、*Z*，分别构成 3 个平面，如图 3 – 12 所示。对于三坐标的铣床和加工中心，常用这些指令确定机床在哪个平面内进行插补运动。如 G17 表示在 *XY* 平面内加工，G18 表示在 *ZX* 平面内加工，G19 表示在 *YZ* 平面内加工，一般系统默认为 G17。该组指令用于选择进行圆弧插补和刀具半径补偿的平面。

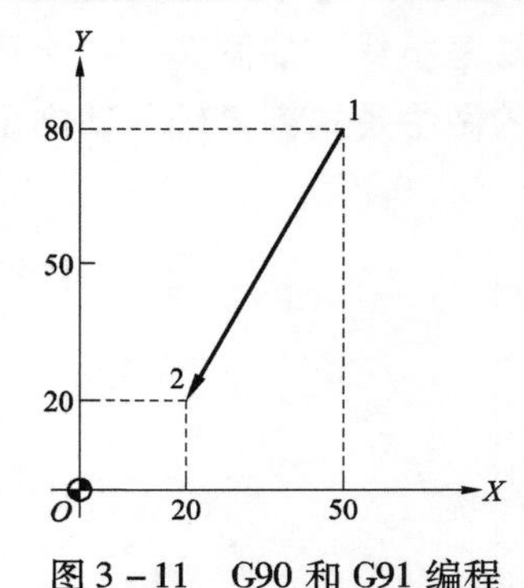

图 3 – 11 G90 和 G91 编程

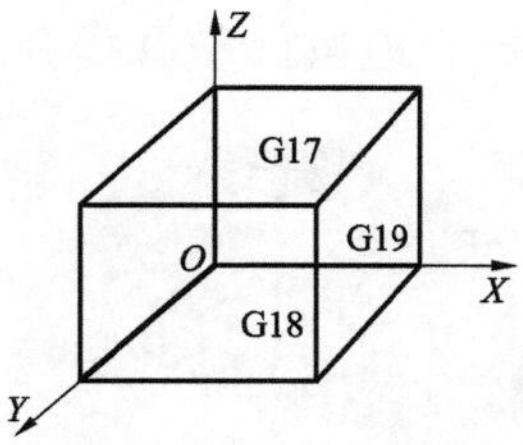

Z
G17
G19
O
X
G18
Y

图 3 – 12 平面设定

注意：移动指令与平面选择无关，如执行指令“G17 G01 Z10.0”时，*Z* 轴照样会移动。

5. 局部坐标系设定指令 G52

指令格式：G52 X_ Y_ Z_;

说明：X、Y、Z 是局部坐标系原点在当前工件坐标系中的坐标值。要取消局部坐标系的设定，运行 G52 X0 Y0 Z0 即可。

G52 指令能在所有的工件坐标系（G92、G54 ~ G59）内形成子坐标系，即局部坐标系。G52 指令之后的程序段中，指令值就是在该局部坐标系中的坐标值。设定局部坐标系后，工件坐标系和机床坐标系保持不变。G52 指令为非模态指令，在缩放及旋转功能下不能使用 G52 指令，但在 G52 下能进行缩放及坐标系旋转。

6. 极坐标系设定指令 G15/G16

G16 指令可以使坐标值用极坐标半径和角度输入。角度的正向是所选平面的第 1 轴正向的逆时针转向，而负向是顺时针转向。半径和角度两者可以用绝对值指令或相对值指令（G90，C01）。G16 出现后，刀具移动指令的定位参数第 1 轴表示极坐标系下的极径，第 2 轴表示极坐标系下的极角。

G15 指令可以取消极坐标方式，使坐标值返回到用直角坐标输入。

三、基本移动指令

基本移动指令包括快速定位、直线插补和圆弧插补 3 种指令。

1. 快速定位指令 G00

指令格式：G00 X_ Y_ Z_;

说明：（1）X、Y、Z 指令坐标：在 G90 时为当前点在工件坐标系中的坐标；在 G91 时为当前点相对于上一点的位移量。

（2）不指定 X、Y、Z，刀具不移动，系统只将当前刀具移动方式改为 G00。

（3）进给速度 F 对于 G00 指令无效，快速移动的速度由系统内部参数确定。对于快速进给速度的调整，可以用机床操作面板上的修调旋钮来调节，如图 3 – 13 所示。

（4）G00 一般用于加工前的快速定位或加工后的快速退刀，通常用虚线表示刀具运行轨迹。

注意：在执行 G00 指令时，如 G90 G00 X20.0 Y50.0，由于各轴以各自速度移动，不能保证各轴同时到达终点，因而联动各轴的合成轨迹通常是折线，如图 3 – 14 所示。所以操作者必须格外小心，以免刀具与工件发生碰撞。常见的做法是先将 Z 轴移动到足够的安全高度，再放心地执行 G00 指令。

图 3 – 13 快速进给倍率开关

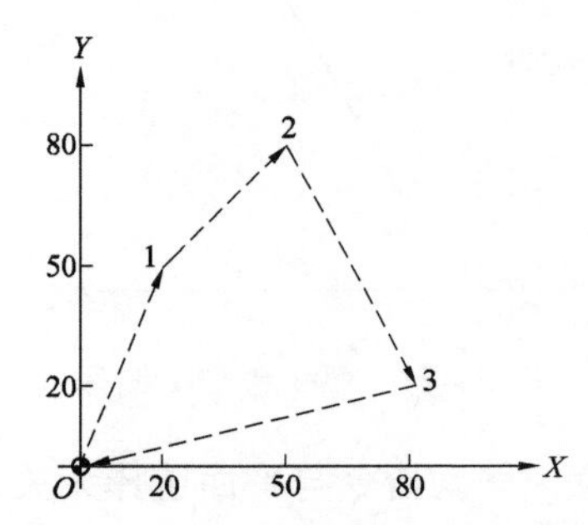

图 3 – 14 快速点定位刀具运行轨迹

2. 直线插补指令 G01

指令格式：G01　X_　Y_　Z_　F_;

说明：(1) *X*、*Y*、*Z* 指令坐标：在 G90 时为终点在工件坐标系中的坐标；在 G91 时为终点相对于前一点的位移量。

(2) *F* 指定的进给速度，其为模态指令值，因此无须对每个程序段都指定 *F*，单位为 mm/min。当第一次出现 G01 指令时，一定要赋予 *F* 值，否则机床不会进行切削运动。

(3) 当 G01 后不指定定位坐标时刀具不移动，系统只是将当前刀具移动方式改为 G01 直线插补方式。

(4) G01 可以在切削加工时使用，通常用实线表示刀具轨迹。

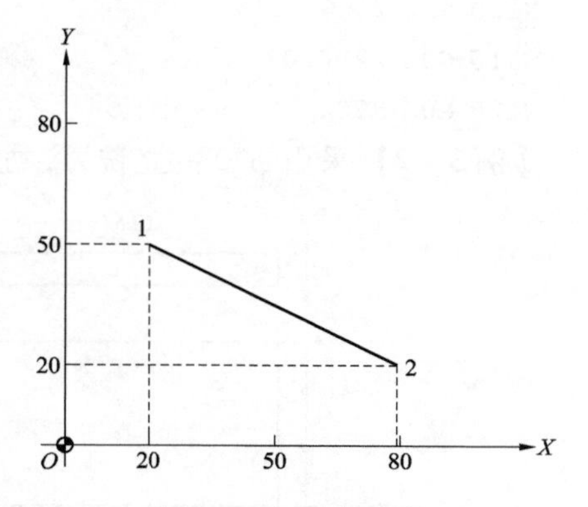

图 3－15　直线插补

图 3－15 所示为刀具从 1 点开始沿直线移动到 2 点，可分别用绝对方式（G90）和相对方式（G91）进行编程。

G90 G01 X50.0 Y80.0 F200;　　1→2

或　G91 G01 X60.0 Y－30.0 F200;

【例 3－1】 采用 $\phi4$ 的键槽铣刀，加工如图 3－16 所示的数字“5”，切深为 2.0mm。

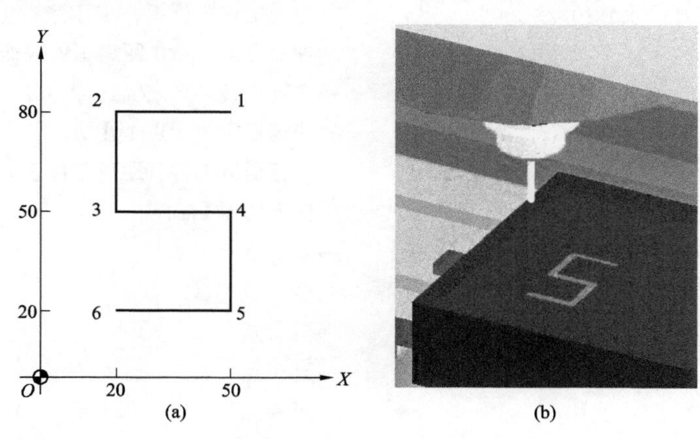

图 3－16　例 3－1 图

程序如下：

```
O0001;
N010 G54 G90 G00 X50.0 Y80.0 Z50.0;      →建立工件坐标系，采用绝对坐标，快速定位于工
                                           件 1 点，距离工件表面 50.0 的正上方
N020 M03 S1000;                          →主轴正转 1000r/min
N030 Z5.0;                               →快速逼近工件，距离工件表面 5.0mm
N040 G01 Z-2.0 F100;                     →向下切入工件，切深 2.0mm
N050 X20.0;(G91 X-30.0;)                 →铣削至 2 点（以 G91 增量方式）
```

```
N060 Y50.0; (Y -30.0;)                  →铣削至 3 点
N070 X50.0; (X30.0;)                    →铣削至 4 点
N080 Y20.0; (Y -30.0;)                  →铣削至 5 点
N090 X20.0; (X -30.0;)                  →铣削至 6 点
N100 G90 Z5.0;                          →退刀
N110 G00 Z200.0;                        →提刀至安全高度 (G90 方式)
N120 M05 M30;                           →主轴停转, 程序结束, 返回到指针首行
```

【例 3-2】 采用 $\phi20$ 的立铣刀，加工如图 3-17 所示，切深为 1mm。

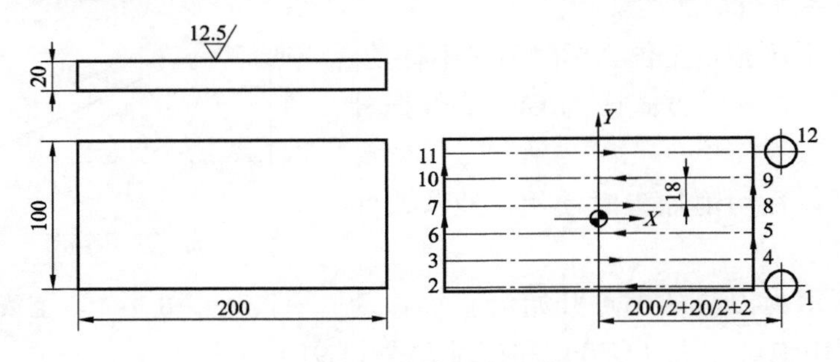

图 3-17 例 3-2 图

程序如下：

```
O0002;
N010 G54 G90 G00 X0 Y0 Z50.0;           →建立工件坐标系, 采用绝对坐标, 快速定位于工
                                          件原点 X0、Y0 距离工件表面 50.0 的正上方。
N020 M03 S600;                          →主轴正转 600r/min
N030 G00 X112.0 Y -45.0;                →快速点定位于点 1 上方
N040 Z5.0;                              →快速逼近工件, 距离工件表面积
N050 G01 Z -1.0 F200;                   →向下切深 1mm
N060 X -100.0 F100;                     →至 2 点
N070 G91 Y18.0;                         →至 3 点
N080 X200.0;                            →至 4 点
N090 Y18.0;                             →至 5 点
N100 X -200.0;                          →至 6 点
N110 Y18.0;                             →至 7 点
N120 X200.0;                            →至 8 点
N130 Y18.0;                             →至 9 点
N140 X200.0;                            →至 10 点
N150 Y18.0;                             →至 11 点
N160 X200.0;                            →至 12 点
N170 G90 G00 Z100.0;                    →提刀到足够的安全高度
N180 M05 M30;                           →主轴停转, 程序结束
```

3. 圆弧插补指令 G02/G03

指令格式：

① XY 平面圆弧

$$G17\left\{\begin{matrix}G02\\G03\end{matrix}\right\}X\_Y\_\left\{\begin{matrix}R\_\\I\_J\_\end{matrix}\right\}F\_$$

② ZX 平面圆弧

$$G18\left\{\begin{matrix}G02\\G03\end{matrix}\right\}X\_Z\_\left\{\begin{matrix}R\_\\I\_K\_\end{matrix}\right\}F\_$$

③ YZ 平面圆弧

$$G19\left\{\begin{matrix}G02\\G03\end{matrix}\right\}Y\_Z\_\left\{\begin{matrix}R\_\\J\_K\_\end{matrix}\right\}F\_$$

圆弧插补指令说明见表 3－3。顺时针圆弧和逆时针圆弧的判断方法：站在圆弧所在平面的正方向进行观察，如果 XY 平面内，从 $+Z$ 向 $-Z$ 方向看，顺时针为 G02，逆时针为 G03，如图 3－18 所示。

表 3－3　圆弧插补指令说明

项目	命令	指定内容		意义
1	G17	平面指定		XY 平面圆弧指定
	G18			ZX 平面圆弧指定
	G19			YZ 平面圆弧指定
2	G02	回转方向		顺时针转 CW
	G03			逆时针转 CCW
3	X、Y、Z 中的两轴	终点位置	G90 方式	工件坐标系中的终点位置坐标
	X、Y、Z 中的两轴		G91 方式	终点相对始点的坐标
4	I、J、K 中的两轴	从始点到圆心的距离		圆心相对起点的位置坐标
	R	圆弧半径		圆弧半径
5	F	进给速度		圆弧的切线速度

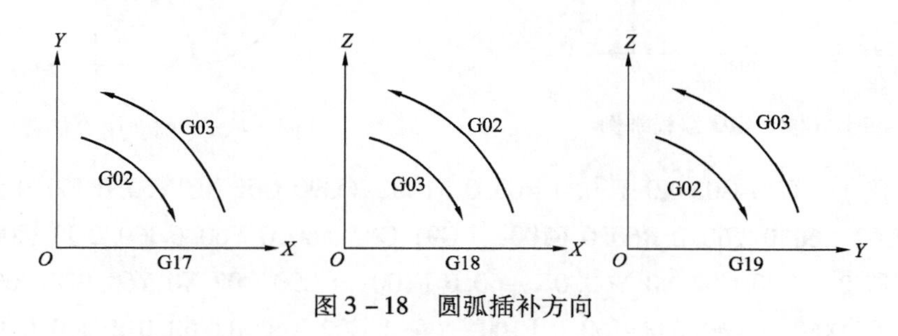

图 3－18　圆弧插补方向

（1）对于 R 值，当圆弧所对应的圆心角（α）：

$0° < \alpha \leq 180°$ 时，R 取正值；$180° < \alpha < 360°$ 时，R 取负值。

（2）I、J、K 可理解为圆弧始点指向圆心的矢量分别在 X、Y、Z 轴上的投影，不受 G90、G91 影响，I、J、K 根据方向带有符号，I、J、K 为零时可以省略，如图 3－19 所示。

（3）整圆编程时不可以使用 R 方式，只能用 I、J、K 方式，此问题要特别注意。

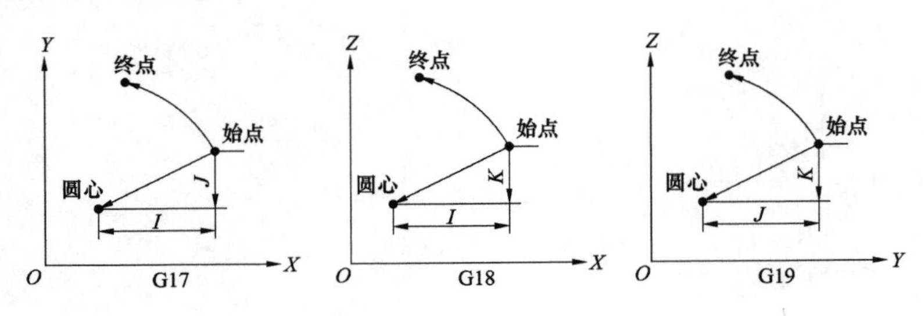

图 3-19　*I*、*J*、*K* 的确定

（4）在同一程序段中，如 *I*、*J*、*K* 与 *R* 同时出现时，*R* 优先。

例如：图 3-20 所示，刀具从起点开始沿直线移动到 1、2、3 点，分别用绝对方式（G90）和相对方式（G91）编程，说明 G02. G03 的编程方法。

1）绝对值编程。

```
G90 G01 X160.0 Y40.0 F200;                                           →至点1
G03 X100.0 Y100.0 R60.0 F100; (G03 X100.0 Y100.0 I-60.0 J0 F100)   →至点2
G02 X80.0 Y60.0 R50.0; (G02 X80.0 Y60.0 I-50.0 J0)                   →至点3
```

2）相对值编程。

```
G91 G01 X0 Y40.0 F200;                                               →至点1
G03 X-60.0 Y60.0 R60.0 F100; (G03 X-60.0 Y60.0 I-60.0 J0 F100)     →至点2
G02 X-20.0 Y-40.0 R50.0; (G02 X-20.0 Y-40.0 I-50.0 J0)              →至点3
```

如图 3-21 所示，刀具从起点开始沿圆弧段①和圆弧段②进行圆弧插补，通过 *R* 的正负值可到达同一位置，用 *R* 方式的编程方法如下。

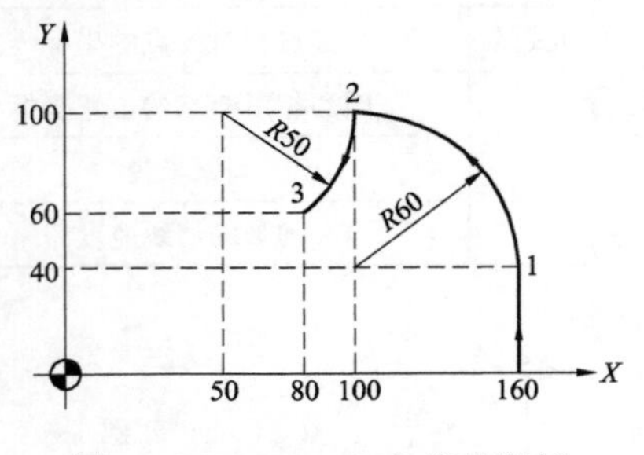

图 3-20　G02、G03 编程举例

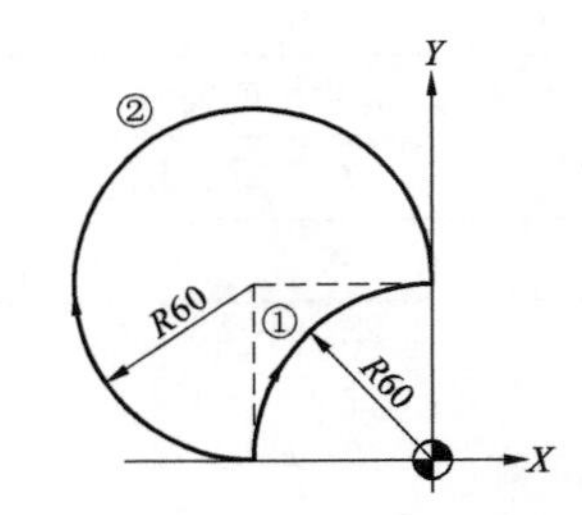

图 3-21　圆弧用 *R* 编程

1）圆弧段①：G90 G02 X0 Y60.0 R60.0 F100；（G90 G02 X0 Y60.0 I60.0 J0 F100）

或 G91 G02 X60.0 Y60.0 R60.0 F100；（G91 G02 X60.0 Y60.0 I60.0 J0 F100）

2）圆弧段②：G90 G02 X0 Y60.0R-60.0 F100；（G90 G02 X0 Y60.0 I0 J60.0 F100）

或 G91 G02 X60.0 Y60.0 R-60.0 F100；（G91 G02 X60.0 Y60.0 I0 J60.0 F100）

使用 G02、G03 指令对图 3-22 所示的整圆加工编程如下。

从 1 点顺时针一周：G90 G02 X25.0 Y0 I-25.0 J0 F300；

　　　　　　　　　或 G91 G02 X0 Y0 I-25.0 J0 F300；

从 2 点逆时针一周：G90 G03 J25.0 F300；

　　　　　　　　　或 G91 G03 J25.0 F300；

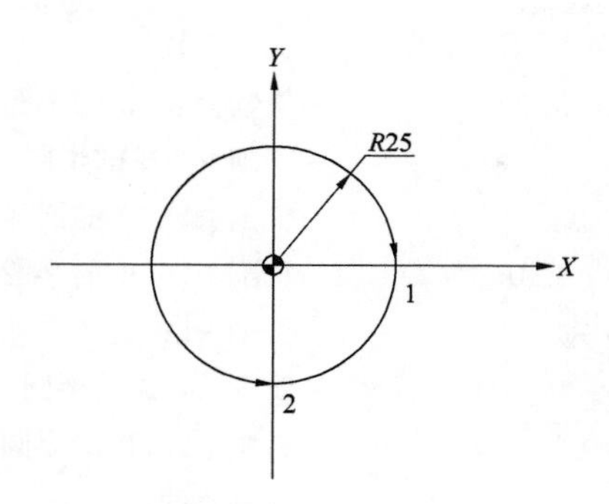

图 3－22 整圆加工

【例 3－3】采用 ϕ3 的键槽铣刀，加工如图 3－23 所示的图形，切深为 5mm。

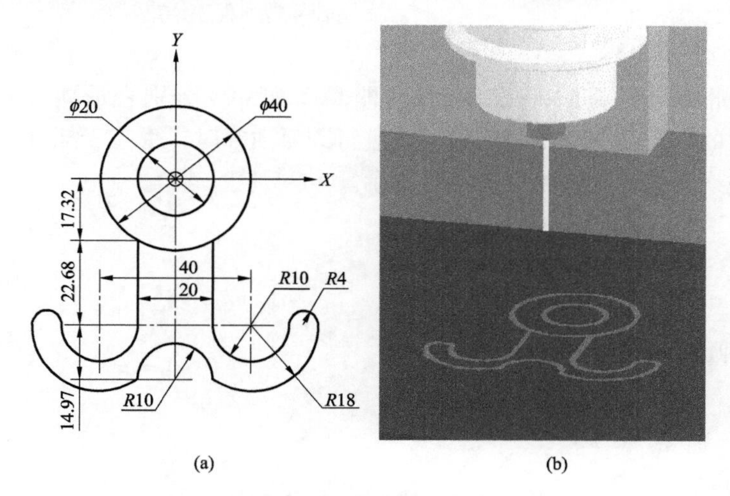

图 3－23 圆弧典型加工例题

（a）零件图；（b）加工效果图

程序如下：

```
O0003;
N010 G54 G90 G00 X10.0 Y0 Z5.0;      →建立工件坐标系，绝对方式编程，快速点定位到距
                                      工件表面 5.0mm
N020 M03 S1000;                       →主轴正转，1000r/min
N030 G01 Z -5.0 F100;                 →向下切深 5.0mm
N040 G02 I -10.0 J0;                  →铣削 φ20 的圆
N050 G01 Z5.0;                        →退刀
N060 G00 X20.0;                       →快速定位
N070 G01 Z -5.0 F100;                 →向下切深 5.0mm
N080 G02 I -20.0 J0;                  →铣削 φ40 的圆
N090 G01 Z5.0;                        →退刀
N100 G00 X10.0 Y -17.32               →快速定位
N110 G01Z -5.0 F100;                  →向下切深 5.0mm
```

```
N120 G01 Y -40.0;                        →铣削直线
N130 G03 X30.0 Y -40.0 R10.0;            →铣削 R10.0 的半圆
N140 G02 X38.0 R4.0;                     →铣削 R4.0 的半圆
N150 X10.0 Y -54.97 R18.0;               →铣削 R18.0 的圆弧
N160 G03X -10.0 Y -54.97 R10.0           →铣削 R10.0 的半圆
N170 G02X -38.0 Y -40.0 R18.0;           →铣削 R18.0 的圆弧
N180 X -30.0 R4.0;                       →铣削 R4.0 的半圆
N190 G03X -10.0 Y -40.0 R10.0;           →铣削 R10.0 的半圆
N200 G01 Y -17.32;                       →铣削直线
N210 G01 Z5.0;                           →退刀
N220 G28;                                →回到参考点
N230 M05 M30;                            →主轴停转，程序结束
```

4. 螺旋线切削

螺旋线插补指令与圆弧插补指令相同，即 G02 和 G03 分别表示顺、逆时针螺旋线插补，顺、逆时针的定义与圆弧插补相同。在进行圆弧插补时，垂直于插补平面的坐标同步运动，构成螺旋线插补运动，如图 3－24 所示。

格式：① *XY* 平面圆弧

$$G17\begin{Bmatrix}G02\\G03\end{Bmatrix}X\_Y\_\begin{Bmatrix}R\_\\I\_J\_\end{Bmatrix}Z\_F\_$$

② *ZX* 平面圆弧

$$G18\begin{Bmatrix}G02\\G03\end{Bmatrix}X\_Z\_\begin{Bmatrix}R\_\\I\_K\_\end{Bmatrix}Y\_F\_$$

③ *YZ* 平面圆弧

$$G19\begin{Bmatrix}G02\\G03\end{Bmatrix}Y\_Z\_\begin{Bmatrix}R\_\\J\_K\_\end{Bmatrix}X\_F\_$$

其中，*X*、*Y*、*Z* 是由 G71/G18/G19 平面选定的两个坐标为螺旋线投影圆弧的终点，意义同圆弧进给，第三坐标是与选定平面相垂直的轴的终点。其余参数的意义同圆弧进给。

【例 3－4】 图 3－25 所示的螺旋槽由两个螺旋面组成，螺旋槽最深处为 2 点，最浅处为 1 点，要求用 $\phi 8$ 的键槽铣刀加工该螺旋槽，编制数控加工程序。

程序如下：

```
O0004;
N010 G54 G90 G00 X0 Y0 Z50.0;            →定位于 G54 原点正上方
N020 M03 S1500;                          →主轴旋转 1500r/min
N030 G00 X24.0 Y60.0;                    →快速点定位于点 1 正上方
N040 Z5.0;                               →快速逼近工件，距离工件表面 5.0mm
N050 G01 Z -1.0 F100;                    →下刀至切深 1.0mm
N060 G03 X96.0 Y60.0 R36.0 Z -4.0;       →至 2 点，加工螺旋面 A（R 形式）
```

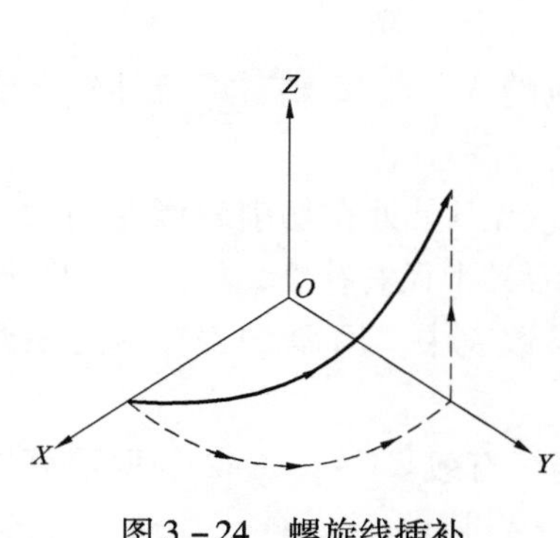

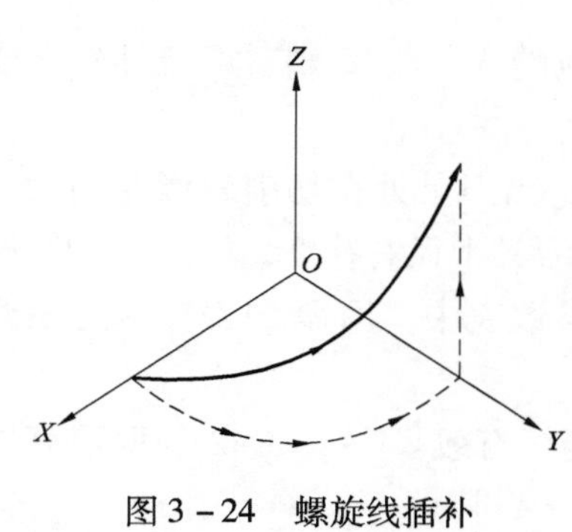

图3－24　螺旋线插补

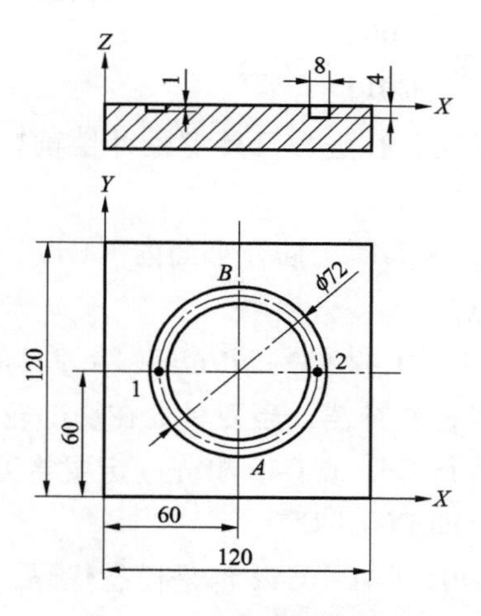

图3－25　螺旋槽加工

```
N070 X24.0 Y60.0 I-36.0 J0 Z-1.0;     →至1点，加工螺旋面B（I、J形式）
N080 G01 Z2.0;                         →提刀，距工件表面2.0mm
N090 G00 Z100.0;                       →提刀，距工件足够安全高度
N100 M05 M30;                          →主轴停转，程序结束
```

5. 刀具补偿指令

在数控机床上进行工件轮廓的铣削时，由于刀具半径的存在，刀具中心轨迹和工件轮廓不重合。一般情况下都要应用刀具补偿来编程，编程时编程人员无须考虑刀具长度或半径的数值。具体刀具的补偿通常有刀具半径补偿、刀具长度补偿和刀具磨损补偿3种。

（1）刀具半径补偿 G40、G41、G42。刀具半径补偿在指定的二维平面内进行，由G17、G18和G19指定平面，刀具半径值则通过调用相应的刀具半径补偿寄存器号码（用D指定）来取得。

在进行轮廓的铣削加工时，由于刀具半径的存在，如果编程人员根据工件轮廓编程，刀具会将工件多切掉一个刀具的半径值。若在编程时给出刀具中心运动轨迹，其计算相当复杂，尤其当刀具磨损、重磨或换新刀而使刀具直径变化时，必须重新计算刀心轨迹，修改程序既烦琐，又不易保证加工精度。为了简化编程，CNC可以相对于加工形状偏移一个刀具半径的位置运行程序，而直线与直线或圆弧之间相交处的过渡轨迹则由系统自动处理。事先把刀具半径值存在CNC刀具补偿列表中，刀具就能根据程序调用不同的半径补偿值并沿着加工形状偏移距离为刀具半径的轨迹运动，这个功能称为刀具半径补偿功能。图3－26所示为刀具的半径补偿示意图。

（2）指令格式：

$$\begin{Bmatrix} G17 \\ G18 \\ G19 \end{Bmatrix} \begin{Bmatrix} G41 \\ G42 \end{Bmatrix} \begin{Bmatrix} G00 \\ G01 \end{Bmatrix} \alpha\_\beta\_D\_F\_;$$

… … …

$$G40\begin{Bmatrix}G00\\G01\end{Bmatrix}\alpha\_\beta\_;$$

说明：在进行刀具半径补偿前，必须用 G17 或 G18、G19 指定补偿是在哪个平面上进行。

α、β 为所选插补平面内（G17、G18、G19）对应的 X、Y、Z 轴，即刀补建立或取消的终点。

G41、G42 的判断方法：沿刀具的进给方向观察，当刀具处在切削轮廓左侧时，称为刀具半径左补偿；当刀具处在切削轮廓右侧时，称为刀具半径右补偿，如图 3－27 所示。

执行 G41 或 G42 事先一定要将刀具半径值存入参数表中，用 D 的寄存单元来调用偏置值，即 D00～D99。

G40、G41、G42 都是模态代码，可以在程序中连续有效。G41、G42 的取消可以使用 G40 进行。必须指出的是它们一般是成对使用。

建立刀具半径补偿的过程中，必须要遵循的原则是：切入之前建立刀具补偿，切出之后取消刀具补偿。

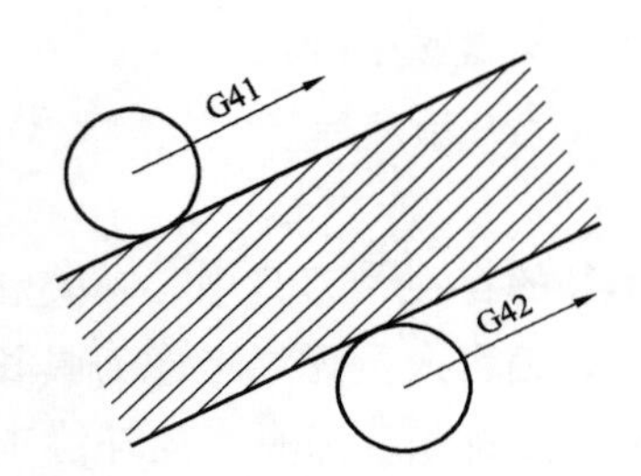

图 3－26　刀具的半径补偿示意图

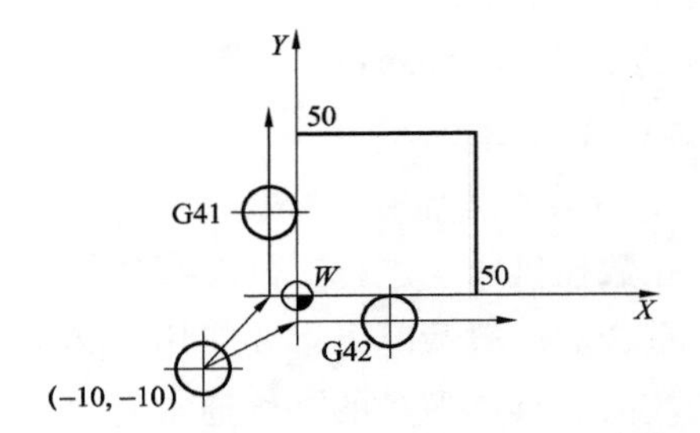

图 3－27　刀具半径补偿方向的判断

（3）刀具半径补偿的过程。刀具半径补偿的过程如图 3－28 所示，共分 3 步，即刀补建立、刀补进行和取消刀补。建立刀具半径补偿如图 3－29 所示，未建立刀具半径补偿如图 3－30 所示，图 3－29 和图 3－30 相差一个刀具半径值，以 G41 为例的程序见例 3－5。

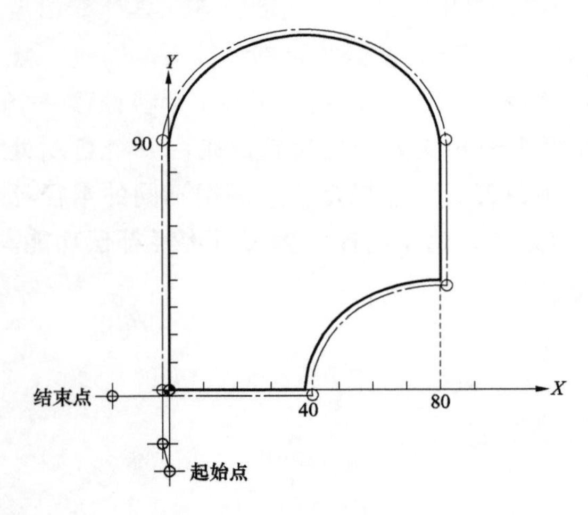

图 3－28　刀具半径补偿动作

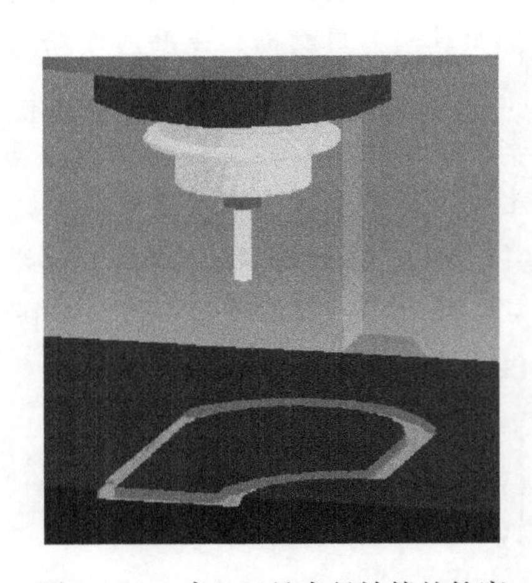
图 3－29　建立刀具半径补偿的轮廓

图 3－30 未建立刀具半径补偿的轮廓

【例 3－5】要求用 $\phi8$ 的键槽铣刀加工该图形，采用半径补偿，编制数控加工程序。

```
O4105;
N010 G17 G54 G90 G00 X0 Y-30.0 Z50.0;    →建立工件坐标系，快速定位
N020 M03 S800;                           →主轴正转 800r/min
N030 G00 Z2.0;                           →快速定位距工件表面 2.0mm
N040 G90 G01 Z-5.0 F100;                 →切入工件，切深 5.0mm
N050 G41 X0 Y-20.0 D02;                  →刀补建立（要指定 D 寄存单元）
N050 G01 X0 Y0;                          →刀补进行状态
N060 Y90.0;                              →刀补进行状态
N070 G02 X80.0 Y90.0 R40.0;              →刀补进行状态
N080 G01 Y40.0;                          →刀补进行状态
N090 G03 X40.0 Y0 R40.0;                 →刀补进行状态
N100 G01 X-15.0;                         →定位到切出点
N110 G40 G00 X0 Y-30.0;                  →刀补取消
N120 G01 Z5.0;                           →退刀
N130 G28;                                →返回参考点
N140 M05 M30;                            →主轴停转，程序结束
```

1）刀补建立。当 N050 程序段中写上 G41 和 D02 指令后，运算装置即同时读入 N060、N070 两段，在 N050 段的终点（N060 段的始点）作出一个矢量，该矢量的方向是与下一段的前进方向垂直向左，大小等于刀补值（即 D02 中的值，刀补设置见图 3－31）。刀具中心在执行这一段（N050 段）时，就移向该矢量终点。在刀补建立段，G41、G42 只能在 G00、G01 状态下编入，不能与其他指令结合编入。

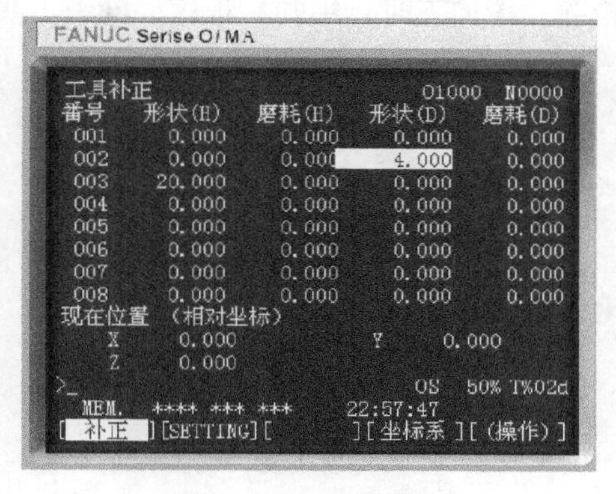

图 3－31 刀补设置

2）刀补进行。从 N060 开始进入刀补状

态，在此状态下，G01、G00、G02、G03 都可使用。它也是每段都先行读入两段，自动按照启动阶段的矢量做法，作出每个沿前进方向左侧，加上刀补的矢量路径。像这种在每段开始都先行读入两段，计算出其交点，使刀具中心移向交点的方式称为交点运算方式。

3）取消刀补。当 N110 程序段中用到 G40 指令时，在 N100 段的终点（N110 段的始点）作出一个矢量，它的方向是与 N100 段前进方向的垂直朝左，大小为刀补值。刀具中心就移动到这矢量的终点，然后从这一位置开始，一边取消刀补一边移向 N7 段的终点。此时（刀补取消时）也只能在 G01 或 G00 状态下，而不能用 G02 或 G03 等。

在这里需要特别注意的是，在刀补建立开始后的刀补状态中，如果存在有连续两段以上非移动指令或非指定平面的移动指令，则可能产生进刀不足和进刀超差。

（4）刀具半径补偿注意事项如下。

1）刀具半径补偿模式的建立与取消程序段只能在 G00 和 G01 指令模式下才有效。

2）为防止在半径补偿建立与取消过程中刀具产生过切现象，刀具半径补偿建立与取消程序段起始位置与终点位置最好与补偿方向在同一侧。

3）为保证刀补建立与刀补取消时刀具与工件的安全，通常采用 G01 运动方式来建立或取消刀补。如果采用 G00 运动方式来建立或取消刀补，则要采取先建立刀补再下刀和先提刀再取消刀补的编程加工方法。

4）在刀补模式下，一般不允许存在连续两段以上的非补偿平面内移动指令，否则刀具也会出现过切等危险动作。非补偿平面移动指令通常指：只有 G、M、S、T、F 代码的程序段（如 G90、M05 等）；暂停程序段（如 G04 X10.0 等）；G17（G18、G19）平面内的 *Z*（*X*、*Y*）轴移动指令等。

5）从左向右或从右向左切换补偿方向时，通常要经过取消刀具半径补偿后再切换。

（5）刀具半径补偿功能的应用。

1）刀具因磨损、重磨、换新而引起刀具直径改变后，不必修改程序，只需在刀具参数设置中输入变化后刀具直径。如图 3－32 所示，1 为未磨损刀具，2 为磨损后刀具，两者直径不同，只需将刀具参数表中的刀具半径 r_1 改为 r_2，即可适用同一程序。

2）用同一程序、同一尺寸的刀具，利用刀具半径补偿，可进行粗、精加工。如图 3－33 所示，刀具半径为 *r*，精加工余量为 Δ。粗加工时，输入刀具半径 $D=r+\Delta$，则加工出虚线轮廓。精加工时，用同一程序、同一刀具，但输入刀具半径 $D=r$，则加工出实线轮廓。

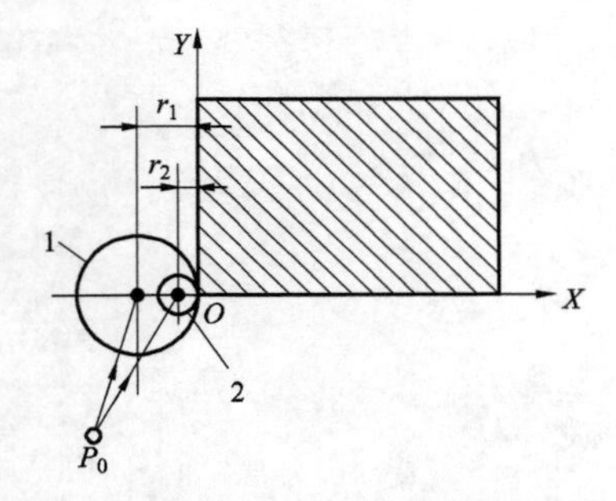

图 3－32 刀具直径改变，加工程序不变

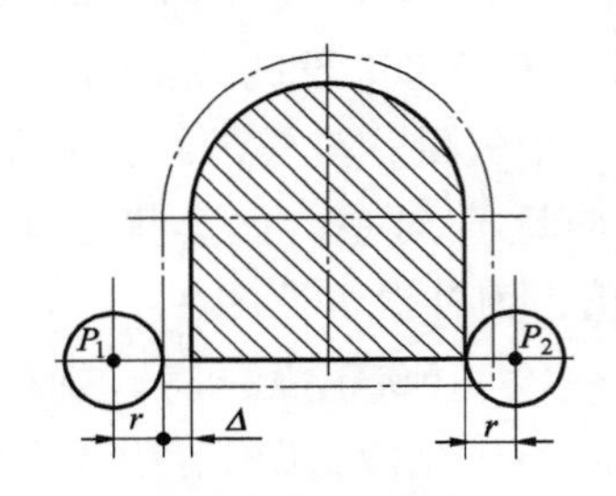

图 3－33 利用刀具半径补偿进行粗、精加工

P_1—精加工刀心轨迹；P_2—精加工刀心轨迹

3）尺寸控制。当发现试切工件存在尺寸误差（设为 Δ'）时，可将刀具半径磨损补偿值设为 $D=\Delta'$，按新的补偿值加工，则尺寸正确。

（6）刀具长度补偿。

1）刀具长度补偿的概念。通常加工一个工件时，由于每把刀具的长度都不相同，同时，由于刀具的磨损或装夹引起刀具长度发生变化，如果在同一坐标系下执行如 G00 Z0 的指令时，由于刀具的长度是不同的，所以刀具端面到工件的距离也不同，如图 3－34 所示。如果频繁改变程序就会非常麻烦，且易出错。

为此，事先测定出各刀具的长度，然后把它们与基准刀具长度的差（通常定为第一把刀，常称为基准刀具）设定给 CNC。在编写工件加工程序时，先不考虑刀具的实际长度，如果实际刀具长度和基准长度不一致，可以通过刀具长度偏置功能实现刀具长度差值的补偿。运行长度补偿程序，即使换刀，程序也不需要改变就可以加工，使刀具端面在执行 Z 轴定位（如 G00 Z0）的指令后距离工件的位置是相同的，如图 3－35 所示。这个功能称为刀具长度补偿功能。

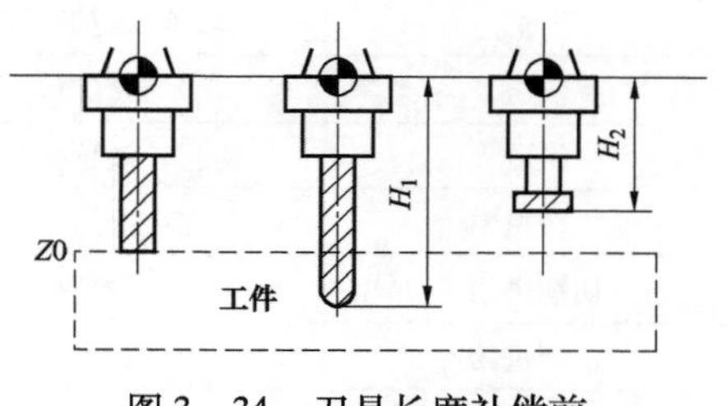

图 3－34 刀具长度补偿前

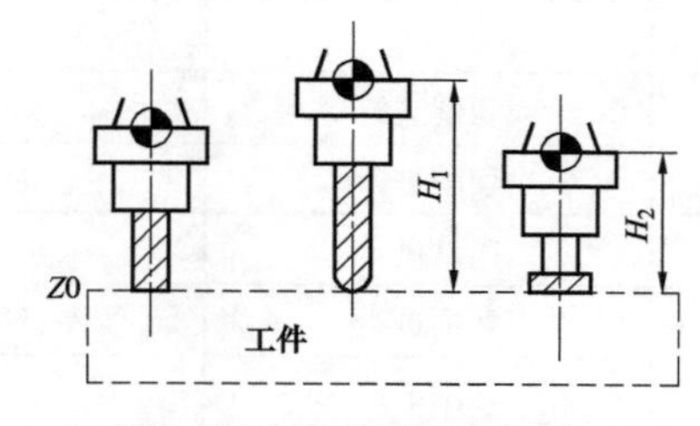

图 3－35 刀具长度补偿后

刀具长度补偿指令有 G43/G44/G49。刀具长度补偿指令用来补偿长度方向尺寸的变化，数控机床规定主轴为数控机床的 Z 轴，刀具是装在主轴上的，所以通常在 Z 轴方向进行长度补偿。

2）指令格式：

$$\left.\begin{matrix}\text{G43}\\\text{G44}\end{matrix}\right\}\text{Z\_H\_;}$$

G49；

功能：G43 为正向偏置，指定刀具长度的正向补偿；G44 为负向偏置，指定刀具长度的反向补偿；G49 取消刀具长度补偿。

说明：无论是绝对值指令还是增量值指令，在 G43 时，把程序中 Z 轴移动指令终点坐标值加上用 H 代码指定的偏移量（设定在偏置存储单元中）；G44 时，减去 H 代码指定的偏移量，然后把其计算结果的坐标值作为终点坐标值，如图 3－36 所示。实际应用中，常使用 G43 长度补偿，只有在特

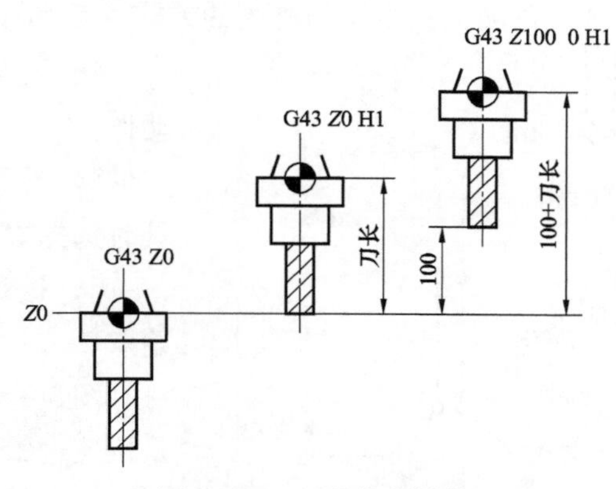

图 3－36 刀具长度补偿

殊情况下才使用 G44 指令。

执行 G43 时：$Z_{实际值}=Z_{坐标值}+$（H××），执行 G44 时，则是相反的过程。

G43、G44 是模态 G 代码，在遇到同组其他的 G 代码之前均有效。

6. 孔加工固定循环

（1）固定循环功能。孔加工是数控加工中最常见的加工工序，加工中心通常都能完成钻孔、扩孔、锪孔、铰孔、镗孔和攻丝等固定循环功能。在孔加工编程时，只需给出第一个孔加工的所有参数，接着加工的孔，凡与第一孔相同的参数均可省略，这样可以大大简化程序，而且程序变得简单、易懂。加工孔的固定循环指令见表 3－4。

表 3－4　固定循环指令表

G 代码	进刀动作（－Z 方向）	孔底动作	进刀动作（－Z 方向）	用途
G73	间歇进给	—	快退	高速深孔钻
G74	切削进给	暂停、主轴正转	切削进给	攻左螺纹
G76	切削进给	主轴准停、刀具偏移	快速	精镗
G80	—	—	—	取消固定循环
G81	切削进给	—	快退	钻孔
G82	切削进给	暂停	快退	锪孔，镗阶梯孔
G83	间歇进给	—	快退	深孔排屑钻
G84	切削进给	暂停、主轴反转	切削进给	攻右螺纹
G85	切削进给	—	切削进给	精镗
G86	切削进给	主轴停	快退	镗孔
G87	切削进给	刀具偏移主轴正转	快退	反镗
G88	切削进给	暂停、主轴停	手动操作	镗孔
G89	切削进给	暂停	切削进给	精镗阶梯孔

（2）固定循环的动作组成。固定循环一般由下述 6 个动作组成：

1）X、Y 轴快速定位：使刀具快速定位到孔中心上方初始点。

2）快速移动到 R 点：刀具自初始点快速进给到 R 点。

3）孔加工：以切削进给的方式执行孔加工的动作。

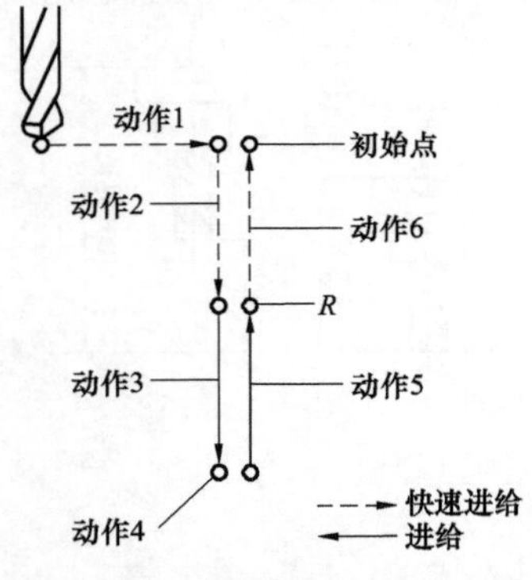

图 3－37　固定循环的动作组成

4）孔底动作：包括暂停、主轴准停、刀具位移等动作。

5）返回到 R 点：继续孔的加工而又可以安全移动刀具时选择 R 点。

6）返回到初始点：孔加工完成后一般应选择初始点。

图 3－37 所示为固定循环的动作，图中用虚线表示的是快速进给，用实线表示的是切削进给。

固定循环只能使用在 XY 平面上，Z 坐标仅作孔加工的进给。上述动作 3 的进给速度由 F 决定，动作 5 的进给速度按固定循环规定决定。

在固定循环中，刀具长度补偿（G43/G44/G49）有效，它们在上述动作 2 或之前执行。

（3）固定循环的代码组成。规定一个固定循环动作由 3 种方式决定，它们分别由 G 代码指定。

1）根据形式代码：G90 绝对值方式；G91 增量值方式，如图 3－38 所示。

在 G90 绝对值方式下，*Z* 指定孔底绝对坐标值，*R* 指定 *R* 点绝对坐标值，如图 3－38（a）所示。

在 G91 增量值方式下，*R* 指定的是初始点到 *R* 点的距离，*Z* 指定的是 *R* 点到孔底的距离，如图 3－38（b）所示。

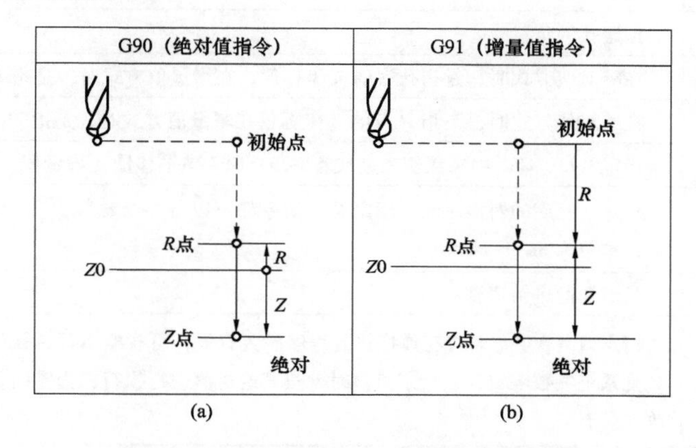

图 3－38 G90 和 G91 *Z* 和 *R* 的坐标计算

（a）G90 方式；（b）G91 方式

2）返回点平面代码：G98 初始点平面；G99*R* 点平面。

当刀具到达孔底后刀具可以返回到 *R* 点平面或初始位置平面。根据 G98 和 G99 的不同，可以使刀具返回到初始点平面或 *R* 点平面，如图 3－39 所示。

其中，初始点平面是表示开始固定循环状态前刀具所处的 *Z* 坐标的位置；*R* 点平面又称安全平面，是固定循环中由快进转工进时，*Z* 坐标的位置，一般定在工件表面之上一定距离（通常为 2.0～5.0mm），防止刀具撞到工件，并保证足够距离完成加速过程。

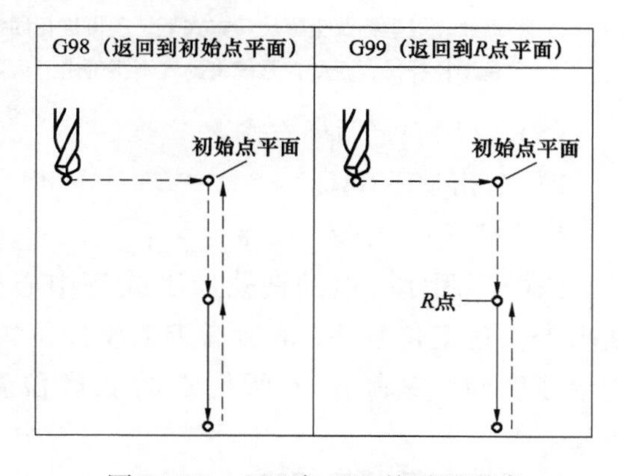

图 3－39 G98 和 G99 的返回形式

3）孔加工方式代码：G73～G89。在使用固定循环编程时，一定要在前面程序段中指定 M03 或 M04，使主轴启动。

（4）固定循环指令组的书写格式。固定循环指令组的书写格式如下：

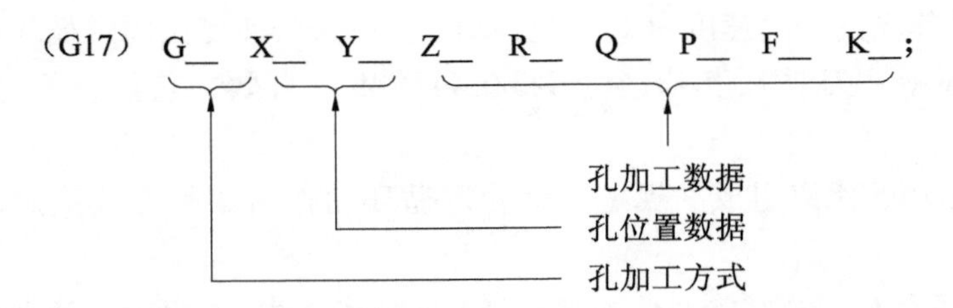

其中，孔位置数据和孔加工数据的基本含义见表 3-5。

表 3-5　孔位置数据和孔加工数据的基本含义

指定内容	参数字	说　明
孔加工方式	G	请参照表 3-4
孔位置数据	X、Y	指定孔的位置
孔加工数据	Z	在绝对值方式时，是指孔底的 Z 坐标值，在增量值方式时，是指 R 点到孔底的距离
	R	在绝对值方式时，是指 R 点的 Z 坐标值在增量值方式时，是指初始点平面到 R 点的距离
	Q	指定 G73、G83 中每次切入量或者 G76、G87 中平移量（增量值）
	P	指定在孔底的暂停时间。固定循环指令都可以带一个参数 P_，P_的参数值为 4 的整数倍，单位为 ms
	F	指定切削进给速度
	K	指定重复次数，K 仅在被指定的程序段内有效，可省略不写，默认为一次。最大钻孔次数受系统参数限定，当指定负值时，按其绝对值进行执行，为零时，不执行钻孔动作，只改变模态

注 1. 不能单段（单独）指定钻孔指令 G_，这样系统报警，而且也没有意义。
2. 一旦指定了孔加工方式，一直到指定取消固定循环的 G 代码之前一直保持有效，所以连续进行同样的孔加工时，不需要每个程序都指定。
3. 用 G80 及 01 组的 G 代码取消固定循环。
4. 加工数据，一旦在固定循环中被指定，便一直保持到取消固定循环为止，因此，在固定循环开始，把必要的孔加工数据全部指定出来，在其后的固定循环中只需指定变更的数据即可。
5. 缩放、极坐标及坐标旋转方式下，不可进行固定循环，否则报错；在进行固定循环加工前，一定要撤销刀具半径补偿，否则，系统将出现不正确走刀现象。

（5）常用固定循环方式。

1）钻孔循环 G81。

指令格式：G81 X_Y_Z_R_F_K_;

该循环用作一般的钻孔加工或打中心孔。G81 循环孔加工动作如图 3-40 所示，钻头先快速定位至 X、Y 所指定的坐标位置，再快速定位至 R 点，接着以 F 所指定的进给速度向下钻削至 Z 所指定的孔底位置，最后快速退刀至 R 点或初始点，完成循环。

2）孔、锪孔循环 G82。

指令格式：G82 X_Y_Z_R_P_F_K_;

该循环一般用于扩孔和锪沉头孔加工。G82 循环孔加工动作如图 3-41 所示，G82 与

G81唯一的不同之处是G82在孔底有暂停动作，即当钻头加工到孔底位置时，刀具不作进给运动，并保持旋转状态，以提高孔底的精度及孔的光洁度。

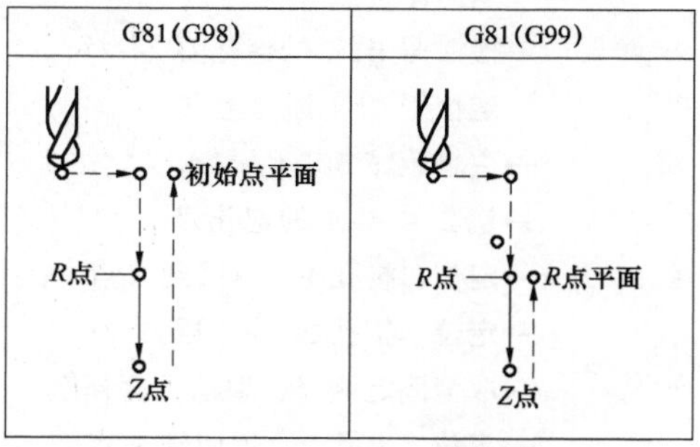

图3－40 G81循环孔加工动作

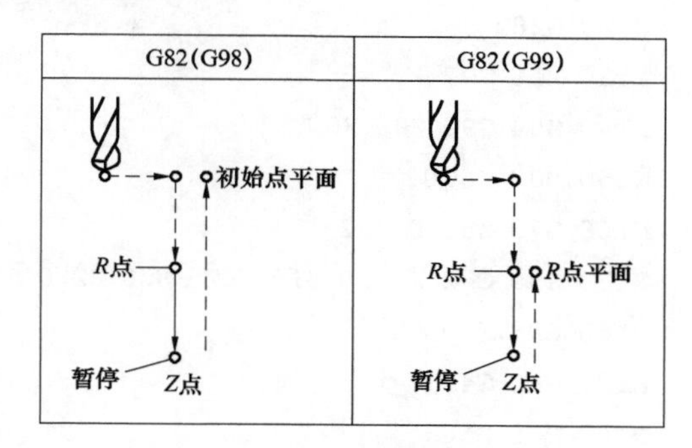

图3－41 G82循环孔加工动作

3）固定循环取消G80。

指令格式：G80

G80取消固定循环。取消所有的固定循环，执行正常的操作，*R*点和*Z*点也被取消，其他钻孔数据也被清除。

【例3－6】使用G81和G82循环指令加工如图3－42所示的各孔。

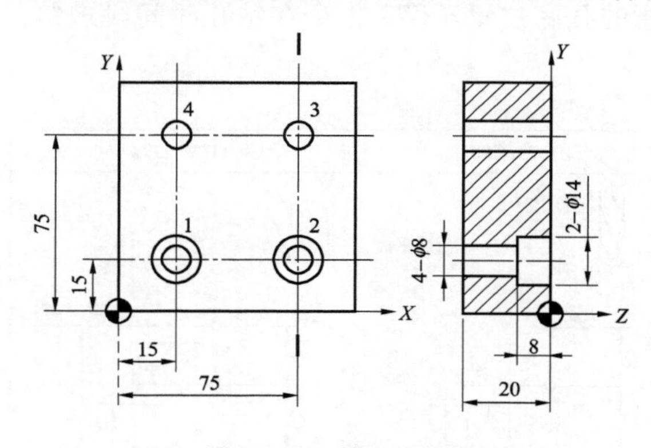

图3－42 例3－6图

程序如下：

```
O0006;
N010 G28;                                    →返回参考点；
N020 M06 T01;                                →换1号φ8的钻头
N030 G54 G90 G00 X0 Y0;                      →定位于G54原点正上方
N040 M03 S800;                               →主轴正转800r/min
N050 G43 Z50.0 H01;                          →建立长度补偿，设定初始平面
N060 G99 G81 X15.0 Y15.0 Z-25.0 R2.0 F100;   →定位，钻孔1，返回到R点
N070 X75.0;                                  →定位，钻孔2，返回到R点
N080 Y75.0;                                  →定位，钻孔3，返回到R点
N090 G98 X15.0;                              →定位，钻孔4，返回到初始平面
```

```
N100 G80 M05;                                  →结束孔固定循环且主轴停转
N110 G49;                                      →取消长度补偿
N120 G28;                                      →返回参考点
N130 M06 T02;                                  →换2号φ14的锪孔刀
N140 G54 G90 G00 X0 Y0;                        →定位于G54原点上方
N150 M03 S600;                                 →主轴旋转600r/min
N160 G43 Z50.0 H02;                            →换2号φ14的锪孔刀
N170 G99 G82 X15.0 Y15.0 Z-8.0 R2.0 P1000 F120; →定位，扩孔1，返回到R点
N180 G98 Y75.0;                                →定位，扩孔2，返回到R点
N190 G80 G49;                                  →取消固定循环，取消长度补偿
N200 M05 M30;                                  →定位，钻孔2，返回到R点
```

4）速深孔钻循环 G73（啄式）。

指令格式：G73 X_Y_Z_R_Q_ F_K_;

该循环用于深孔加工。G73 循环孔加工动作如图 3-43 所示，钻头先快速定位至 J\ r 所指定的坐标位置，再快速定位至 *R* 点，接着以 *F* 所指定的进给速度向下钻削至 *Q* 所指定的距离（*Q* 必须为正值，用增量值表示），再快速回退一小段距离 *d*（*d* 是 CNC 系统内部参数设定的）。再进刀 $d+Q$，依次方式进刀若干个 *Q*，最后一次进刀量为剩余量（小于或等于 *Q*），到达 *Z* 所指的孔底位置。G73 指令在钻孔时间段进给，有利于断屑、排屑，冷却、润滑效果佳。

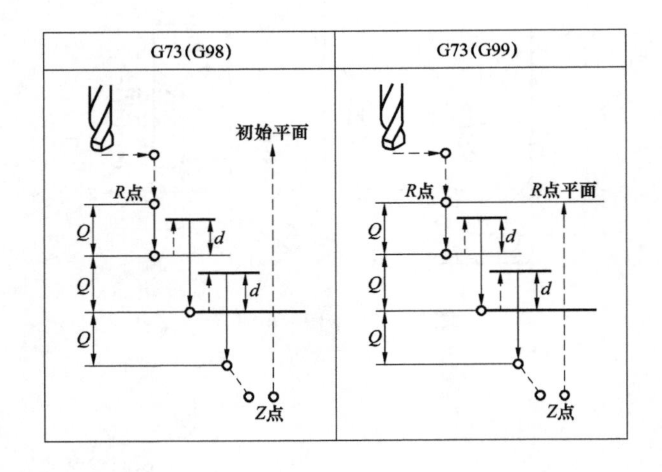

图 3-43　G73 循环孔加工动作

5）孔排屑钻循环 G83。

指令格式：G83 X_Y_Z_R_Q_F_K_;

该循环用于较深孔加工。G83 孔加工动作如图 3-44 所示，与 G73 略有不同的是每次刀具间歇进给后回退至 *R* 点平面，有利于断屑和充分冷却，这样对深孔钻削时排屑有利。其中 *d*（*d* 是 CNC 系统内部参数设定的）是指 *R* 点向下快速定位于距离前一切削深度上方 *d* 的位置。

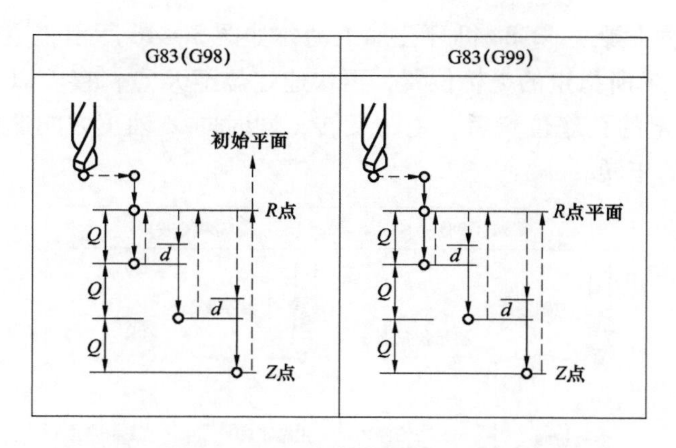

图3－44　G83循环孔加工动作

【例3－7】如图3－45所示的孔，使用G73循环指令钻孔1，使用G83循环指令钻孔2。

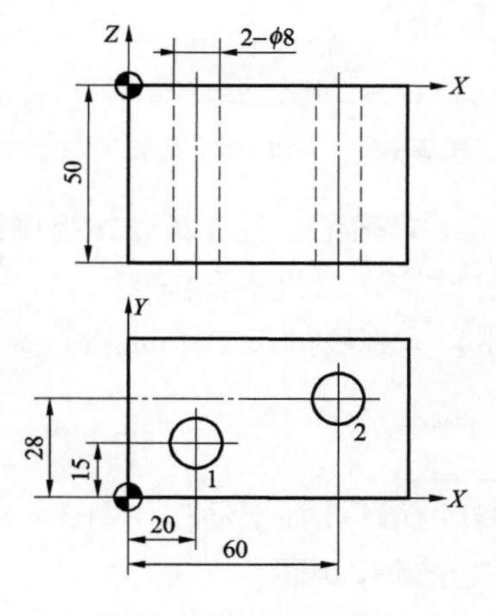

图3－45　例3－7图

程序如下：

```
O0007;
N010 G28;                                       →返回参考点
N020 M06 T01;                                   →换1号φ8钻头
N030 G54 G90 G00 X0 Y0;                         →定位于G54原点上
N040 M03 S800;                                  →主轴旋转800r/min
N050 G43 Z50.0 H01;                             →调用长度补偿，确定初始平面
N060 G99 G73 X20.0 Y15.0 Z-55.0 R2.0 Q5.0 F60;→定位，钻孔1，返回到R点
N070 G98 G83 X60.0 Y28.0;                       →定位，钻孔2，返回到初始点
N080 G80 G49;                                   →取消固定循环，取消长度补偿
N090 M05 M30;                                   →主轴停转，程序结束
```

6）右旋螺纹循环G84。

指令格式：G84 X_Y_Z_R—P_F_K_;

该循环用于攻右旋螺纹。G84 循环孔加工动作如图 3－46 所示，主轴先正转，然后钻头先快速定位至 X、Y 所指定的坐标位置，再快速定位至 R 点，接着以 F 所指定的进给速度攻螺纹至 Z 所指定的孔底位置后，主轴反转，同时向 Z 轴正方向退回至 R 点，退至 R 点后主轴恢复原来的正转。

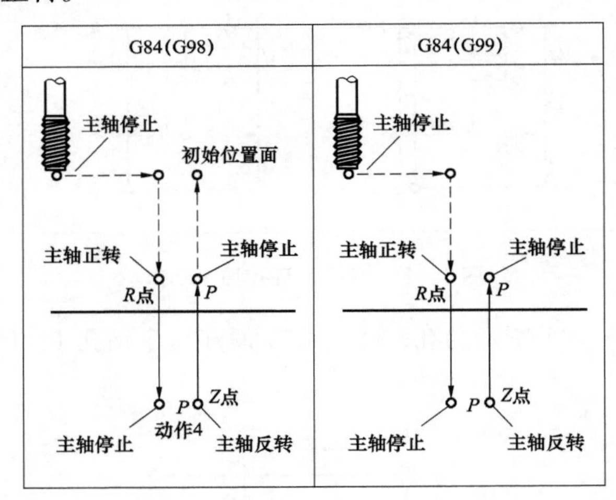

图 3－46　G84 循环孔加工动作

注意：进给速度必须严格按下式确定，且在指令执行中进给速度调整旋钮无效，即使按下进给速度，循环在回复动作结束之前也不会停止。

进给速度 F（mm/min）＝螺纹导程 P（mm/r）×主轴转速 S（r/min）

7）攻左旋螺纹循环 G74。

指令格式：`G74 X_Y_Z_R_P_F_K_`

该循环用于攻左旋螺纹。G74 循环孔加工动作如图 3－47 所示，G74 与 G84 不同之处在于两者主轴旋转方向相反，其余动作相同。

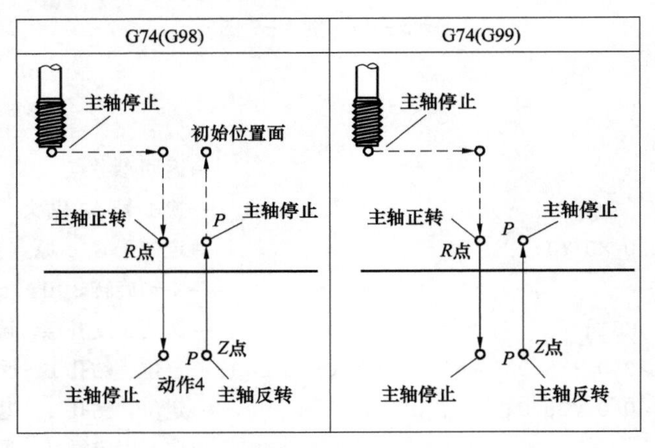

图 3－47　G74 循环孔加工动作

8）镗循环 G76。

指令格式：`G76 X_Y_Z_R_Q_P_F_K_;`

该循环适用于孔的精镗。当到达孔底时，主轴停止，切削刀具离开工件的被加工表面并返回，防止退刀时出现退刀痕，影响加工表面的光洁度，同时避免刀具的损坏。

G76 循环孔加工动作如图 3－48 所示，镗刀先快速定位至 *X*、*Y* 所指定的坐标位置，再快速定位至 *R* 点，接着以 *F* 所指定的进给速度向下镗削至 *Z* 所指定的孔底位置，当刀具到达孔底时，主轴定向停止并且刀具以刀尖的相反方向移动退刀，保证加工面不被破坏，实现精密镗削加工。参数 *Q* 指定了退刀的距离且通过系统内部参数指定退刀方向，*Q* 值是正值，即使用负值，也按正值处理。当镗刀快速退刀至 *R* 点或初始点时，刀具中心回位，且主轴恢复转动。

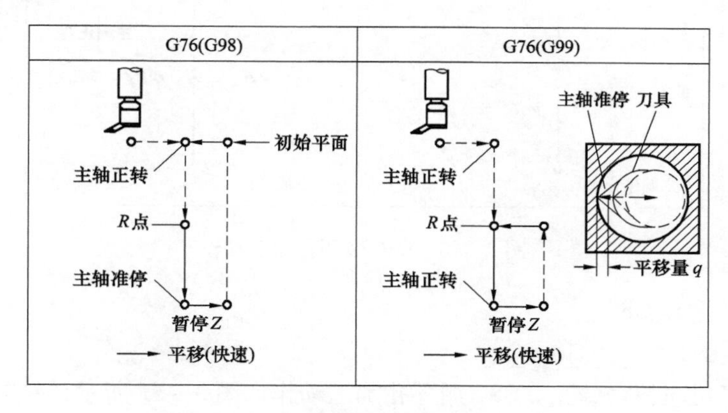

图 3－48　G76 循环孔加工动作

9）镗孔循环 G85。

指令格式：G85 X_Y_Z_R_F_K_

该循环适用于孔的精镗或铰孔。G85 循环孔加工动作如图 3－49 所示，指令的格式与 G81 完全相同。刀具是以切削进给的方式加工到孔底，然后又以 G01 方式返回 *R* 点平面。

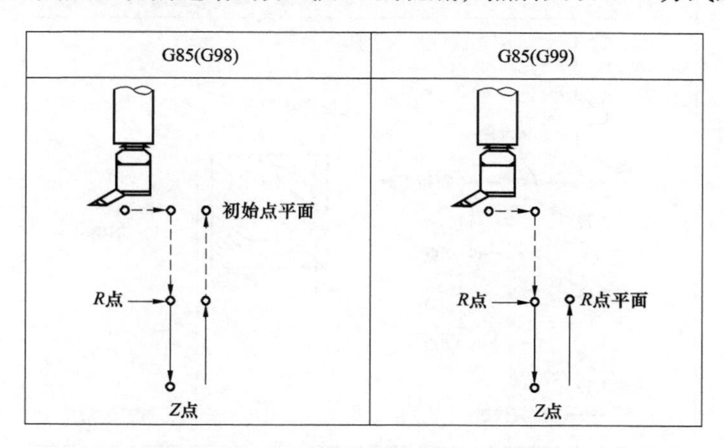

图 3－49　G85 循环孔加工动作

10）镗孔循环 G86。

指令格式：G86X_Y_Z_R_F_K_

该循环指令用于镗孔加工循环（孔底不需要暂停动作）。G86 循环孔加工动作如图 3－50所示，指令的格式与 G81 完全相同，但加工到孔底后主轴停止，快速返回到 R 点平面或初始平面后，主轴再重新启动。

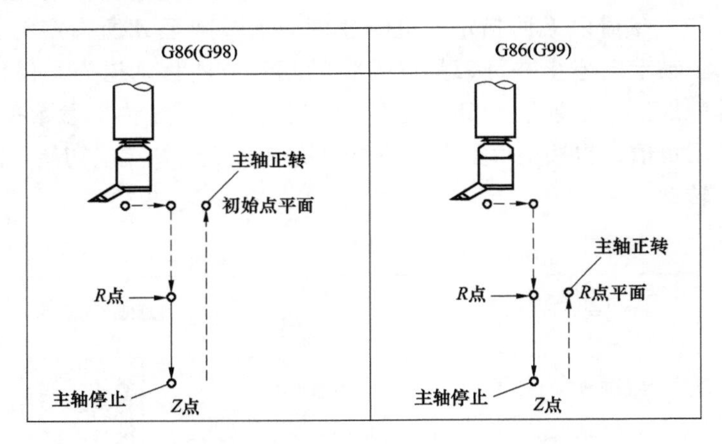

图 3－50　G86 循环孔加工动作

11）反镗孔循环 G87。

指令格式：G87X_Y_Z_R_Q_F_K_

该循环执行反向精密镗孔。G87 循环孔加工动作如图 3－51 所示，镗刀沿着 X 和 Y 轴定位以后，主轴定向停止，刀具以刀尖的相反方向按 Q 值给定量偏移，向孔底 R 点定位快速移动，刀具复位；然后主轴正转沿 Z 轴的正向镗孔直到 Z 点，在 Z 点主轴再次定向停止，刀具偏移，刀具向上快速返回到初始位置，刀具复位主轴正转，执行下一个程序段的加工。

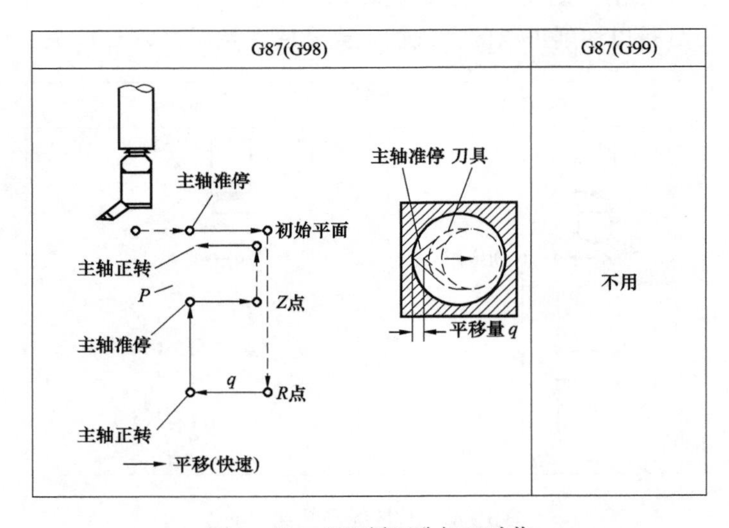

图 3－51　G87 循环孔加工动作

G87 只能让刀具返回到初始平面而不能返回到 R 点平面，因为 R 点平面低于 Z 点平面。本指令的参数设定与 G76 通用。

【例 3-8】加工如图 3-52 所示铝合金各孔，其中孔 1 要求铰孔加工，孔 2 要用锪孔加工，而孔 3 要求镗孔和背镗孔。

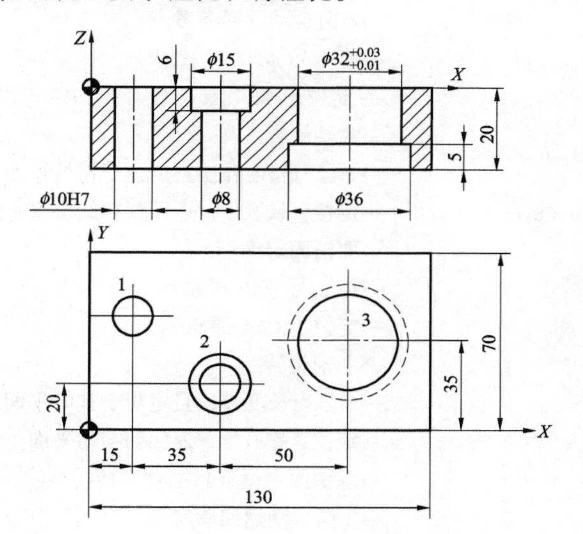

刀号	刀具	主轴转速 (r/min)	进给量 (mm/min)
T01	A3中心钻	1500	125
T02	φ8钻头	1000	120
T03	φ9.8 钻头	800	100
T04	φ10H7 铰刀	300	80
T05	φ15 扩张钻	400	80
T06	φ30钻头	200	50
T07	可调式 镗孔刀	800	30
T08	可调式 背镗孔刀	500	30

图 3-52　例 3-8 图

程序如下：

```
O0009;
N010 G28;                                    →返回参考点
N020 M06 T01;                                →换 1 号 A3 中心钻
N030 G54 G90 X0 Y0;                          →定位于 G54 原点上方
N040 M03 S1500;                              →主轴正转
N050 G43 Z50.0 H01;                          →1 号刀建立长度补偿，设初始平面
N060 G99 G81 X15.0 Y40.0 Z-6.0 R5.0 F150;    →定位，点中心孔 1，返回 R 点
N070 X50.0 Y20.0;                            →定位，点中心孔 2，返回 R 点
N080 G98 X100.0 Y35.0;                       →定位，点中心孔 3，返回初始点
N090 G80 M05;                                →取消固定循环且主轴停转
N100 G28;                                    →返回参考点
N110 M06 T02;                                →换 2 号 φ8 钻头
N120 G54 G90 G00 X0 Y0;                      →定位于 G54 原点上方
N130 M03 S1000;                              →主轴正转
N140 G43 Z50.0 H02;                          →2 号刀建立长度补偿，设初始平面
N150 G81 X50.0 Y20.0 Z-25.0 R5.0 F120;       →定位，钻孔 2，返回初始平面
N160 G80 M05;                                →取消固定循环且主轴停转
N170 G28;                                    →Z 向自动返回参考点
N180 M06 T03;                                →换 3 号 φ9.8 钻头
N190 G54 G90 G00 X0 Y0;                      →定位于 G54 原点上
N200 M03 S800;                               →主轴旋转
N210 G43 Z50.0 H03;                          →3 号刀长度补偿且定位于初始平面
```

```
N220 G81 X15.0 Y40.0 Z-25.0 R5.0 F100;                →定位，孔1的底孔，返回到初始平面
N230 G80 M05;                                         →取消固定循环且主轴停转
N240 G28;                                             →Z向自动返回参考点
N250 M06 T04;                                         →换4号φ10H7铰刀
N260 G54 G90 G00 X0 Y0;                               →定位于G54原点上
N270 M03 S300;                                        →主轴旋转
N280 G43 Z50.0 H04;                                   →4号刀长度补偿且定位于初始平面
N290 G85 X15.0 Y40.0 Z-25.0 R5.0 F80;                 →定位，铰孔1，返回到初始位置平面
N300 G80;                                             →取消固定循环
N310 M06 T05;                                         →换5号φ15扩钻孔
N320 G54 G90 G00 X0 Y0;                               →定位于G54原点上
N330 M03 S400;                                        →主轴旋转
N340 G43 Z50.0 H05;                                   →5号刀长度补偿且定位于初始平面
N350 G82 X50.0 Y20.0 Z-6.0 R5.0 P2000 F80;            →定位，锪孔2，返回到初始平面
N360 G80 M05;                                         →取消固定循环且主轴停转
N370 G28;                                             →Z向自动返回参考点
N380 M06 T06;                                         →换6号φ30钻头
N390 G54 G90 G00 X0 Y0;                               →定位于G54原点上
N400 M03 S200;                                        →主轴旋转
N410 G43 Z50.0 H06;                                   →6号刀长度补偿且定位于初始平面
N420 G81 X100.0 Y35.0 Z-25.0 R5.0 F50;                →定位，钻孔3，返回到初始平面
N430 G80 M05;                                         →取消固定循环且主轴停转
N440 G28;                                             →Z向自动返回参考点
N450 M06 T07;                                         →换7号可调式镗孔刀
N460 G54 G90 G00 X0 Y0;                               →定位于G54原点上
N470 M03 S800;                                        →主轴旋转
N480 G43 Z50.0 H07;                                   →7号刀长度补偿且定位于初始平面
N490 G86 X50.0 Y35.0 Z-22.0 R5.0 F30;                 →定位，镗孔3，返回到初始平面
N500 G80 M05;                                         →取消固定循环且主轴停转
N510 G28;                                             →Z向自动返回参考点
N520 M06 T08;                                         →换8号可调式镗孔刀
N530 G54 G90 G00 X0 Y0;                               →定位于G54原点上
N540 M03 S500;                                        →主轴旋转
N550 G43 Z50.0 H08;                                   →8号刀长度补偿且定位于初始平面
N560 G87 X100.0 Y35.0 Z-15.0 R-25.0 Q2000 F30;        →定位，背镗孔1，返回到初始平面
N570 G80 M05;                                         →取消固定循环且主轴停转
N580 G28;                                             →Z向自动返回参考点
N590 G00 Z200.0;                                      →提刀至Z200
N600 M05 M30;                                         →程序结束
```

7. 同类孔重复多次加工

在固定循环指令最后，用K地址指定重复次数。如果有孔间距相同的若干个相同孔，

采用重复次数来编程是很方便的。

采用重复次数来编程时，要采用G91、G99方式。

如执行程序段 G91 G99 G81 X50.0 Z-25.0 R-10.0 K6 F100时，其运动轨迹如图3-53所示。

如果是在绝对值方式中，不能钻出6个孔，仅仅在第一个孔处往复钻6次，结果还是一个孔。

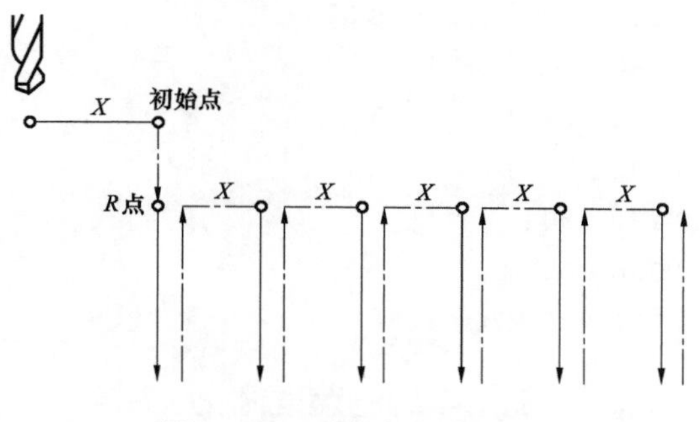

图3-53 重复次数的使用

【例3-9】采用重复固定循环方式加工如图3-54所示的各孔。

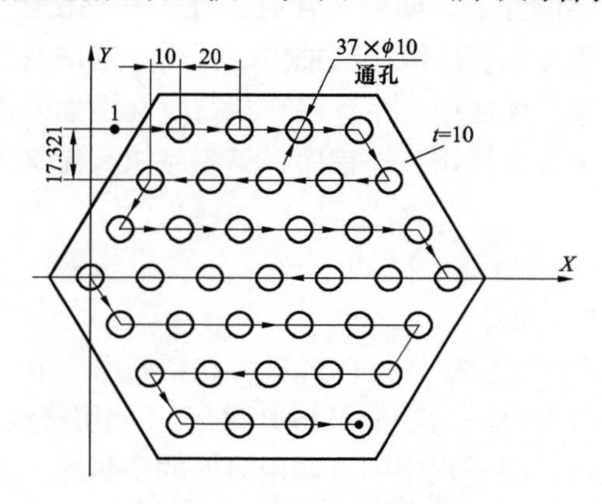

图3-54 例3-9图

```
O0010;
N010 G28;                                    →自动返回参考点
N020 M06 T01;                                →换1号φ10钻头
N030 G54 G90 G00 X0 Y0;                      →定位于G54原点上方
N035 M03 S800;                               →主轴旋转
N040 G43 Z20.0 H01;                          →1号刀长度补偿且定位于初始平面
N050 G00 X10.0 Y51.963;                      →快速定位于循环起始点1，点1在孔连
                                              线前方1倍孔距处
N060 G91 G99 G81 X20.0 Z-18.0 R-17.0 K4 F100;→从左到右依次加工第1行4个孔
N070 X10.0 Y-17.321;                         →加工第2行右边第1个孔
N080 X-20.0 K4;                              →从右往左依次加工第2行其余4个孔
N090 X-10.0 Y-17.321;                        →加工第3行左边第1个孔
N100 X20.0 K5;                               →从左往右依次加工第3行其余5个孔
N110 X10.0 Y-17.321;                         →加工第4行右边第1个孔
N120 X-20.0 K6;                              →从右往左依次加工第4行其余6个孔
N130 X10.0 Y-17.321;                         →加工第5行左边第1个孔
N140 X20.0 K5;                               →从左往右依次加工第5行其余5个孔
```

```
N150 X-10.0 Y-17.321;        →加工第6行右边第1个孔
N160 X-20.0 K4;              →从右往左依次加工第6行其余4个孔
N170 X10.0 Y-17.321;         →加工第7行左边第1个孔
N180 X20.0 K3;               →从左往右依次加工第7行其余3个孔
N190 G80;                    →取消固定循环
N200 G00 Z200.0;             →提刀至Z200
N210 M05 M30;                →程序结束
```

3.2.3 加工中心的编程简化

一、子程序

在一个加工程序的若干位置上，如果包含有一连串在写法上完全相同或相似的内容，为了简化程序可以把这些重复的程序段单独抽出，并按一定的格式编成子程序，然后像主程序一样将它们存储到程序存储区中。主程序在执行过程中如果需要某一子程序，可以通过一定格式的子程序调用指令来调用该子程序，子程序执行完又可以返回到主程序，继续执行后面的程序段。

1. 调用子程序M98指令

指令格式：M98P口口口XXXXX

其中，XXXX为要调用的子程序号；口口口为重复调用次数，省略为一次。

如M98P2（调用子程序0002一次）；M98 P50002（调用子程序0002五次）。

子程序也可以嵌套使用，即子程序中再调用另外的子程序，如图3-55所示。

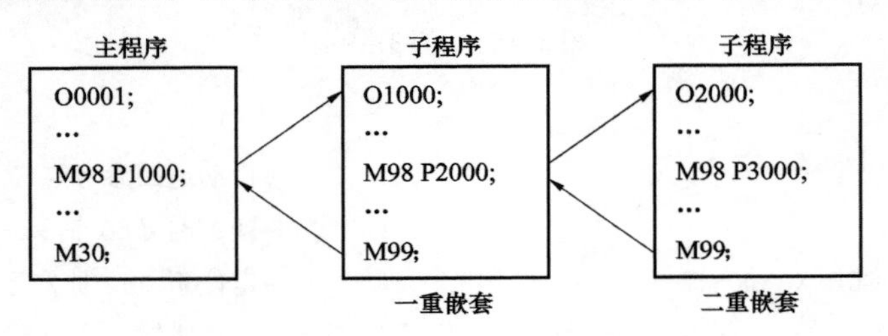

图3-55 二重子程序的嵌套

2. 子程序的格式

OXXXX;

…

M99

其中，"XXXX"为子程序占用的程序号；M99表示子程序结束，并返回主程序M98 P_的下一程序段继续运行主程序，如图3-56所示。

M99也可以在主程序中使用。如果在主程序中插入"/M99"程序段，则执行该指令后，将返回主程序起点。如果在主程序中插入"/M99P_"程序段，则执行完该程序段后，将返回程序中地址P指定的程序段。加"/"的原因是可以方便地跳过这些程序段不执行（这必须是机床上OPTSKIP跳步开关为ON时）。

【例3－10】如图3－56，要加工6条宽5mm，长34mm，深3mm的直槽，选用直径为5mm的键槽铣刀进行加工。

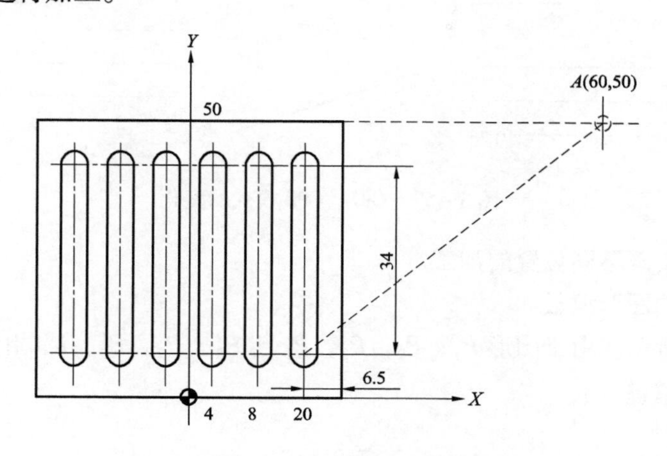

图3－56 例3－10图

程序如下：

```
O1000;
N010 G54 G00 X100.0 Y70.0 Z30.0;      →设定工件坐标系，快速定位到起点
N020 G90 G00 X20.0 Y8.0;              →采用绝对坐标编程，快速定位到P点
N030 M03 S800;                        →主轴正转800r/min
N040 Z10.0 M08;                       →快速逼近工件，距工件表面10.0mm，切削液开
N050 M98 P30100;                      →调用O0100号子程序3次
N060 G90 G00 Z30.0;                   →提刀，距工件表面30.0mm
N070 X100.0 Y70.0;                    →回到起刀点
N080 M05 M30;                         →主轴停转，程序结束
O0100;
N100 G91 G01 Z-13.0 F200;             →由初始平面进刀到要求的深度
N110 Y34.0;                           →铣第一条槽
N120 G00 Z13.0;                       →退回到初始平面
N130 X-8.0;                           →移向第二条槽
N140 G01 Z-13.0;                      →Z向进刀
N150 Y34.0;                           →铣第二条槽
N160 G00 Z13.0;                       →退回到初始平面
N170 X-8.0;                           →移向第三条槽
N180 M99;                             →子程序结束，返回到主程序
```

使用子程序应注意以下几点。

（1）注意主、子程序间模式代码的变换，如某些G代码，M和F代码。例如：G91、G90模式的变化，如图3－57所示。

（2）处在半径补偿模式中的程序段不应调用子程序。

（3）子程序中一般用G91模式来进行重复加工；若用G90模式，则主程序可以用改

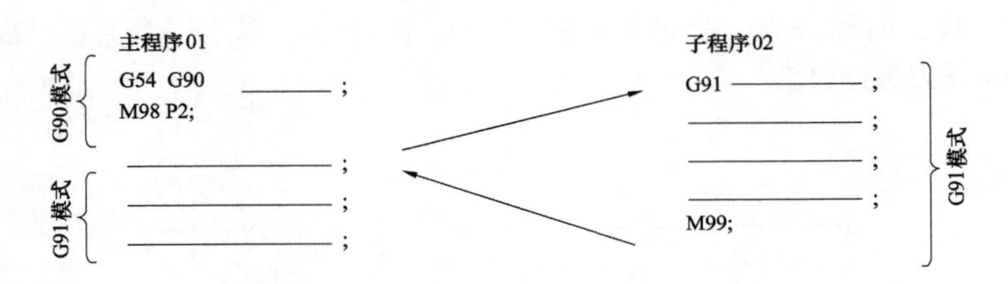

图 3-57 G91、G90 模式的变化

变坐标系的方法实现不同位置的加工。

二、平面内的图形缩放

如图 3-58 所示，由于图形 P_1，P_2，P_3，P_4 与 P'_1，P'_2，P'_3，P'_4 相似，可以利用图形缩放指令来简化编程。

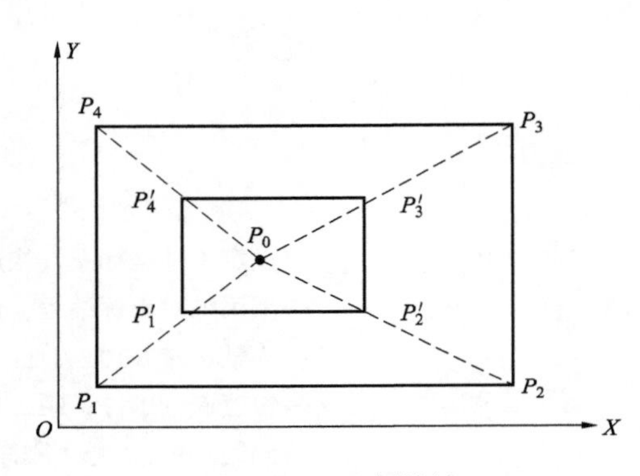

图 3-58 比例缩放

指令格式：

G51 X_Y_Z_P_ （X/Y/Z：比例缩放中心坐标值的绝对值指令，P：各轴以 P 指定的比例进行缩放，其最小输入量为 0.001）

… 缩放的加工程序段

G50 比例缩放取消

或者

G51 X_Y_Z_I_J_K_ [各轴分别以不同的比例（I/J/K）进行缩放]

… 缩放的加工程序段

G50 比例缩放取消

G51 使编程的形状以指定位置为中心，放大和缩小相同或不同的比例。需要指出的是，G51 需以单独的程序段进行指定，并以 G50 取消。

说明：（1）G51 可以带 3 个定位参数 *X*、*Y*、*Z*，为可选参数。定位参数用以指定 G51 的缩放中心。如果不指定定位参数，系统将刀具当前位置设定为比例缩放中心。不论当前定位方式为绝对方式或为相对方式，缩放中心只能以绝对定位方式指定。

（2）缩放比例。不论当前为 G90 还是 G91 方式，缩放比例总是以绝对方式表示。G51 带指令参数 P，则各轴缩放比例均为参数 P 的参数值。G51 带指令参数 I/J/K，则指令参数 I/J/K 的参数值分别对应 X、Y、Z 轴的缩放比例。

（3）缩放取消。在使用 G50 指令取消比例缩放后，紧跟移动指令时，刀具所在位置为此移动指令的起始点。

【例 3－11】 使用缩放功能加工如图 3－59 所示的零件，加工效果图如图 3－60 所示。

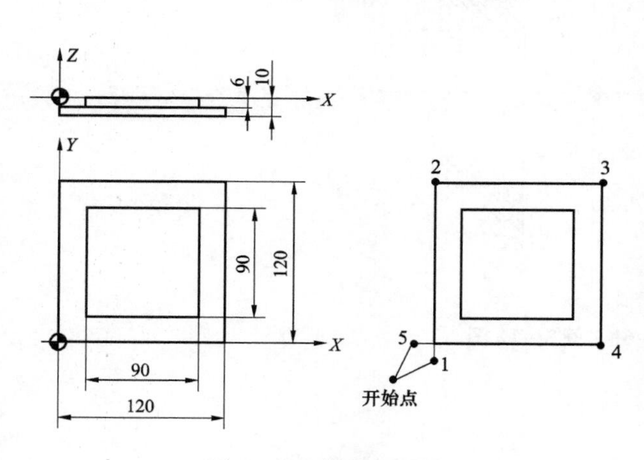

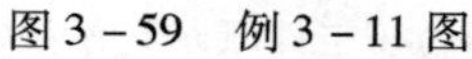

图 3－59　例 3－11 图

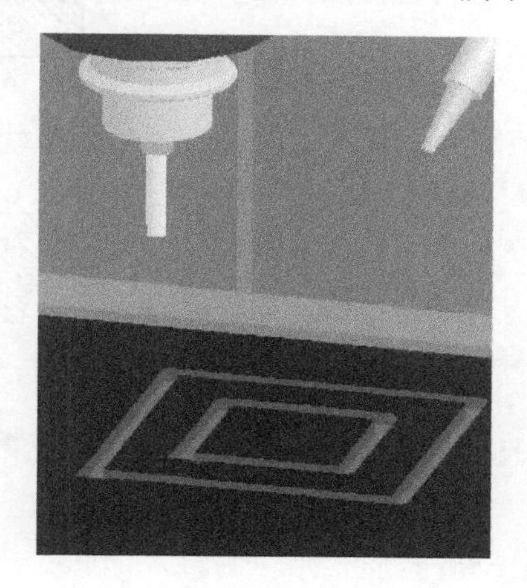

图 3－60　加工效果图

程序如下：

```
O0012;
N010 G54 G90 G00 X0 Y0 Z50.0;          →定位于 G54 原点正上方
N020 M03 S800;                         →主轴正转 800r/min
N030 G00 X-30.0 Y-30.0;                →定位于开始点
N040 G01 Z-10.0 F200;                  →向下切深 10mm
N050 M98 P0400;                        →调用子程序，加工 120×120×10 的凸台
N060 G01 Z-6.0 F200;                   →向下切深 6mm
N070 G51 X60.0 Y60.0 P0.75;            →以（60，60）为缩放中心，X、Y 轴缩放比例
为 0.75
N080 M98 P0400;                        →调用子程序，加工 90×90×6 的凸台
N090 G50;                              →缩放取消
N100 G00 Z200.0;                       →快速提刀至安全高度
N110 M05 M30;                          →主轴停转，主程序结束

O0400;
N010 G41 G01 X0 Y-10.0 D01 F100;       →至点 1，建立刀具半径补偿 D01
N020 Y120.0;                           →至点 2
N030 X120.0;                           →至点 3
N040 Y0;                               →至点 4
N050 X-10.0;                           →至点 5
N060 G40 G00 X-30.0 Y-30.0;            →返回开始点并取消刀具半径补偿
N070 M99;                              →子程序结束
```

【例3-12】使用缩放功能加工如图3-61所示的轮廓，切削深度为5mm。

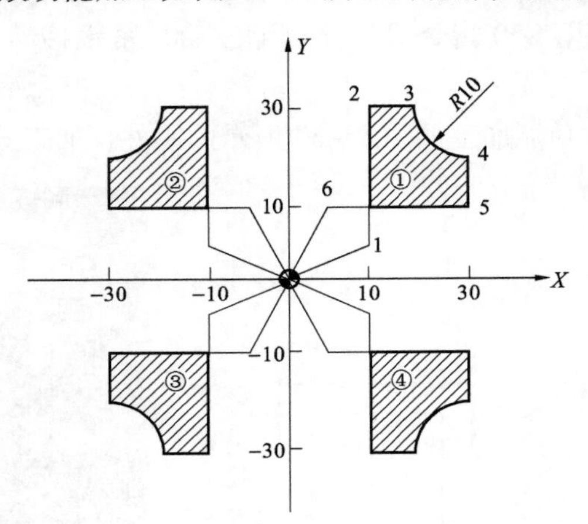

图3-61　例3-12图

程序如下：

```
O0013;
N010 G54 G90 G00 X0 Y0 Z100.0;       →程序开始，定位于工件原点上方安全高度
N020 M03 S800;                       →主轴正转
N030 M98 P0500;                      →调用子程序，加工图形1
N040 G51 X0 Y0 I-1.0 J1.0;           →Y轴镜像，镜像位置为X=0
N050 M98 P0500;                      →调用子程序，加工图形2
N060 G51 X0 Y0 I-1.0 J-1.0;          →XY轴镜像，镜像位置为（0，0）
N070 M98 P0500;                      →调用子程序，加工图形3
N080 G51 X0 Y0 I1.0 J-1.0;           →X轴镜像，镜像位置为Y=0
N090 M98 P0500;                      →调用子程序，加工图形4
N100 G50;                            →取消缩放指令
N110 M05 M30;                        →主轴停转，程序结束

O0500;
N010 G00 Z10.0;                      →快速逼近工件表面
N020 G01 Z-5.0 F300;                 →向下切深5.0mm
N030 G41 G01 X10.0 Y5.0 D01;         →点1
N040 Y30.0;                          →点2
N050 X20.0;                          →点3
N060 G03 X30.0 Y20.0 R10.0;          →点4
N070 G01 Y10.0;                      →点5
N080 X5.0;                           →点6
N090 G40 X0 Y0;                      →返回原点，取消补偿
N100 G00 Z100.0;                     →快速到达安全高度
N110 M99;                            →子程序结束，返回到主程序
```

三、旋转系坐标

对于某些围绕中心旋转得到的特殊轮廓加工，如果根据旋转后的实际加工轨迹进行编程，就可能大量增加坐标系计算的工作量。而通过图形旋转功能，可以大大简化编程的工作量，同时节省存储空间。坐标系旋转指令如图 3－62 所示。

指令格式：

$$\begin{cases} \text{G17 G68 X\_Y\_R\_} \\ \text{G18 G68 Z\_X\_R\_} \\ \text{G19 G68 Y\_Z\_R\_} \end{cases}$$

G69

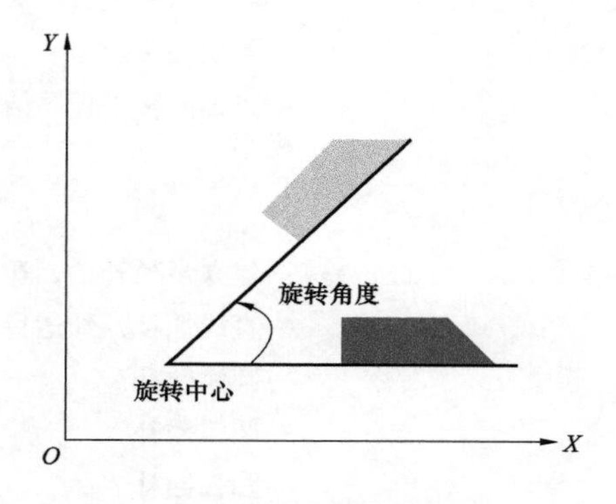

图 3－62　坐标旋转指令

G68 使平面内编程的形状以指定点为旋转中心旋转一定的角度；G69 用于取消坐标系旋转。在有刀具补偿的情况下，先旋转后刀具补偿；在有缩放功能的情况下，先缩放后旋转。

【例 3－13】 使用旋转功能编制所示轮廓的加工程序（见图 3－63），设起始位置距工件表面 50.0mm，切深 5.0mm。

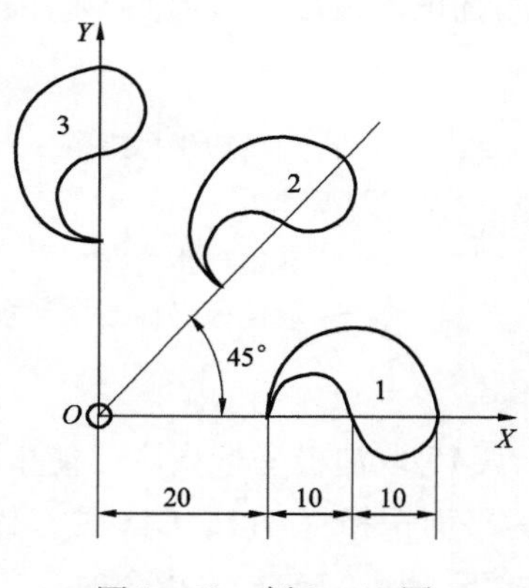

图 3－63　例 3－13 图

程序如下。

（1）主程序：

```
O1234;
N010 G54 G90 G00 X0 Y0 Z50.0;          →程序开始，定位于原点上方安全高度
N020 M03 S600;                         →主轴正转 600r/min
N030 G01 G43 Z -5.0 H01 F150;          →调用长度补偿，向下切深 5.0mm
N040 M98 P0200;                        →调用子程序
N050 G68 X0 Y0 R45.0;                  →以工件坐标系原点旋转 45°
N060 M98 P0200;                        →调用子程序
N070 G68 X0 Y0 R90.0;                  →以工件坐标系原点旋转 90°
N080 M98 P0200;                        →调用子程序
N090 G00 G49 Z50.0;                    →取消长度补偿，到达安全高度
N100 G69;                              →取消旋转指令
N110 M05 M30;                          →主轴停转，程序结束
```

（2）子程序：

```
O0200;
N010 G41 G01 X20.0 Y -5.0 D01 F200;    →建立半径补偿，切入工件
N020 Y0;                               →直线插补，到达目标点
N030 G02 X40.0 I10.0;                  →圆弧插补
N040 X30.0 I -5.0;                     →圆弧插补
N060 G03 X20.0 I5.0;                   →圆弧插补
N070 G00 Y -6.0;                       →切出工件
N080 G40 X0 Y0;                        →取消补偿
N090 M99;                              →子程序结束，返回到主程序
```

四、极坐标指令编程

极坐标是以坐标原点到目标点连线的长度（极径）和连线与坐标轴夹角（极角）来确定目标点的位置。通常情况下，圆周分布的孔类零件（如法兰类零件）以及图样尺寸以半径与角度形式标示的零件（如铣正多边形的外形），采用极坐标编程较合适。

指令格式：

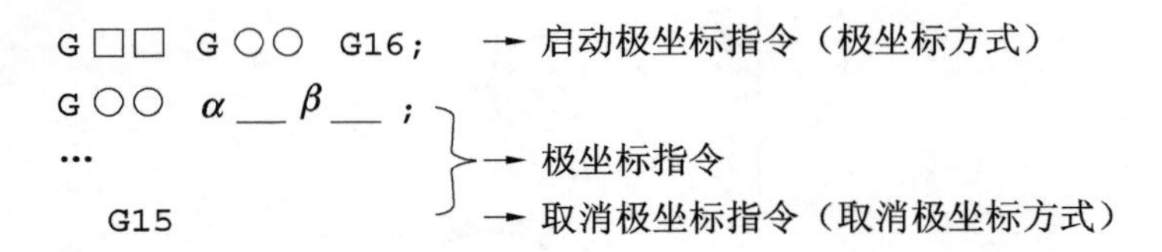

说明：

（1）G16 启动极坐标指令。G15 取消极坐标指令，使坐标值返回到用直角坐标输入。

（2）G□□：极坐标指令的平面选择（G17、G18 或 G19）。

（3）G00：在 G90 绝对方式下，用 G16 方式指令时，工件坐标系原点为极坐标原点；在 G91 增量方式下，用 G16 方式指令时，则是采用当前点为极坐标原点。

（4）α_β_：指刀具移动指令的定位参数，其中 α_表示极坐标系下的极径，β_表示极坐标系下的极角，极角角度的正向是所选平面的第 1 轴正向的逆时针转向，而负向是顺时

针转向。α_β_的度量方式。

极坐标度量中心的选择如图 3 - 64 所示。

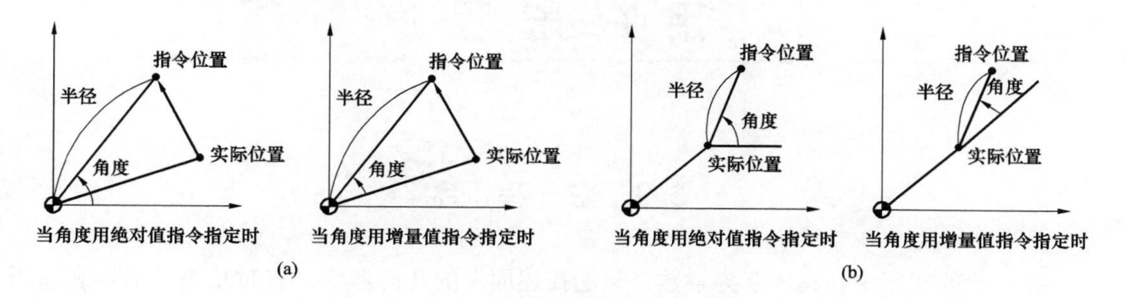

图 3 - 64 极坐标度量中心的选择

(a) 设定工件坐标系零点作为极坐标的原点；(b) 设定当前位置作为极坐标的原点

【例 3 - 14】 加工如图 3 - 65 所示 3 个孔圆（工件坐标系的零点设为作极坐标的原点，选择 *XY* 平面）。

```
N010 G54 G00 X0 Y0 Z50.0;                    →程序开始，定位于原点上方安全高度
N020 M03 S800;                               →主轴正转 600r/min
N030 G17 G90 G16;                            →建立极坐标
N040 G81 X100.0 Y30.0 Z -20.0 R5.0 F200;     →极径 100.0，极角 30°，加工孔 1
N050 Y150.0;                                 →极径 100.0，极角 150°，加工孔 2
N060 Y270.0;                                 →极径 100.0，极角 270°，加工孔 3
N070 G15 G80;                                →取消极坐标，取消固定循环
N080 M05 M30;                                →主轴停转，程序结束
```

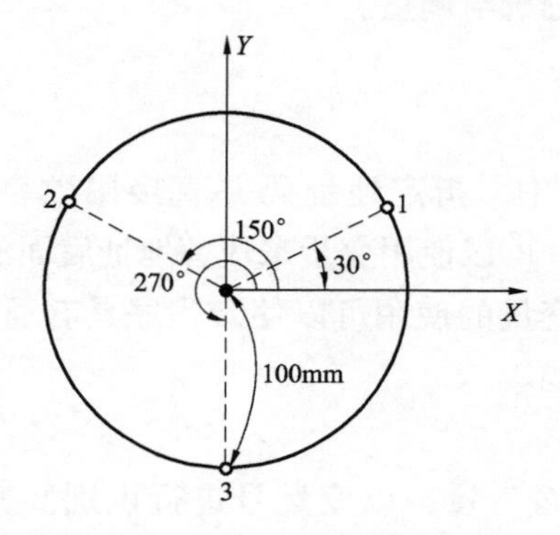

图 3 - 65 例 3 - 14 图

用户宏程序

3.3 宏 程 序

在一般的程序中，程序字为常数，只能描述固定的几何形状，有时缺乏灵活性和通用性。若用改变参数的方法使同一程序能加工形状相同但尺寸不同的零件，加工就会非常方便，也提高了可靠性。

用户宏程序作为数控设备的一项重要功能，允许使用变量算术和逻辑运算以及各种条件转移等命令，使得在编制一些加工程序时与普通方法相比显得方便和简单。由于可以用变量代替具体数值，因而在加工同一类工件时，只需将实际的值赋给变量即可，不需对每一个零件都编一个程序。用户宏程序应用特点如下。

一、修改方便

相类似的工件，只需修改相应参数量即可满足加工要求，不易出错。

二、通用性强

程序通用性强，能达到举一反三，事半功倍的效果。

三、程序简单

程序简单，易于修改，分析与调整。

3.3.1 变量

在普通的零件加工程序中，指定地址码并直接用数字值表示移动的距离，如 G01 X100.0 F60。而在宏程序中，可以使用变量来代替地址后面的数值，在程序或 MDI 方式下按具体情况对其进行赋值。变量的使用可以使宏程序具有通用性，对变量还可进行算术、函数和逻辑运算，扩大其功能。

一、变量的形式

在宏程序中可以使用多个变量，以变量号进行识别。变量是用变量符号“#”和后面的变量号组成的，如#i（$i=1$，2，3，…），例如#8，也可由表达式来表示变量，如#［#1 + #2 - 60］，当#1 = 30，#2 = 40 时，上述变量等于#10。

二、变量的使用

（1）在程序中使用变量值时，应指定后跟变量号的地址。当用表达式指定变量时，必须把表达式放在括号中，如 Z#30，若#30 = 20.0，则表示 Z20.0；

F［#11/2］，若#11 = 100.0，则表示 F50。

（2）改变引用变量的值的符号，要把负号（-）放在#的前面，如 G00 X - #11；G01 X - ［#11 + #22］F#3。

（3）当引用未定义的变量时其值为空，变量及地址都被忽略，如：当变量#11 的值是0，变量#22 的值是空时，G00X#11Y#22 的执行结果为 G00 X0。“变量的值是 0”与“变量的值是空”是两个完全不同的概念，可以这样理解：“变量的值是 0”相当于“变量的数值等于 0”，而“变量的值是空”则意味着“该变量所对应的地址根本就不存在，不生效”。

（4）不能引用变量的地址符有：程序号 O，顺序号 N，任选程序段跳转号/。例如，以下情况不能使用变量。

```
O#1; /O#2 G00 X100.0; N#3 Y200.0
```

另外，使用 ISO 代码编程时，可用“#”代码表示变量，若用 EIA 代码，则应用“&”代码代替“#”代码，因为 EIA 代码中没有“#”代码。

三、变量的赋值

1. 直接赋值

赋值是指将一个数据赋予一个变量。例如：#1 = 10，则表示#1 的值是 10.0，其中#1 代表变量，“#”是变量符号（注意：根据数控系统的不同，其表示方法可能有差别），10 就是给变量#1 赋的值。这里的“=”是赋值符号，起语句定义的作用。

赋值的规律如下。

（1）赋值号“=”两边内容不能随意互换，左边只能是变量，右边可以是表达式、数值或变量。

（2）一个赋值语句只能给一个变量赋值，整数值的小数点可以省略。

（3）可以多次给一个变量赋值，新变量值将取代原变量值（即最后赋的值生效）。

（4）赋值语句具有运算功能，它的一般形式为：变量二表达式，如：

```
#1 = #1 + 1, #6 = #24 + #4 * COS [#5]
```

（5）赋值表达式的运算顺序与数学运算顺序相同。

（6）辅助功能（M 代码）的变量有最大值限制，如将 M30 赋值为 300 显然是不对的。

2. 引数赋值

宏程序体以子程序方式出现，所用的变量可在宏调用时在主程序中赋值，如：

```
G65 P2001 X100.0 Y20.0 F100.0;
```

其中，*X*、*Y*、*F* 对应于宏程序中的变量号称为引数，变量的具体数值由引数后的数值决定。引数与宏程序体中变量的对应关系有 2 种，2 种方法可以混用，其中 G、L、N、O、P 不能作为引数为变量赋值。

变量赋值方法Ⅰ、Ⅱ见表 3－6、表 3－7。

变量赋值方法Ⅰ举例：

G65 P2001 A100.0 X20.0 F20.0;

变量赋值方法Ⅱ举例：

G65 P2002 A10. 0 I5. 0 J0 K20. 0 I0 J30. 0 K9. 0；

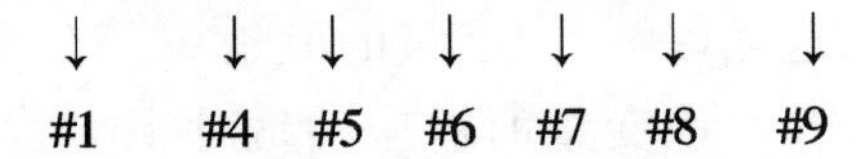

表3－6　变量赋值方法Ⅰ

地址（引数）	变量号	地址（引数）	变量号	地址（引数）	变量号
A	#1	I	#4	T	#20
B	#2	J	#5	U	#21
C	#3	K	#6	V	#22
D	#7	M	#13	W	#23
E	#8	Q	#17	X	#24
F	#9	R	#18	Y	#25
G	#11	S	#19	Z	#26

表3－7　变量赋值方法Ⅱ

地址（引数）	变量号	地址（引数）	变量号	地址（引数）	变量号
A	#1	K_3	#12	J_7	#23
B	#2	I_4	#13	K_7	#24
C	#3	J_4	#14	I_8	#25
I_1	#4	K_4	#15	J_8	#26
J_1	#5	I_5	#16	K_8	#27
K_1	#6	J_5	#17	I_9	#28
I_2	#7	K_5	#18	J_9	#29
J_2	#8	I_6	#19	K_9	#30
K_2	#9	J_6	#20	I_{10}	#31
I_3	#10	K_6	#21	J_{10}	#32
J_3	#11	I_7	#22	K_{10}	#33

注　表中的下标只表示顺序，并不写在实际指令中。

四、变量的种类

变量从功能上主要可归纳为如下两种。

1. 系统变量（系统占用部分）

用于系统内部运算时各种数据的存储。

2. 用户变量

包括局部变量和公共变量，用户可以单独使用，系统作为处理资料的一部分，变量类型见表3－8。

表 3－8　　变量类型

变量名	类型	功能
#0	空变量	该变量总是空，没有值能赋予该变量
#1～#33	局部变量	局部变量只能在宏程序中存储数据，如运算结果。断电时，局部变量清除（初始化为空） 可以在程序中对其赋值
#100～#199 #500～#999	公共变量	公共变量在不同的宏程序中的意义相同（即公共变量对于主程序和从这些主程序调用的每个宏程序来说是公用的） 断电时，#100～#199 清除（初始化为空），通电时复位到“0”，而#500～#999 数据即使在断电时也不清除
#1000 以上	系统变量	系统变量用于读和写 CNC 运行时，各种数据变化如刀具当前位置和补偿值等

五、算术与逻辑运算

1. 运算类型

宏程序具有赋值、算术运算、逻辑运算、函数运算等功能，见表 3－9。

表 3－9　　变量的各种运算

种类	功能	格式	具体实例
定义转换	定义、置换	#i=#j	#20=500 #102=#10
算术运算	加法	#i=#j + #k	#3=#10 + #15
	减法	#i=#j－#k	#9=#3－100
	乘法	#i=#j * #k	#120=#1 * #24 #20=#6 * 360
	除法	#i=#j/#k	#105=#8/#7 #80=#21/4
函数运算	正弦（度）	#i=SIN [#j]	#10=SIN [#3]
	反正弦	#i=ASIN [#j]	#146=ASIN [#2]
	余弦（度）	#i=COS [#j]	#132=COS [#30]
	反余弦	#i=ACOS [#j]	#18=ACOS [#24]
	正切（度）	#i=TAN [#j]	#30=TAN [#21]
	反正切	#i=ATAN [#j] / [#k]	#146=ATAN [#1] / [2]
	平方根	#i=SQRT [#j]	#136=SQRT [#12]
	绝对值	#i=ABS [#j]	#5=ABS [#102]
	四舍五入整数化	#i=ROUND [#j]	#112=ROUND [#23]
	指数函数	#i=EXP [#j]	#7=EXP [#31]
	（自然）对数	#i=LN [#j]	#4=LN [#200]

续表

种类	功能	格式	具体实例
	上取整（舍去）	# i = FIX [#j]	# 105 = FIX [#109]
	下取整（进位）	# i = FUP [#j]	# 104 = FUP [#33]
逻辑运算	与	# i AND # j	# 126 = # 10AND # 11
	或	# i OR # j	# 22 = # 5OR # 18
	异或	# i XOR # j	# 12 = # 15XOR25
	从 BCD 转为 BIN	# i = BIN [#j]	用于与 PMC 信号的交换
	从 BIN 转为 BCD	# i = BCD [#j]	

2. 混合运算时的运算顺序

上述运算和函数可以混合运算，即涉及运算的优先级，其运算顺序与一般数学上的定义基本一致，优先级顺序从高到低依次为

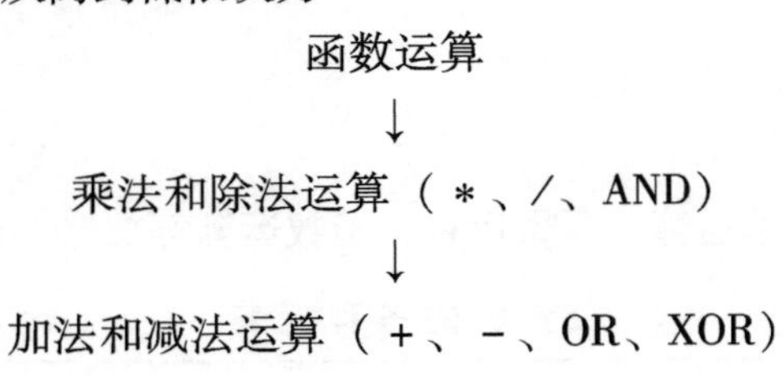

3. 括号嵌套

用“[ ]”可以改变运算顺序，最里层的 [ ] 优先运算。括号 [ ] 最多可以嵌套 5 级（包括函数内部使用的括号）。

例如：

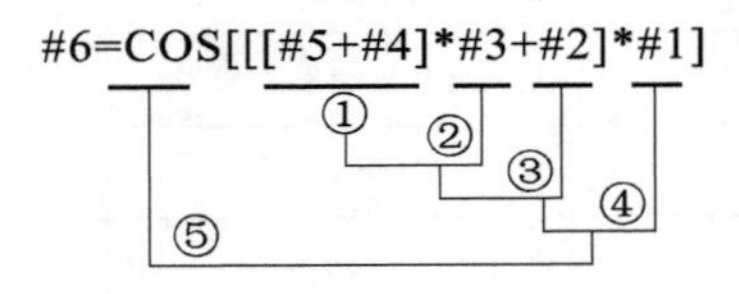

3.3.2 转移和循环

在宏程序中，有 3 种转移和循环指令可供使用，使用 GOTO 语句和 IF 语句可以改变程序的流向，使用 WHILE 指令可以实现程序循环。转移和循环如下：

GOTO 语句　　　　→无条件转移

IF 语句　　　　→条件转移，格式为：IF … THEN …

WHILE 语句　　　　→当 … 时循环

一、无条件转移（GOTO 语句）

转移（跳转）到标有顺序号 *n*（即俗称的行号）的程序段。当指定 1 ~ 99 999 以外的顺序号时，系统出现报警。其格式为：

GOTO n；n 为顺序号（1 ~ 99 999）

例如：GOTO 200，即转移至第 200 行程序段语句。

二、条件转移（IF 语句）

1. IF［<条件表达式>］GOTO n

表示如果指定的条件表达式满足时，则转移（跳转）到标有顺序号 n 的程序段。如果不满足指定的条件表达式，则顺序执行下个程序段，如图 3－66 所示。

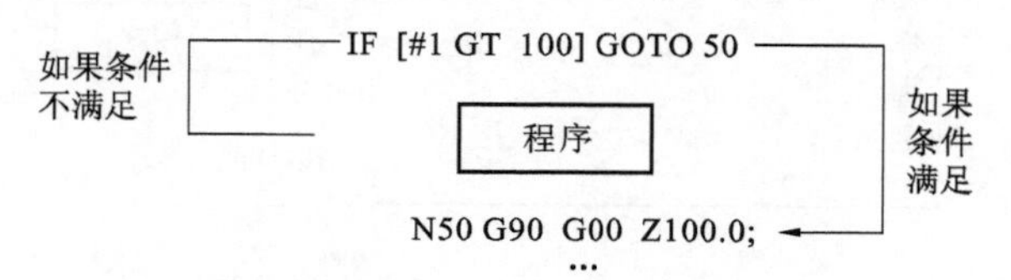

图 3－66 IF …GOTO…执行流程

2. IF［<条件表达式>］THEN

如果指定的条件表达式满足时，则执行预先指定的宏程序语句，而且只执行一个宏程序语句。

IF［#1 EQ #2］THEN #3＝10；如果 #1 和 #2 的值相同，10 赋值给 #3。

条件表达式必须包括运算符。运算符插在两个变量中间或变量与常量中间，并且用“［ ］”封闭。运算符通常由 2 个字母组成，用于两个值的比较，以决定它们是相等还是一个值小于或大于另一个值。运算符见表 3－10。

表 3－10　　运 算 符 表

运 算 符	含　义	英 文 名
EQ	等于（＝）	Equal
NE	不等于（≠）	Not Equal
GT	大于（＞）	Great Than
GE	大于或等于（≥）	Great Than or Equal
LT	小于（＜）	Less Than
LE	小于或等于（≤）	Less Than or Equal

【例 3－15】 下面的程序为用 IF 语句计算数值 1～10 的累加和。

```
O0021;
#1 =0;                        →存储和赋变量的初值
#2 =1;                        →被加数变量的初值
N10 IF [#2 GT 10] GOTO 20;    →当被加数大于 10 时转移到 N20，即结束
#1 = #1 + #2;                 →计算和数
#2 = #2 +1;                   →下一个被加数
GOTO 10;                      →转到 N10
N20 M30;                      →程序结束
```

3. 循环（WHILE 语句）

在 WHILE 后指定一个条件表达式，当指定条件满足时，则反复执行从 DO 到 END 之

间的程序。否则，转到 END 后的程序段，如图 3－67 所示。

WHILE [条件表达式] DO m; (m=1,2,3)
如果条件不满足
如果条件满足
程序
END m;
...

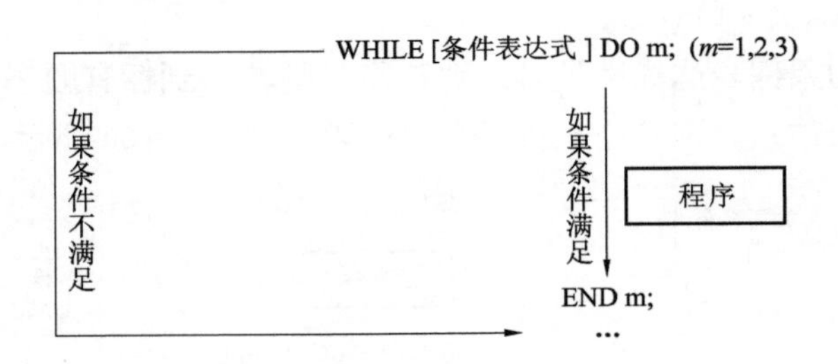

图 3－67　WHILE 语句执行流程

（1）标号：DO 后的号和 END 后的号是指定程序执行范围的标号，标号值为 1、2、3，若用其他数值系统出现报警。

（2）嵌套：在 DO～END 循环中的标号 1～3 可根据需要多次使用。但当程序有交叉重复，循环 DO 范围的重叠时系统出现报警。主要有 5 种情况，如图 3－68～图 3－71 所示。

WHILE [条件表达式] DO 1;
程序
END 1
...
WHILE [条件表达式] DO 1;
程序
END 1

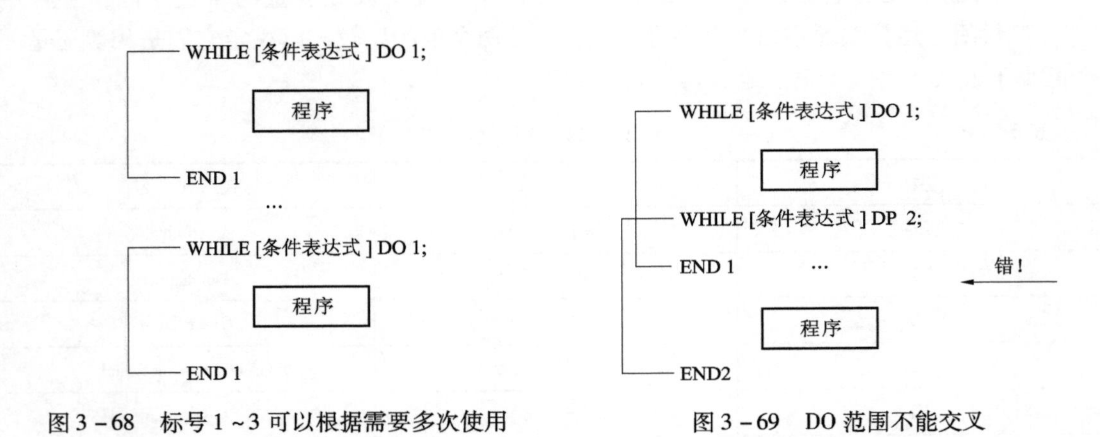

图 3－68　标号 1～3 可以根据需要多次使用

WHILE [条件表达式] DO 1;
程序
WHILE [条件表达式] DP 2;
END 1
...
错!
程序
END2

图 3－69　DO 范围不能交叉

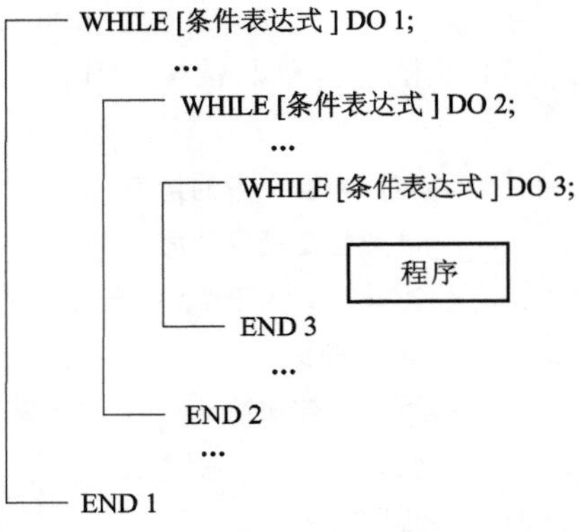

WHILE [条件表达式] DO 1;
...
WHILE [条件表达式] DO 2;
...
WHILE [条件表达式] DO 3;
程序
END 3
...
END 2
...
END 1

图 3－70　DO 循环可以 3 重嵌套

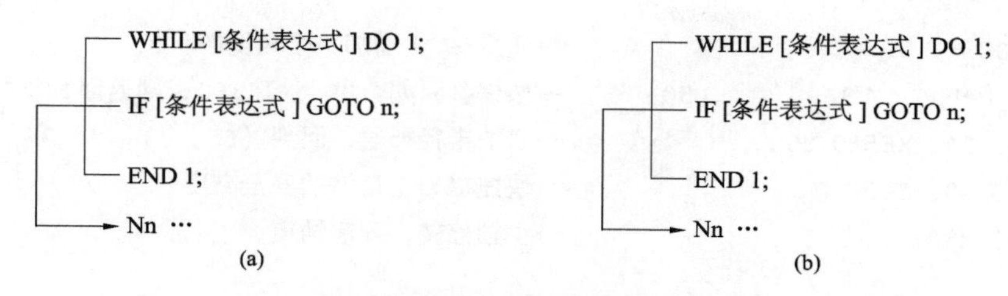

图 3－71 转移循环

(a) 转移可以跳出循环的外边；(b) 转移不能进入循环区内

【例 3－16】下面的程序为用 WHILE 语句计算数值 1～10 的累加总和。

```
O0022;
#1 =0;                    →存储和赋变量的初值
#2 =1;                    →被加数变量的初值
WHILE [#2 LE 10] DO1;     →当被加数小于 10 时不断求和循环
#1 = #1 + #2;             →计算和数
#2 = #2 +1;               →下一个被加数
END1;                     →转到标号 1
M30;                      →程序结束
```

3.3.3 程序加工实例

【例 3－17】采用角度步长 =1°，初始角度 =0°，终止角度 =360°，加工如图 3－72 所示深度 = －2.0mm 的椭圆。

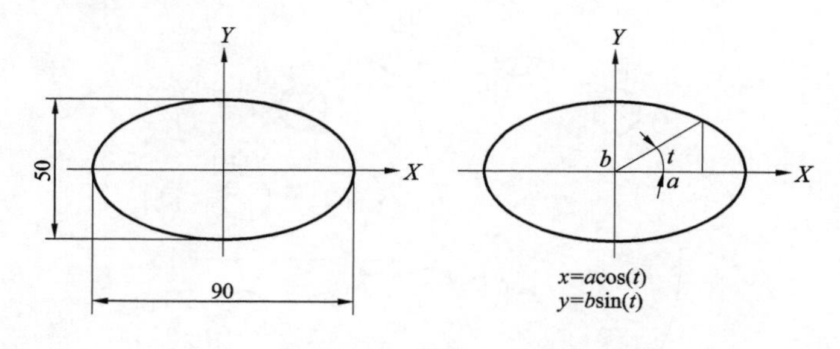

图 3－72 例 3－17 图

程序如下：

方法一

```
O0023;
N010 #100 =0;                         →赋变量#100 初始值
N020 G54 G90 G00 X65.0 Y0 Z100.0;     →定位于 (65, 0, 100) 正上方
N030 M03 S1000;                       →主轴正转 1000r/min
N040 G01 Z -2.0 F100;                 →下向切深 2.0mm
N050 #112 =45* COS [#100];            →计算 X 坐标值
N060 #113 =25* SIN [#100];            →计算 Y 坐标值
N070 G01 G42 X#112 Y#113 D02 F200;    →建立半径补偿，运行一个步长单位
```

```
N080 #100 =#100 +1;                    →变量#100 增加一个角度的步长
N090 IF [#100 LE 360] GOTO 50;         →条件判断如#100 小于360，则返回N050
N100 G01 G40 X65.0 Y0;                 →取消半径补偿，回到（65，0）
N110 G90 G00 Z100.0;                   →快速提刀至足够的安全高度
N120 M05 M30;                          →主轴停转，程序结束
```

方法二

```
O0023;
N010 #100 =0;                          →赋变量#100 初始值
N020 G54 G90 G00 X65.0 Y0 Z100.0;      →定位于（65，0，100）正上方
N030 M03 S1000;                        →主轴正转1000r/min
N040 G01 Z -2.0 F100;                  →下向切深2.0mm
N050 WHILE [#100 LE 360] DO1;          →条件判断如#100 小于360，则继续循环
N060 #112 =45* COS [#100];             →计算X坐标值
N070 #113 =25* SIN [#100];             →计算Y坐标值
N080 G01 G42 X#112 Y#113 D02 F200;     →建立半径补偿，运行一个步长单位
N090 #100 = #100 +1;                   →变量#100 增加一个角度的步长
N100 END1;                             →条件满足，结束循环
N110 G01 G40 X65.0 Y0;                 →取消半径补偿，回到（65，0）
N120 G90 G00 Z100.0;                   →快速提刀至足够的安全高度
N130 M05 M30;                          →主轴停转，程序结束
```

【例3－18】 圆孔加工实例，如图3－73所示。

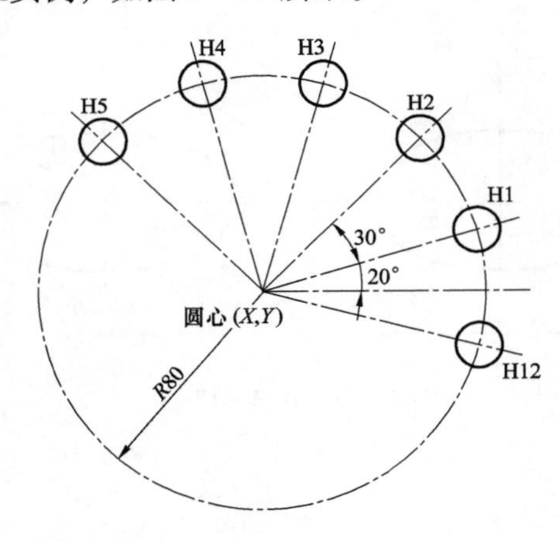

图3－73　例3－18图

程序如下：

```
O0024;
N010 G54 G90 G00 X0 Y0 Z50.0;          →定位于（0，0，50）正上方
N020 M03 S800;                         →主轴正转800r/min
N030 #3 =1.0;                          →赋变量#100 初始值
N040 WHILE [#3 LE 12.0] DO1;           →条件判断如#3 小于12，则继续循环
```

```
N050 #5 =20.0 + [#3 -1] * 30.0;              →第#3 个孔对应的角度
N060 #6 =120.0 +80.0* COS [#5];              →第#3 个孔对应的 X 坐标值
N070 #7 =75.0 +80.0SIN [#5];                 →第#3 个孔对应的 Y 坐标值
N080 G98 G81 X#6 Y#7 Z -15.0 R10.0 F100;     →加工第#3 个孔
N090 #3 = #3 +1;                             →孔的个数递增 1
N100 END1;                                   →条件满足，结束循环
N110 G80;                                    →取消固定循环
N120 M05 M30;                                →主轴停转，程序结束
```

【例 3-19】 圆形阵列加工，利用宏指令和旋转功能指令加工如图 3-74 所示的零件，其中切深为 5.0mm。加工后的效果图如图 3-75 所示。

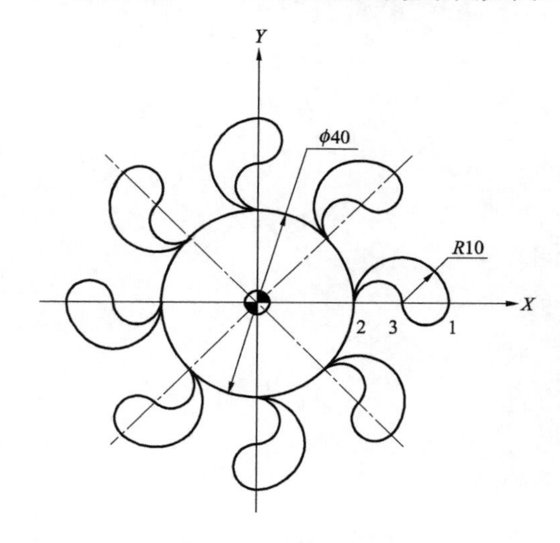

图 3-74　例 3-19 图

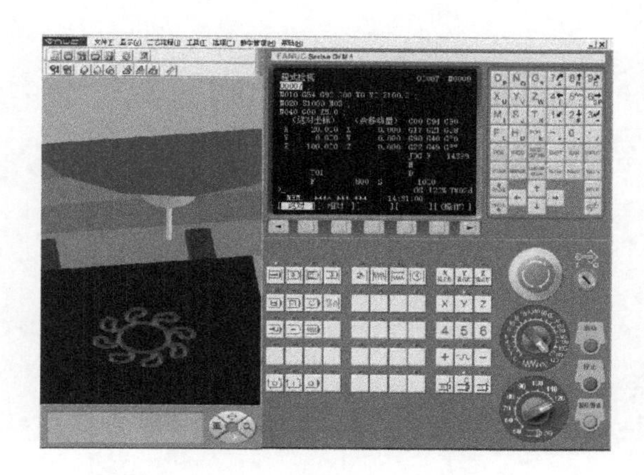

图 3-75　例 3-19 的加工效果图

程序如下：

```
O0001;
N010 G54 G90 G00 X0 Y0 Z50.0;                →快速定位于（0，0，50）正上方
N020 M03 S800;                               →主轴正转 800r/min
N030 G00 Z5.0;                               →快速逼近工件，距离工件 5.0mm
N040 #1 =0;                                  →赋变量#1 初始值
N050 WHILE [#1 GE -315] DO1;                 →条件判断如#1 大于 -315，则继续循环
N060 #1 = #1 -45;                            →角度累减
N070 G00 X20.0 Y0;                           →快速定位于（20.0）的位置
N080 G01 Z -5.0 F200;                        →向下切深 5.0mm 单位
N090 G90 G02 X40.0 Y0 R10.0 F150;            →圆弧插补
N100 G02 X30.0 Y0 R5.0;                      →圆弧插补
N110 G03 X20.0 Y0 R5.0;                      →圆弧插补
N120 G90 G00 Z5.0;                           →提刀
N130 G68 X0 Y0 R#1;                          →调用旋转指令，完成相应圆弧插补
```

```
N140 G00 Z100.0;          →提刀至安全高度
N150 END1;                →条件满足，结束循环
N160 G00 Z5.0;            →逼近工件，距离工件表面5.0mm
N170 X20.0 Y0;            →快速定位于（20.0）的位置
N180 G01 Z-5.0 F150;      →向下切深5.0mm单位
N190 G02 I-20.0 J0;       →圆弧插补
N200 G00 Z100.0;          →提刀至安全高度
N210 M05 M30;             →主轴停转，程序结束
```

任务四 典型加工实例

3.4 加工中心编程生产实例

3.4.1 典型数控铣削加工工艺性分析

数控加工工艺性分析是随着数控机床的产生、发展而逐步建立起来的一种应用技术，是通过大量数控加工实践的经验总结，是数控机床加工零件使用的各种技术、方法、要求的总和。数控加工工艺性分析通常要求技术人员必须通过长时间的工作实践积累、参照相应技术规范要求来进行。无论是使用哪种编程模式，在编制程序前都要对加工的工件进行工艺分析、制定工艺路线、设计加工工序等工作。所以要求相应工艺技术人员知识面复合化程度较高。

一、零件图工艺性分析

零件图工艺性分析，通过对图 3－76 进行分析，确定组成零件实体的几何关系、确定基点和节点相对于工件坐标系的坐标位置、尺寸标注完整、表面粗糙度值的大小形位公差以及位置公差要求等。此零件材料为铝合金，切削动力较好。根据以上分析，采取的工艺措施是：铣削分粗加工和精加工两个阶段，以保证表面粗糙度要求，在此例中可以通过半径补偿值的修正来获得粗精加工线路的正确一致性。通过采用压板式组合夹具来提高装夹精度，保证与刀具相对应的垂直度要求。在实例加工中，有时会出现基点和节点难以捕捉的情况，可以通过 UGNX 建模来确定相应数值。

二、确定零件的定位基准

根据数控加工特点，工件的定位基准应尽量与设计基准保持一致，注意防止定位干涉现象且便于工件的安装，绝不允许出现欠定位的情况。定位基准在数控加工中要细心找正，否则加工出来的工件绝不会是高精度的产品。为了方便找正，有的机床安装有专用定位板，有的则在夹具上设置找正定位面。同时，选择定位方式时应尽量减少装夹次数，避免积累误差的放大，造成次品。

三、确定零件装夹方案

选择工件定位方法后，就应确定采用一定的夹紧方法和夹紧装置将工件压紧夹牢，以防止工件在加工过程中，因切削力、离心力、惯性力及重力等作用而发生位移和振动。与普通机床一样，通过选择合理的装夹方案，获得较高的定位精度和较好的夹紧方案。

工件常用的装夹方法有如下 3 种。

1. 直接找正装夹

用百分表、划针等工具直接找正工件位置并加以夹紧的方法。这种方法生产率低，精

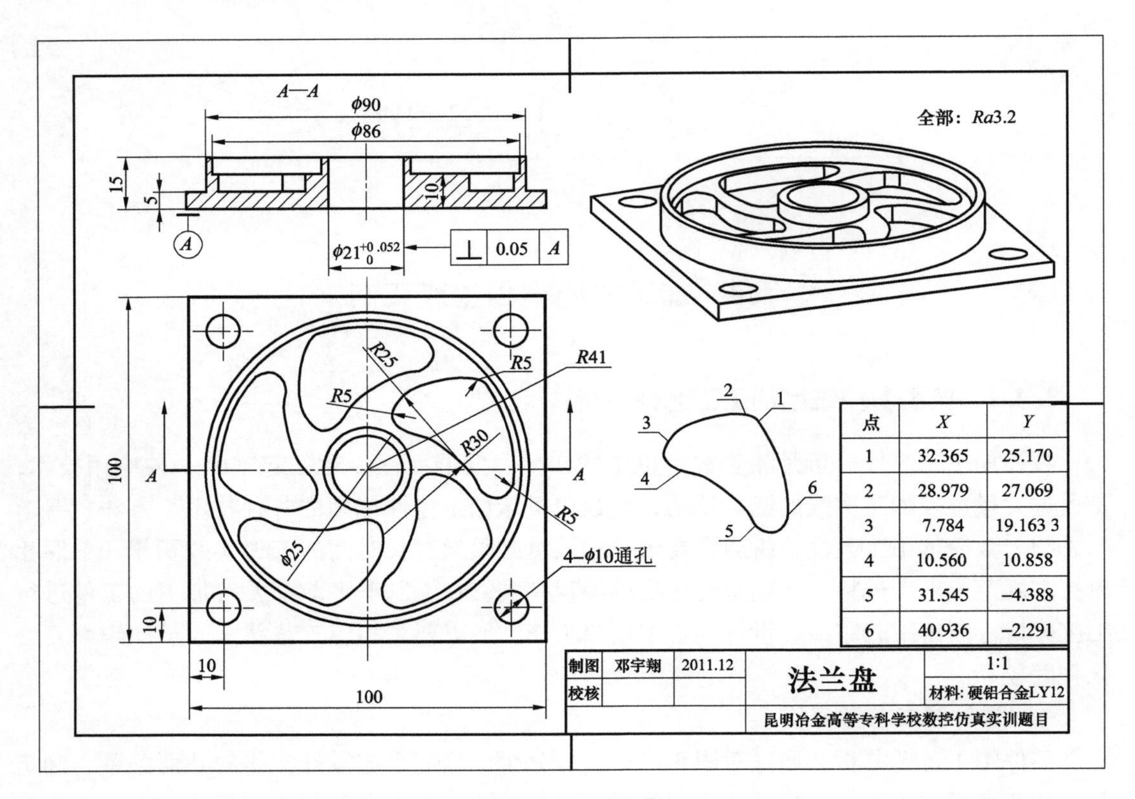

点	X	Y
1	32.365	25.170
2	28.979	27.069
3	7.784	19.163 3
4	10.560	10.858
5	31.545	–4.388
6	40.936	–2.291

图 3－76 零件图

度取决于操作人员的技术水平和测量工具的精度，通常用于单件、小批量生产或位置精度要求特别高的工件。

2. 划线找正装夹

此法是先在毛坯上按照零件图划出中心线、对称线和各待加工表面的加工线，然后按照划好的线找正工件位置。这种装夹方法不仅划线费时，生产率低，精度低，而且对工人技术水平要求高。这种装夹方法通常用于单件小批量生产中加工形状复杂而笨重的工件，或低精度毛坯的加工。

3. 用夹具装夹

此法是将工件直接安装在夹具的定位组件上。由于采用夹具装夹，不需要找正就能保证工件的装夹定位精度，因此，这种方法装夹迅速、方便，定位精度较高且稳定，生产率高，但需要设计、制造专用夹具。这种装夹方法广泛用于中批量以上生产类型。

在设计夹紧装置时，应注意夹具在夹紧工件时，要使工件上的加工部位开敞，夹紧机构上各部位装置不得妨碍影响走刀（如产生碰撞等）；另外，还应尽量使夹具的定位、夹紧装置部位无切屑积留，且便于清理。

四、确定加工顺序及走刀路线

加工顺序的拟定先按照先内后外、先粗后精的原则来确定。走刀路线是指数控机床在整个加工工序中刀具中心（严格说来是刀位点）相对于工件的运动轨迹和方向。在确定刀具路径时，主要遵循以下原则。

1. 零件要求

应能保证零件具有良好的加工精度和表面质量。

2. 加工路线要求

应尽量缩短加工路线，减少空刀时间以提高加工效率。

3. 数值要求

应使数值计算简单，程序段数量少。

4. 加工过程要求

确定轴向移动尺寸时，应考虑刀具的引入距离和超越距离。

为了保证零件的轮廓表面具有较高的表面质量和刀具耐用度，采用顺铣方式，这样可以避免机床共振带来机床零件一致性差的问题。

五、刀具的选择

刀具的选择是数控加工工艺中的重要内容，它不仅影响数控机床的加工效率，而且直接影响加工质量。数控机床主轴转速比普通机床高 1 ~ 2 倍，且主轴输出功率大，因此，与传统加工方法相比，数控加工对刀具的要求更高。应根据机床的加工能力、工件材料的性能、加工工序的内容、切削用量以及其他相关因素，合理选择刀具类型、结构、几何参数等。

刀具选择总的原则思路：安装调整方便，刚性好，耐用度和精度高。在满足加工要求的前提下，尽量选择较短的刀柄，以提高刀具加工的刚性。此外，在进行数控刀具选择时，注意以下情况。

1. 刀具尺寸与工件表面尺寸相适应

选取刀具时，要使刀具的尺寸与被加工工件表面的尺寸相适应。

2. 切削行距小

在进行自由曲面加工时，由于球头刀具的端部形状易造成较大残留面积，因此，为保证加工精度，切削行距一般必须取得很密。

3. 采用标准刀柄

在加工中心上，各种刀具分别装在刀库上，按程序规定随时进行选刀和换刀动作，因此必须采用标准刀柄，以便使钻、镗、扩、铣削等工序用的标准刀具能迅速、准确地装到机床主轴或刀库上去。

六、切削用量的选择

数控编程时，编程人员必须确定每道工序的切削用量，包括主轴转速（切削速度）、背吃刀量、进给速度等。对于不同的加工方法和加工要求，需选用不同的切削用量。合理地选择切削用量，对零件的表面质量、精度和加工效率影响很大。在数控编程时，编程者可根据经验对切削用量初步确定，再根据程序的调试结果和实际加工情况对实际的切削用量进行修正。

确定切削用量时应根据加工性质、加工要求、工件材料及刀具的尺寸、材料性能等方面的具体要求，通过查阅切削手册并结合经验加以确定。切削用量的选择原则：粗加工时以提高生产率为主，同时兼顾经济性和加工成本；半精加工和精加工时，在保证零件加工质量的前提下，应同时兼顾切削效率和加工成本。

通常切削用量的选择顺序：先确定背吃刀量，其次确定进给量，最后确定切削速度。

七、填写数控加工工艺卡片

综合上述分析，将分析结果填入数控工艺卡片中。加工工艺卡片内的内容主要有工步号、工步内容、所用刀具号、刀具规格、主轴转速、进给量、背吃刀量、所用材料、使用设备、夹具名称等。工厂内可以根据上述内容自行设计相应标准和格式，它是数控加工人员操作的依据。

3.4.2 宏程序的编写

采用宏程序方式编制出来的程序，是将一些特定的尺寸和相应的数学逻辑关系设定成变量，当特定尺寸和数学逻辑关系发生变化时，只要将相应的变量进行改变即可实现。在宏程序中，可以使编程人员大大减少编程时间，编制出来的程序可读性、合理性和简洁性表现明显。同时也对编程人员提出了更高的要求，即在编程过程中，要根据零件的特性及该企业所生产的零件情况及企业的生产设备等因素考虑程序的编制方式，从而更加合理地满足加工要求，因此作为优秀的数控编程工艺人员，掌握宏程序的编制是相当有必要的，根据企业实际情况在批量生产时以提高生产效率为准则，不要一味地依赖 CAD/CAM 软件后置程序。可选用宏程序编程，在国外一些机械行业相当发达的国家，如德国和日本，计算机辅助软件应用相当普遍，但他们始终坚持对手工编程的培训，大力提倡宏程序的加工具体应用。指定地址码并直接用数字值表示移动的距离，如 G01 X100.0 F60。而在宏程序中，可以使用变量来代替地址后面的数值，在程序中或 MDI 方式下按具体情况对其进行赋值。变量的使用可以使宏程序具有通用性，对变量还可进行算术、函数和逻辑运算，扩大其功能。

一、确定相应的基点和节点坐标位置

在开始编写程序的过程中，确定零件的基点和节点坐标位置至关重要，可以采用右手直角迪卡尔坐标系先确定工件坐标系的编程原点，然后通过图 3－77 的 UGNX6 三维零件建模仿真分析其相对编程原点的坐标位置，为下一步编程提供数字保障。

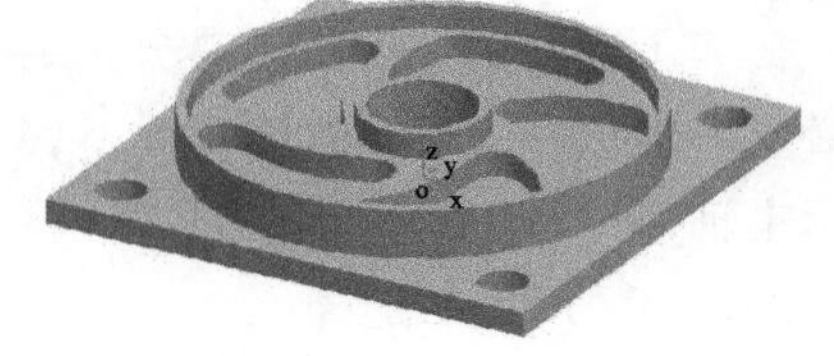

图 3－77 UGNX6 三维零件建模

二、根据加工工艺性要求选择刀具

根据零件结构特点及加工工艺特点，铣削凸台、内凹槽面，特别是内凹槽面铣刀直径受槽宽限制，同时考虑到铝合金加工性能特点，选择相应机夹可转位刀具。ϕ20mm 立铣刀 1 把，用于粗、精铣外轮廓、平面、凹槽等。ϕ8mm 键槽铣刀 1 把，用于精铣凹槽、扩沉孔等。ϕ10mm 键槽铣刀 1 把，用于精铣、扩孔等。ϕ2mm 中心钻 1 个，用于钻 ϕ6 通孔的引正孔和保护锥面。ϕ6mm 麻花钻 1 个，用于钻 5 个 ϕ6 通孔。表 3－11 列出了所用的刀具。

表 3－11　　刀具清单（推荐使用）

序号	刀具名称	刀具规格	数量	主 要 用 途
1	立铣刀	ϕ20mm	1 把	粗、精铣外轮廓、平面、凹槽等
2	键槽铣刀	ϕ8mm	1 把	精铣凹槽、扩沉孔等
3	键槽铣刀	ϕ10mm	1 把	精铣、扩孔等
4	中心钻	ϕ2mm	1 个	钻 ϕ6 通孔的引正孔和保护锥面
5	麻花钻	ϕ6mm	1 个	钻 5 个 ϕ6 通孔

三、编写宏程序

根据图 3－78 仿真过程确定相应的参数，在宏程序中，可以使用 GOTO 语句和 IF 语句改变程序的流向，也可以使用 WHILE 指令可以实现程序的循环。在 WHILE 后指定一个条件表达式后，当指定条件满足时，反复执行从 DO 到 END 之间的程序。否则，转到 END 后的程序段。在比较分析中发现，采用 WHILE 更加方便，但在调用 WHILE 语句时，应当注意交叉重复，循环 DO 范围重叠时，系统会出现报警。同时由于法兰盘内槽有 5 个环形阵列，还必须调用旋转指令 G68，这样可以减少编程量，达到事半功倍的效果，可以通过图 3－79 VNUC 软件来验证最终宏程序的正确性。

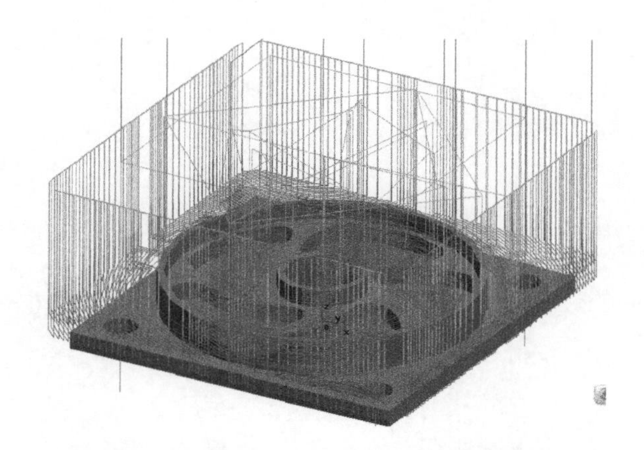

图 3－78　仿真加工确定相应参数供宏程序调用

程序如下：

```
O0001;
N010 M06 T01;
N020 G54 G90 G00 X0 Y0 Z50.0;
N030 M03 S800;
N040 G43 H01;
N050 G00 Z5.0;
N060 X80.0 Y-65.0;
N070 G01 Z-10.0 F200;
N080 X0 Y-65.0;
```

```
N090 G02 X0 Y-65.0 I0 J65.0 F200;
N100 G01 Y-55.0;
N110 G02 X0 Y-55.0 I0 J55.0;
N120 G01 Z5.0;
N130 G00 X0 Y0 Z50.0;
N140 G42 D01 G01 X0 Y-43.0 F200;
N150 G01 Z-5.0;
N160 G02 X0 Y-43.0 I0 J43.0;
N170 G00 Z5.0;
N180 G40 G01 X0 Y0;
N190 G01 X0 Y-22.5;
N200 Z-5.0;
N210 G02 X0Y-22.5 I0 J22.5;
N220 G01 Z50.0;
N230 X0 Y0;
N240 G49;
N250 M05;
N260 M06 T02;
N270 M03 S800;
N280 G43 H02;
N290 G99 G81X40.0Y40.0Z-18.0R5.0;
N300 X-40.0;
N310 Y-40.0;
N320 X40.0;
N330 G98 X0 Y0;
N340 G80;
N350 M05;
N360 M06 T03;
N370 M03 S800;
N380 G43 H03;
N390 G00 X0 Y0;
N400 Z5.0;
N410 G01 Z-18.0;
N420 Z5.0;
N430 G00 Z100.0;
N440 G49;
N450 M05;
N460 M06 T04;
N470 G40 G54 G00 X0 Y0 Z100.0;
N480 M03 S800;
```

```
N490 G43 H04;
N500 G00Z5.0;
N510 #1 =0;
N520 WHILE [#1GE -288] DO1;
N530 #1 =#1 -72;
N540 G00 X33.069 Y6.3957;
N550 G01 Z -10.0 F200;
N560 G42 G01 X29.1454 Y7.174 D04;
N570 G01 X26.6843 Y7.6624;
N580 G01X10.56 Y10.858;
N590 G02X7.784 Y19.1633 R5.0;
N600 X28.979 Y27.069 R25.0;
N610 X32.365 Y25.170 R5.0;
N620 X40.936 Y -2.291 R41.0;
N630 X31.545 Y -4.388 R5.0;
N640 G03X10.560 Y10.858 R30.0;
N650 G02 X22.0965 Y19.4348 R8.2;
N660 G40 G01X27.0965 Y15.4348;
N670 G01X26.6843 Y7.6624;
N680 X22.0 Y10.88;
N690 G68 X0 Y0 R#1;
N700 G00 Z100.0;
N710 END1;
N720 G00 Z100.0;
N730 X0 Y0;
N740 M05 M30;
```

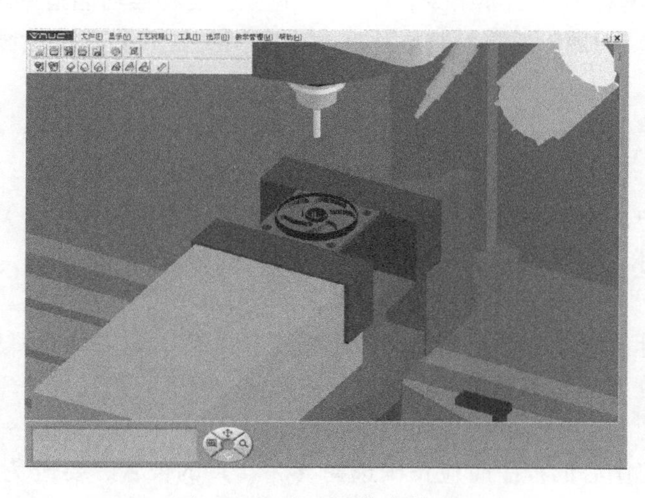

图 3－79　宏程序仿真效果图

思考与练习题

一、判断题

1. 数控机床的坐标运动通常是指工件不动而刀具运动的原则。 （　　）

2. 机床某一部件运动的正方向是增大工件和刀具之间距离的方向。 （　　）

3. 一个零件程序是按程序号的顺序执行的，而不是按程序段的输入顺序执行的。 （　　）

4. 刀具补偿功能包括刀补的建立、刀补执行和刀补的取消三个阶段。 （　　）

5. 合理应用半径补偿，可以实现零件的粗、精加工。 （　　）

6. G01 的进给速率除 *F* 值指定外，也可调整操作面板的旋钮进行变换。 （　　）

7. 极坐标建立用 G15、取消用 G16。 （　　）

8. 轮廓加工中，在接近拐角处应适当降低切削速度，以克服“超程”或“欠程”现象。 （　　）

9. 在宏程序中，只能使用一个变量。 （　　）

10. 子程序和主程序都是独立的程序，所以都是以 M02 或 M30 来结束。 （　　）

二、填空题

1. 数控机床每次接通上电后在运行前首先应做的是（　　）。

2. 孔加工命令中，（　　）是返回到初始平面指令，（　　）是返回到参考平面指令。孔固定循环有 6 个动作完成，它们是（　　）、（　　）、（　　）、（　　）、（　　）、（　　）。

3. 刀具位置补偿包括（　　）和（　　）。

4. （　　）、（　　）、（　　）分别为主轴正转、主轴反转和主轴停止指令。

5. （　　）为坐标旋转功能指令，（　　）建立长度补偿功能指令。

6. 目前，法兰克 CNC 系统控制软件基本上有两种常用的典型钻孔指令，即（　　）和（　　）。

7. 调用子程序命令是（　　）、子程序结束返回到主程序命令是（　　）、返回参考点命令是（　　）。

8. 在宏程序中，有 3 种转移和循环指令可供使用，它们为（　　）语句、（　　）语句和（　　）语句。

三、选择题

1. 刀具长度补偿的建立是提高加工效率的重要手段，如果基准刀具长 50，第二把刀是 60，用 G43 建立刀补，其在寄存单元输入的数值为（　　）。

A. 0　　B. －10　　C. 10　　D. 50

2. 在编制加工中心的程序时应正确选择（　　）的位置，要避免刀具交换时与工件或夹具产生干涉。

A. 对刀点　　B. 工件原点　　C. 参考点　　D. 换刀点

3. 数控机床工作时，当发生任何异常现象需要紧急处理时应启动（　　）。

A. 程序停止功能　　B. 暂停功能　　C. 紧停功能

4. ISO 标准规定增量尺寸方式的指令为（　　）。

A. G90　　B. G91　　C. G92　　D. G93

5. 沿刀具进给前进方向观察，刀具偏在工件轮廓的左边是（　　）指令。

A. G40　　B. G41　　C. G42

6. 刀具长度正补偿是（　　）指令，负补偿是（　　）指令，取消补偿是（　　）指令。

A. G43　　B. G44　　C. G49

7. 在铣削工件时，若铣刀的旋转方向与工件的进给方向相反，称为（　　）。

A. 顺铣　　B. 逆铣　　C. 横铣　　D. 纵铣

8. 用于机床开关指令的辅助功能的指令代码是（　　）。

A. F 代码　　B. S 代码　　C. M 代码

9. 圆弧插补段程序中，若采用圆弧半径 R 编程时，从起始点到终点存在两条圆弧线段，当（　　）时，用 $-R$ 表示圆弧半径。

A. 圆弧小于或等于 180°　　B. 圆弧大于或等于 180°

C. 圆弧小于 180°　　D. 圆弧大于 180°

10. 下列程序段中可以实现镜像功能的是（　　）。

A. G52 X0 Y0;　　B. G16 X0 Y0 R90;

C. G51 X0 Y0 I1 J－1;　　D. G68 X0 Y0 R90;

四、编程题

1. 用钻孔循环指令编写如图 3－80 所示的孔。

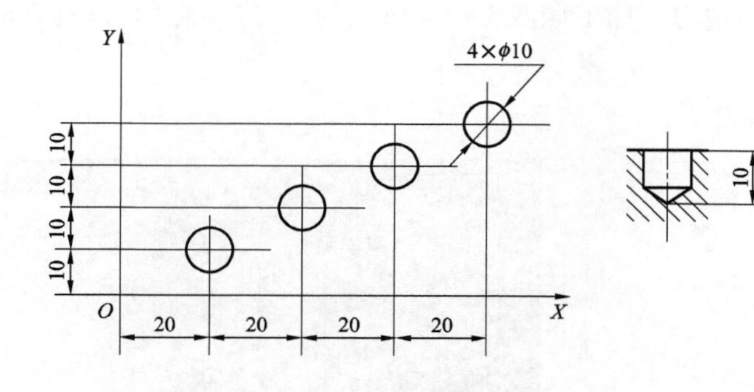

图 3－80　钻孔循环指令

2. 某零件的外形轮廓如图 3－81 所示，切深为 6mm。

刀具：直径为 6mm 的立铣刀。

进刀、退刀方式：安全平面距离零件上表面 10mm，轮廓外形的延长线切入切出。

要求：可以不考虑半径补偿。

加工效果如图 3－82 所示。

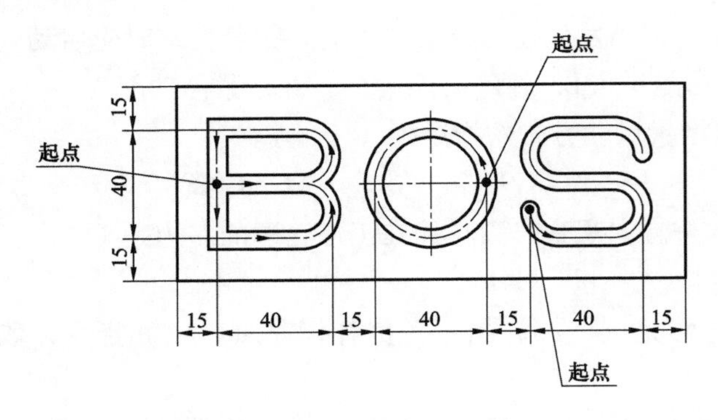

图 3-81 工件加工图示

3. 采用 $\phi5$ 的基准键槽铣刀，加工如图 3-83 所示工件轮廓，切深为 5mm，试用刀径半径补偿编写程序。

图 3-82 加工效果图

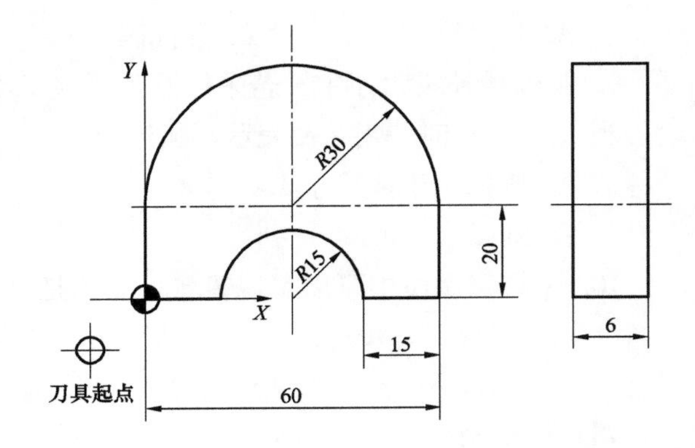

图 3-83 半径补偿

4. 采用 $\phi4$ 的键槽铣刀，加工如图 3-84 所示的“昆”字，切深为 5mm，加工效果图如图 3-85 所示。

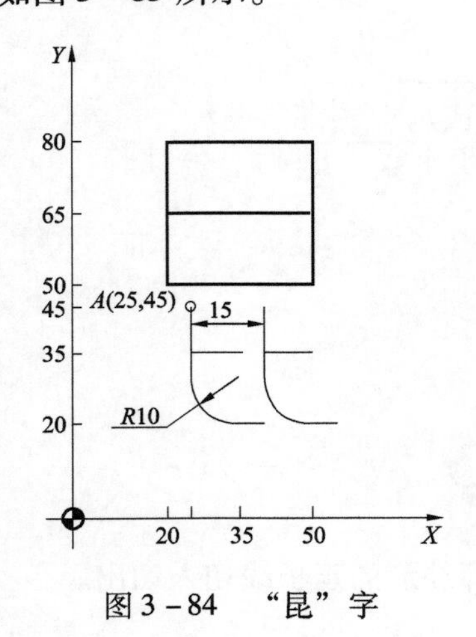

图 3-84 “昆”字

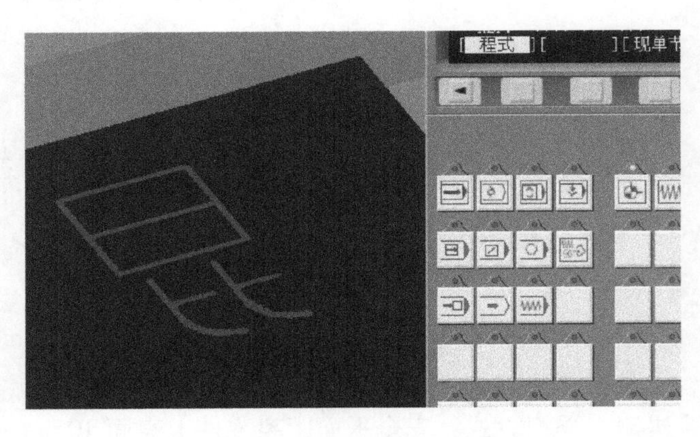

图 3-85 加工效果图

5. 如图 3－86 所示，试编写零件程序并实施加工成形。

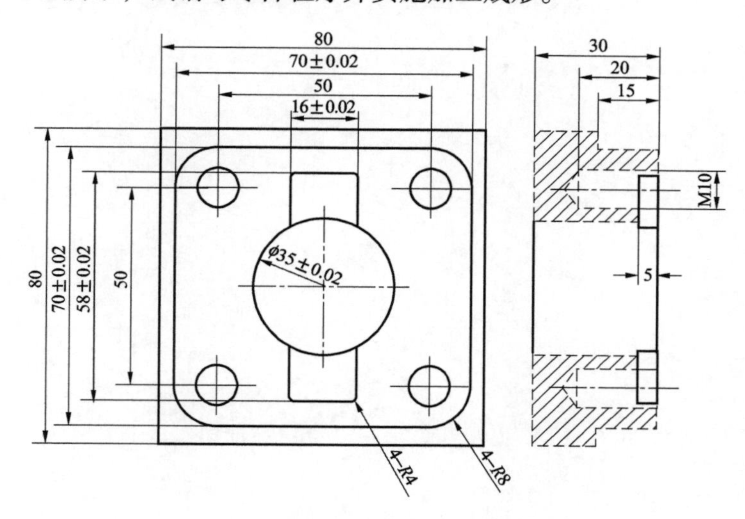

图 3－86　零件尺寸图

6. 如图 3－87 所示试编写零件程序，并实施加工成形。

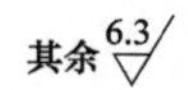

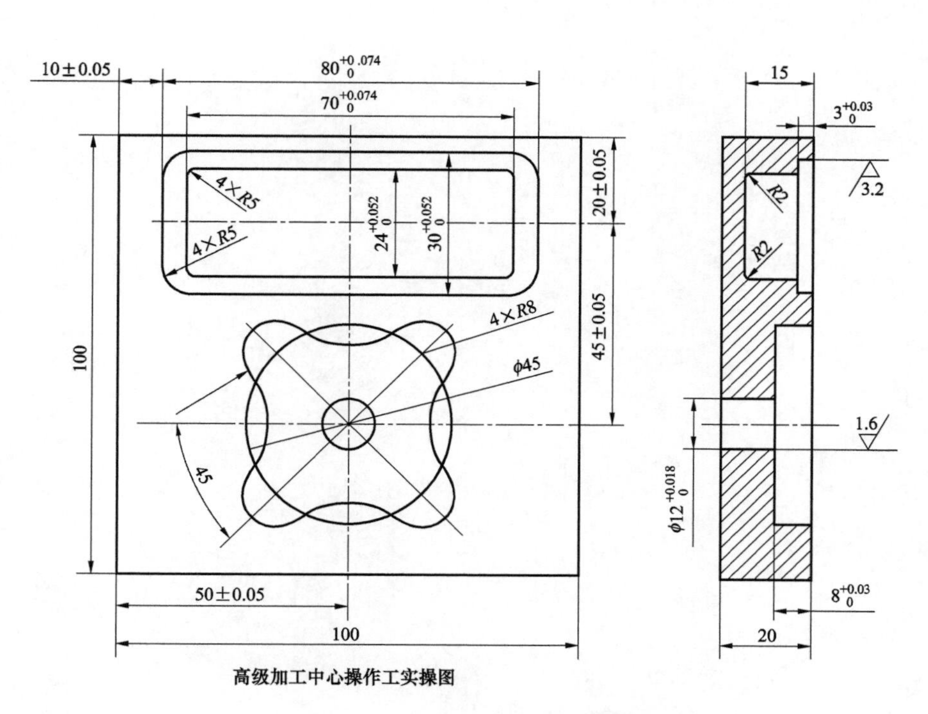

图 3－87　零件尺寸图

第四部分 数控机床操作

小坤通过一段时间的学习，知道了数控机床的基本原理、工艺方法、编写程序的方法，当高师傅把小坤带到真实的机床前时，小坤傻了眼。他委屈地对高师傅说："这机床上的好多按钮和屏幕显示的内空，怎么和前面学习的内容关联起来呢?"高师傅听到了，笑了笑说："理论固然重要，但要和实际结合起来又是另外一回事了，所以我们要进行数控机床的实际操作。"

任务一 FANUC0i Mate-TB 数控车床

4.1 数控系统面板

4.1.1 数控系统面板

数控系统面板如图 4－1 所示。

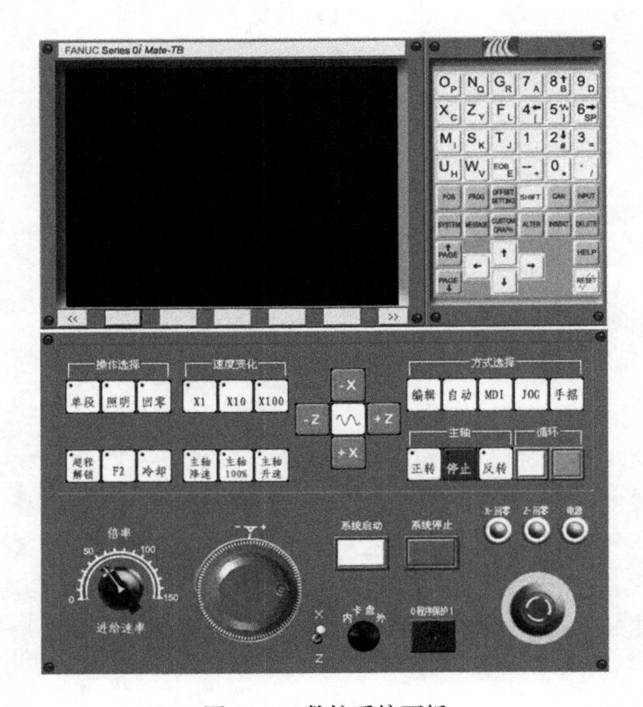

图 4－1　数控系统面板

4.1.2 键盘说明

键盘说明见表 4－1。

表 4－1　　FANUC0iMate－TB 数控车床面板键盘说明

名　称	功　能　说　明
复位键	按下这个键可以使 CNC 复位或者取消报警等
帮助键	当对 MDI 键的操作不明白时，按下这个键可以获得帮助

续表

名 称	功 能 说 明
软键	根据不同的画面，软键有不同的功能。软键功能显示在屏幕的底端
地址和数字键 O_P	按下这些键可以输入字母、数字或者其他字符
切换键 SHIFT	在键盘上的某些键具有两个功能，按下 SHIFT 键可以在这两个功能之间进行切换
输入键 INPUT	当按下一个字母键或者数字键时，再按该键，数据被输入缓冲区，并且显示在屏幕上。要将输入缓冲区的数据复制到偏置寄存器中等，请按下该键。这个键与软键中的 INPUT 键是等效的
取消键 CAN	取消键，用于删除最后一个进入输入缓存区的字符或符号
程序功能键 ALTER、INSERT、DELETE	ALTER：替换键 INSERT：插入键 DELETE：删除键
功能键 POS PROG OFFSET SHITNG SYSTEM MESSKE CUSTOM GRAPH	按下这些键，切换不同功能的显示屏幕
光标移动键 ← ↑ ↓ →	有 4 种不同的光标移动键： → 这个键用于将光标向右或者向前移动 ← 这个键用于将光标向左或者往回移动 ↓ 这个键用于将光标向下或者向前移动 ↑ 这个键用于将光标向上或者往回移动
翻页键 PAGE↑ PAGE↓	有 2 个翻页键： PAGE↓ 该键用于将屏幕显示的页面往前翻页 PAGE↑ 该键用于将屏幕显示的页面往后翻页

4.1.3 功能键和软键

功能键用来选择将要显示的屏幕画面。按下功能键之后再按下与屏幕文字相对的软键，就可以选择与所选功能相关的屏幕。

一、功能键

POS：按下该键以显示位置屏幕。

PROG：按下该键以显示程序屏幕。

OFFSET SHITNG：按下该键以显示偏置/设置（SETTING）屏幕。

SYSTEM：按下该键以显示系统屏幕。

MESSAGE：按下该键以显示信息屏幕。

CUSTOM GRAPH：按下该键以显示用户宏屏幕。

二、软键

要显示一个更详细的屏幕，可以在按下功能键后按软键。

最左侧带有向左箭头的软键为菜单返回键，最右侧带有向右箭头的软键为菜单继续键。

4.1.4 输入缓冲区

当按下一个地址或数字键时，与该键相应的字符就立即被送入输入缓冲区。输入缓冲区的内容显示在 CRT 屏幕的底部。

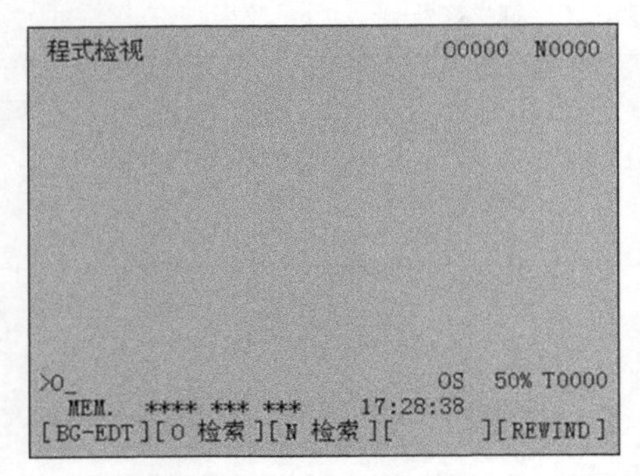

图 4－2 输入缓冲区

为了标明这是键盘输入的数据，在该字符前面会立即显示一个符号“>”。在输入数据的末尾显示一个符号“_”，标明下一个输入字符的位置（见图 4－2）。

为了输入同一个键上右下方的字符，首先按下SHIFT键，然后按下需要输入的键就可以了。例如，要输入字母 P，首先按下SHIFT键，这时 Shift 键变为红色SHIFT，然后按下O P键，缓冲区内就可显示字母 P。再按SHIFT键，Shift 键恢复成原来颜色，表明此时不能输入右下方字符。按下CAN键可取消缓冲区最后输入的字符或者符号。

4.1.5 机床操作面板

机床操作面板如图 4－3 所示。机床操作面板按键说明见表 4－2。

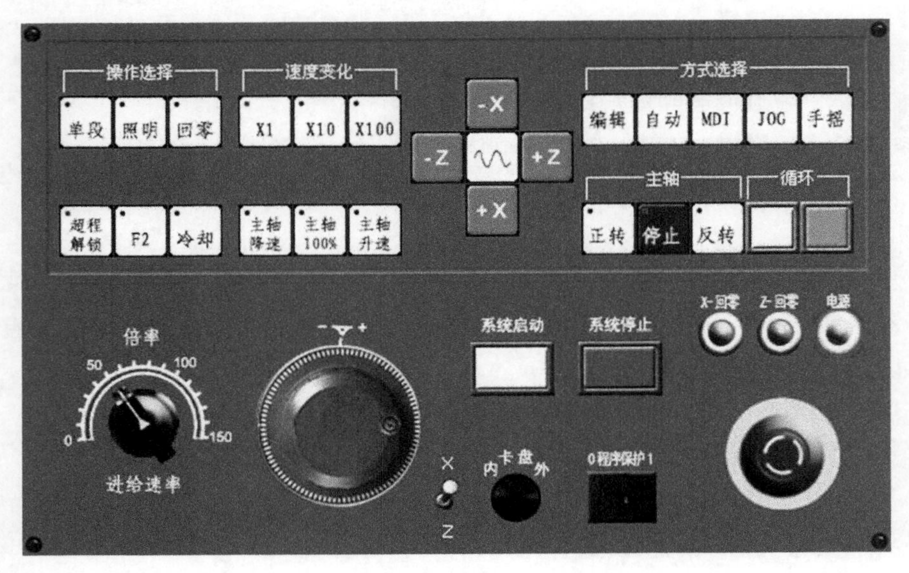

图 4－3 机床操作面板

表 4－2 机床操作面板按键说明

名　称	功 能 说 明
方式选择键 编辑 自动 MDI JOG 手摇	用来选择系统的运行方式： 编辑：按下该键，进入编辑运行方式 自动：按下该键，进入自动运行方式 MDI：按下该键，进入 MDI 运行方式 JOG：按下该键，进入 JOG 运行方式 手摇：按下该键，进入手轮运行方式
操作选择键 单段 照明 回零	用来打开单段、回零操作： 单段：按下该键，进入单段运行方式 回零：按下该键，可以进行返回机床参考点操作（即机床回零）
主轴旋转键 正转 停止 反转	用来打开和关闭主轴： 正转：按下该键，主轴正转 停止：按下该键，主轴停转 反转：按下该键，主轴反转
循环启动/停止键	用来打开和关闭，在自动加工运行和 MDI 运行时都会用到它们
主轴倍率键 主轴降速 主轴100% 主轴升速	在自动或 MDI 方式下，当 S 代码的主轴速度偏高或偏低时，可用来修调程序中编制的主轴速度 按主轴100%（指示灯亮），主轴修调倍率被置为 100%，按一下主轴升速，主轴修调倍率递增 5%；按一下主轴降速，主轴修调倍率递减 5%
超程解除 超程解锁	用来解除超程警报
进给轴和方向选择开关 -X -Z +Z +X	用来选择机床要移动的轴和方向其中的〜为快进开关。当按下该键后，该键变为红色，表明打开快进功能。再按一下该键，该键的颜色恢复成白色，表明快进功能关闭

续表

名　　称	功 能 说 明
JOG 进给倍率刻度盘 倍率 50 100 0 150 进给速率	用来调节 JOG 进给的倍率，倍率值从 0% ~150%，每格为 10% 左键单击旋钮，旋钮逆时针旋转一格；右键单击旋钮，旋钮顺时针旋转一格
系统启动/停止 系统启动 系统停止	用来打开和关闭数控系统
电源/回零指示灯 X-回零 Z-回零 电源	用来表明系统是否开机和回零的情况。当系统开机后，电源灯始终亮着。当进行机床回零操作时，某轴返回零点后，该轴的指示灯亮，离开参考点，则熄灭
“急停”键	用于锁住机床。按下“急停”键时，机床立即停止运动 抬起“急停”键后，该键下方有阴影，见图（a）；按下“急停”键时，该键下方没有阴影，见图（b） （a）　（b）

4.1.6 手轮面板

手轮面板按钮说明见表 4 –3。

表 4 –3　手轮面板按钮说明

名　　称	功 能 说 明
手轮进给倍率键 X1 X10 X100	用于选择手轮移动倍率。按下所选的倍率键后，该键左上方的红灯亮。 X1 为 0.001、X10 为 0.010、X100 为 0.100

续表

名　称	功 能 说 明
手轮	手轮模式下用来使机床移动 左键单击手轮旋钮，手轮逆时针旋转，机床向负方向移动右键单击手轮旋钮，手轮顺时针旋转，机床向正方向移动 鼠标单击手轮旋钮即松手，则手轮旋转刻度盘上的一格，机床根据所选择的移动倍率移动一个档位。如果鼠标按下后不松开，则3s后手轮开始连续旋转，同时机床根据所选择的移动倍率进行连续移动，松开鼠标后，机床停止移动
手轮进给轴选择开关	手轮模式下用来选择机床要移动的轴 单击开关，开关扳手向上指向 X，表明选择的是 X 轴；开关扳手向下指向 Z，表明选择的是 Z 轴

4.2 通 电 开 机

进入系统后的第一件事是接通系统电源。

操作步骤如下：

按下机床面板上的“系统启动”键，接通电源，显示屏由原先的黑屏变为有文字显示，电源指示灯亮。按“急停”键，使急停键抬起。这时系统完成上电复位，可以进行后面各章的操作。

4.3 手 动 操 作

手动操作主要包括手动返回机床参考点和手动移动刀具。电源接通后，首先要做的事就是将刀具移到参考点，然后可以使用按钮或开关，使刀具沿各轴运动。手动移动刀具包括 JOG 进给、增量进给、手轮进给。

4.3.1 手动返回参考点

手动返回参考点就是用机床操作面板上的按钮或开关，将刀具移动到机床的参考点。

操作步骤如下：

在方式选择键中按下 JOG 键。这时数控系统屏幕左下方显示状态为 JOG。在操作选择键中按下“回零”键。这时该键左上方的小红灯亮；在坐标轴选择键中按下“+X”键，X 轴返回参考点，同时 X 回零指示灯亮；依上述方法，按下“+Z”键，Z 轴返回参考点，同时 Z 回零指示灯亮。

4.3.2 JOG 进给

JOG 进给就是手动连续进给。在 JOG 方式下，按机床操作面板上的进给轴和方向选择开关，机床沿选定轴的选定方向移动。

手动连续进给速度可用 JOG 进给倍率刻度盘调节。

操作步骤如下：

按下 JOG 按键，系统处于 JOG 运行方式。按下进给轴和方向选择开关，机床沿选定轴的选定方向移动。可在机床运行前或运行中使用 JOG 进给倍率刻度盘，根据实际需要调节进给速度。如果在按下进给轴和方向选择开关前按下快速移动开关，则机床按快速移动速度运行。

4.3.3 手轮进给

在手轮方式下，可使用手轮使机床发生移动。

操作步骤如下：

按“手摇”键，进入手轮方式。

按手轮进给轴选择开关，选择机床要移动的轴。

按手轮进给倍率键，选择移动倍率。根据需要移动的方向，按下手轮旋钮，手轮旋转，同时机床发生移动。

鼠标单击手轮旋钮即松手，则手轮旋转刻度盘上的一格，机床根据所选择的移动倍率移动一个档位。如果鼠标按下后不松开，则 3s 后手轮开始连续旋转，同时机床根据所选择的移动倍率进行连续移动，松开鼠标后，机床停止移动。

4.4 自动运行

自动运行就是机床根据编制的零件加工程序来运行，自动运行包括存储器运行和 MDI 运行。

4.4.1 存储器运行

存储器运行就是指将编制好的零件加工程序存储在数控系统的存储器中，调出要执行的程序来使机床运行。

按“编辑”键进入编辑运行方式。

按数控系统面板上的 PROG 键。按数控屏幕下方的软键 DIR 键，屏幕上显示已经存储在存储器里的加工程序列表，按地址键 O。

按数字键输入程序号。

按数控屏幕下方的软键 O 检索键。这时被选择的程序就被打开显示在屏幕上。按自动键，进入自动运行方式。

按机床操作面板上的循环键中的白色启动键，开始自动运行。运行中按下循环键中的红色暂停键，机床将减速停止运行。再按下白色启动键，机床恢复运行。

如果按下数控系统面板上的 Reset 键，自动运行结束并进入复位状态。

4.4.2 MDI 运行

MDI 运行是指用键盘输入一组加工命令后，机床根据这个命令执行操作。

按 MDI 键，进入 MDI 运行方式。

按数控系统面板上的 PROG 键，屏幕上显示如图 4－4 所示的画面。程序号 O0000 是自动生成的。

像编制普通零件加工程序那样编制一段程序。

按软键 REWIND 键，使光标返回程序头。

按机床操作面板上循环键中的白色启动键开始运行。当执行到结束代码（M02，M30）或% 时，运行结束并且程序自动删除。

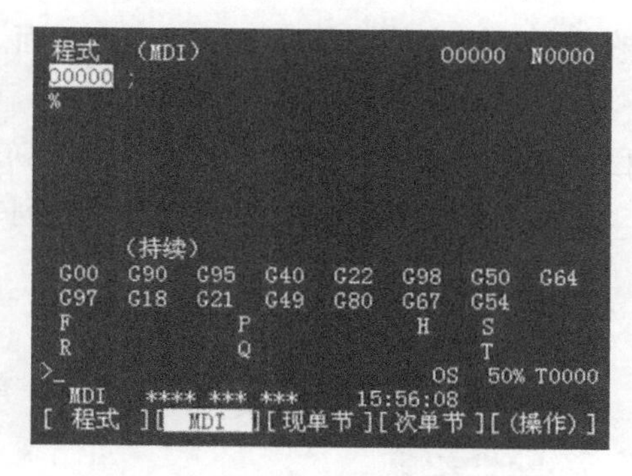

图 4－4 按下数控系统面板上的 PROG 键后的屏幕

运行中按下循环键中的红色暂停键，机床将减速停止运行。再按下“白色启动”键，机床恢复运行。

如果按下数控系统面板上的 Reset 键，自动运行结束并进入复位状态。

4.4.3 程序再启动

该功能指定程序段的顺序号即程序段号，以便下次从指定的程序段开始重新启动加工。

该功能有两种再启动方法：P 型和 Q 型。

P 型操作可在程序的任何地方开始重新启动。程序再起动的程序段不必是被中断的程序段，可在任何程序段再启动。当执行 P 型再启动时，再启动程序段必须使用与被中断时相同的坐标系。

Q 型操作在重新启动前机床必须移动到程序起点。

4.4.4 单段

单段方式通过逐段执行程序的方法来检查程序。

操作步骤如下：

按操作选择键中的单段键，进入单段运行方式。按下“循环启动”按钮，执行程序的一个程序段，然后机床停止。再按下“循环启动”按钮，执行程序的下一个程序段，机床停止。

如此反复，直到执行完所有程序段。

4.5 创建和编辑程序

下列各项操作均是在编辑状态、程序被打开的情况下进行的。

4.5.1 创建程序

在机床操作面板的方式选择键中按“编辑”键，进入编辑运行方式。按系统面板上的PROG键，数控屏幕上显示程式序面。使用字母和数字键，输入程序号。

按“插入”键。这时程序屏幕上显示新建立的程序名和结束符%，接下来可以输入程序内容。新建的程序会自动保存到DIR画面中的零件程序列表里。但这种保存是暂时的，退出VNUC系统后，列表里的程序列表会消失。

4.5.2 字的检索

按“操作”软键，。按最右侧带有向右箭头的菜单继续键，直到软键中出现“检索”软键。

输入需要检索的字。例如，要检索M03，则输入M03。按“检索”键。带向下箭头的检索键为从光标所在位置开始向程序后面检索，带向上箭头的检索键为从光标所在位置开始向程序前面进行检索。可以根据需要选择一个检索键；光标找到目标字后，定位在该字上。

4.5.3 跳到程序头

当光标处于程序中间，而需要将其快速返回到程序头时，可使用下列两种方法。

方法一：按下“复位”键，光标即可返回到程序头。

方法二：连续按软键最右侧带向右箭头的菜单继续键，直到软键中出现REWIND键。按下该键，光标即可返回到程序头。

4.5.4 字的插入

本例要在第一行的最后插入“X20.”。

使用光标移动键，将光标移到需要插入的后一位字符上。这里将光标移到“;”上；输入要插入的字和数据：X20.，按下“插入”键；“X20.”被插入。

4.5.5 字的替换

使用光标移动键，将光标移到需要替换的字符上；输入要替换的字和数据；按下“替换”键；光标所在的字符被替换，同时光标移到下一个字符上。

4.5.6 字的删除

使用光标移动键，将光标移到需要删除的字符上，按下“删除”键；光标所在的字符被删除，同时将光标移到被删除字符的下一个字符上。

4.5.7 输入过程中的删除

在输入过程中，即字母或数字还在输入缓存区、没有按“插入”键时，可以使用“取消”键来进行删除。每按一下，则删除一个字母或数字。

4.5.8 程序号检索

在机床操作面板的方式选择键中按“编辑”键，进入编辑运行方式。

按 PROG 键，数控屏幕上显示程序画面，屏幕下方出现软键程式、DIR。默认进入的是程序画面，也可以按 DIR 键进入 DIR 画面即加工程序列表页。

输入地址键 O。

按数控系统面板上的数字键，输入要检索的程序号。

按软键［O 检索］。

被检索到的程序被打开显示在程序画面里。如果第二步中按 DIR 键进入 DIR 画面，那么这时屏幕画面会自动切换到程序画面，并显示所检索的程序内容。

4.5.9 删除程序

在机床操作面板的方式选择键中按“编辑”键，进入编辑运行方式。

按 PROG 键，数控屏幕上显示程序画面。

按软键 DIR 键进入 DIR 画面，即加工程序列表页。

输入地址键 O。

按数控系统面板上的数字键，输入要检索的程序号。

按数控系统面板上的 DELETE 键，输入程序号的程序被删除。注意，如果删除的是从电脑中导入的程序，那么这种删除只是将其从当前的程序列表中删除，并没有将其从电脑中删除，以后仍然可以通过从外部导入程序的方法再次将其打开和加入列表。

4.5.10 输入加工程序

单击菜单栏“文件”→“加载 NC 代码文件”，弹出 Windows 打开文件对话框。

从电脑中选择代码存放的文件夹，选中代码，按“打开”键。

按程序键，显示屏上显示该程序。同时该程序文件被放进程序列表里。在编辑状态下，按 PROG 键，再按软键 DIR 键，就可以在程序列表中看到该程序的程序名。

4.5.11 保存代码程序

单击菜单栏“文件”→“保存 NC 代码文件”。弹出 Windows 另存为文件对话框。

从电脑中选择存放代码的文件夹，按“保存”键。这样该加工程序就被保存在电脑中了。

4.6 设定和显示数据

4.6.1 设定和显示刀具补偿值

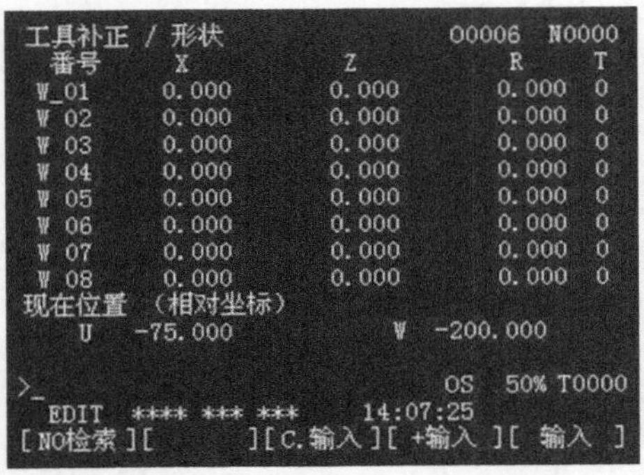

```
工具补正 / 形状                      O0006  N0000
 番号      X           Z            R     T
 W_01     0.000       0.000        0.000  0
 W 02     0.000       0.000        0.000  0
 W 03     0.000       0.000        0.000  0
 W 04     0.000       0.000        0.000  0
 W 05     0.000       0.000        0.000  0
 W 06     0.000       0.000        0.000  0
 W 07     0.000       0.000        0.000  0
 W 08     0.000       0.000        0.000  0
现在位置 （相对坐标）
   U   -75.000              W   -200.000
>_                              OS   50% T0000
 EDIT  **** *** ***      14:07:25
[NO检索][      ][C.输入][+输入 ][ 输入 ]
```

图 4－5　按下“偏置/设置”键后的界面

按“编辑”键进入编辑运行方式。

按“偏置/设置”键OFFSET SHIFTING，显示工具补正/形状界面，如图 4－5 所示。

按软键“补正”，再按软键“形状”，然后再按软键“操作”，在软键中按下“NO 检索”，屏幕上出现刀具形状列表。

输入一个值并按下软键“输入”键，就完成了刀具补偿值的设定。

例如，要设定 W03 号的 *X* 值为 2，先用光标键中的↓将光标移到 W03，如图 4－6 所示。

输入数值Xc 2。按软键“输入”键。这时该值显示为新输入的数值，如图 4－7 所示。

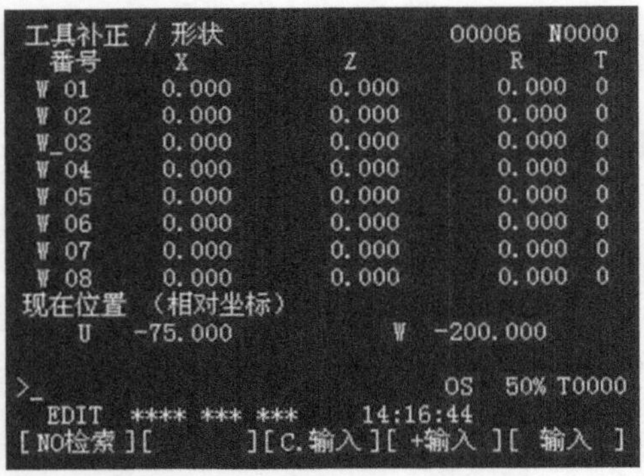

```
工具补正 / 形状                      O0006  N0000
 番号      X           Z            R     T
 W 01     0.000       0.000        0.000  0
 W 02     0.000       0.000        0.000  0
 W_03     0.000       0.000        0.000  0
 W 04     0.000       0.000        0.000  0
 W 05     0.000       0.000        0.000  0
 W 06     0.000       0.000        0.000  0
 W 07     0.000       0.000        0.000  0
 W 08     0.000       0.000        0.000  0
现在位置 （相对坐标）
   U   -75.000              W   -200.000
>_                              OS   50% T0000
 EDIT  **** *** ***      14:16:44
[NO检索][      ][C.输入][+输入 ][ 输入 ]
```

图 4－6　光标键移到 W03 后的界面

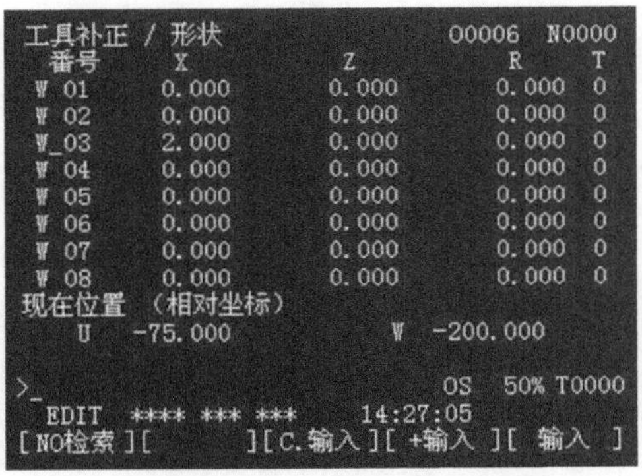

```
工具补正 / 形状                      O0006  N0000
 番号      X           Z            R     T
 W 01     0.000       0.000        0.000  0
 W 02     0.000       0.000        0.000  0
 W_03     2.000       0.000        0.000  0
 W 04     0.000       0.000        0.000  0
 W 05     0.000       0.000        0.000  0
 W 06     0.000       0.000        0.000  0
 W 07     0.000       0.000        0.000  0
 W 08     0.000       0.000        0.000  0
现在位置 （相对坐标）
   U   -75.000              W   -200.000
>_                              OS   50% T0000
 EDIT  **** *** ***      14:27:05
[NO检索][      ][C.输入][+输入 ][ 输入 ]
```

图 4－7　输入数值后的界面

4.6.2 设定和显示工件原点偏移值

按编辑键进入编辑运行方式。按下“偏置/设置”键OFFSET SHIFTING。按下“坐标系”软键坐标系。

屏幕上显示工件坐标系设定界面，如图 4－8 所示。该屏幕包含两页，可使用翻页键翻到所需要的页面。

使用光标键将光标移动到想要改变的工件原点偏移值上。例如，要设定 G54 X20.

Z30.，首先将光标移到 G54 的 X 值上。

使用数字键输入数值“20”，然后按“输入”键或者按软键“输入”键，如图 4－9 所示。

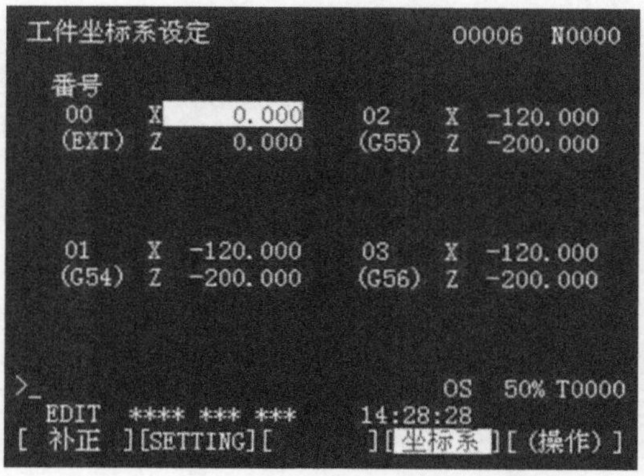

图 4－8 “工件坐标系设定”界面

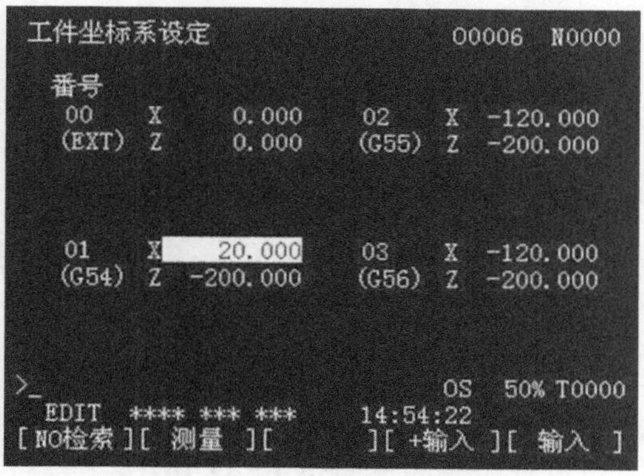

图 4－9 输入 X 数值

将光标移到 Z 值上，输入数值“30”，如图 4－10 所示，然后按输入键或者按软键“输入”键。

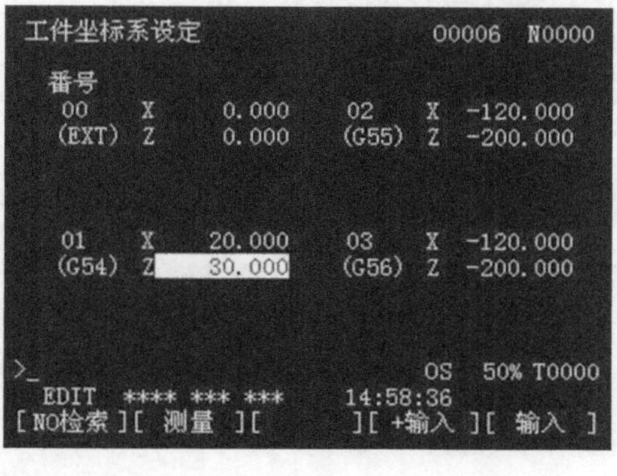

图 4－10 输入 Z 数值

如果要修改输入的值，可以直接输入新值，然后按“输入”键或者按软键“输入”。如果输入一个数值后按软键“＋输入”，那么当光标在 X 值上时，系统会将输入的值除以 2 然后和当前值相加，而当光标在 Z 值上时，系统直接将输入的值和当前值相加。

FANUC0i M 三轴立式加工中心

小坤通过前面对数控车床基本操作的了解，掌握了操作车床的基本要领。高师傅趁热打铁，接下来开始让小坤学习加工中心的基本操作方法。

4.7　数 控 系 统 面 板

4.7.1　数控系统面板

数控系统面板如图 4－11 所示。

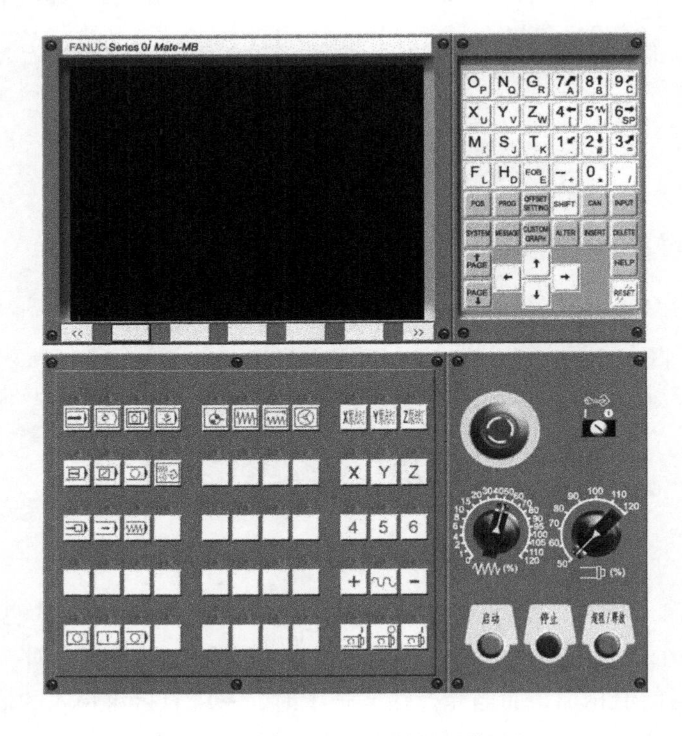

图 4－11　FANUC0i M 数控系统面板

4.7.2　键盘说明

键盘说明见表 4－4。

表 4－4　　FANUC0i M 键盘功能说明

编号	名　称	功　能　说　明
1	复位键 RESET	按下这个键可以使 CNC 复位或者取消报警等
2	帮助键 HELP	当对 MDI 键的操作不明白时，按下这个键可以获得帮助
3	软键	根据不同的画面，软键有不同的功能。软键功能显示在屏幕的底端
4	地址和数字键 O P	按下这些键可以输入字母、数字或者其他字符
5	切换键 SHIFT	在键盘上的某些键具有两个功能。按下“SHIFT”键可以在这两个功能之间进行切换
6	输入键 INPUT	当按下一个字母键或者数字键时，再按该键数据被输入到缓冲区，并且显示在屏幕上。要将输入缓冲区的数据拷贝到偏置寄存器中等，请按下该键。这个键与软键中的［INPUT］键是等效的
7	取消键 CAN	取消键，用于删除最后一个进入输入缓存区的字符或符号
8	程序功能键 ALTER、INSERT、DELETE	ALTER：“替换”键 INSERT：“插入”键 DELETE：“删除”键
9	功能键 POS PROG OFFSET SETTING SYSTEM MESSAGE CUSTOM GRAPH	按下这些键，切换不同功能的显示屏幕
10	光标移动键 ← ↑ ↓ →	有 4 种不同的光标移动键： → 这个键用于将光标向右或者向前移动 ← 这个键用于将光标向左或者往回移动 ↓ 这个键用于将光标向下或者向前移动 ↑ 这个键用于将光标向上或者往回移动
11	翻页键 ↑PAGE PAGE↓	有 2 个翻页键： PAGE↓ 该键用于将屏幕显示的页面往前翻页 ↑PAGE 该键用于将屏幕显示的页面往后翻页

4.7.3　功能键和软键

功能键用来选择将要显示的屏幕画面。按下功能键之后再按下与屏幕文字相对的软键，就可以选择与所选功能相关的屏幕。

一、功能键

POS：按下该键以显示位置屏幕。

PROG：按下该键以显示程序屏幕。

OFFSET SETTING：按下该键以显示偏置/设置（SETTING）屏幕。

SYSTEM：按下该键以显示系统屏幕。

MESSAGE：按下该键以显示信息屏幕。

CUSTOM GRAPH：按下该键以显示用户宏屏幕。

二、软键

要显示一个更详细的屏幕，可以在按下功能键后按软键。

最左侧带有向左箭头的软键为菜单返回键，最右侧带有向右箭头的软键为菜单继续键。

4.7.4 输入缓冲区

当按下一个地址或数字键时，与该键相应的字符就立即被送入输入缓冲区。输入缓冲区的内容显示在 CRT 屏幕的底部。

为了标明这是键盘输入的数据，在该字符前面会立即显示一个符号“ > ”。在输入数据的末尾显示一个符号“_”标明下一个输入字符的位置（见图 4－12）。

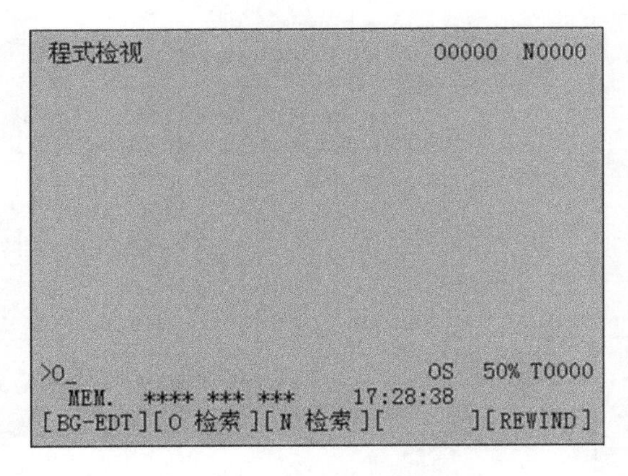

图 4－12 输入字符

为了输入同一个键上右下方的字符，首先按下 SHIFT 键，然后按下需要输入的键即可。例如，要输入字母 P，首先按下 SHIFT 键，这时 Shift 键变为红色 SHIFT，然后按下 O_P 键，缓冲区内就可显示字母 P。再按一下 SHIFT 键，Shift 键恢复成原来颜色，表明此时不能输入右下方字符。

按下 CAN 键可取消缓冲区最后输入的字符或者符号。

4.7.5 机床操作面板

机床操作面板见表 4－5。

表 4－5 机床操作面板

按键	功能	按键	功能
	自动键		编辑键
	MDI		连续点动键

续表

按键	功　能	按键	功　能
	返回参考点键		手轮键
	增量键		跳过键
	单段键		循环启动键
	空运行键	Y原点灯	当 *Y* 轴返回参考点时，*Y* 原点灯亮
	进给暂停键	X	*X* 键
	进给暂停指示灯	Z	*Z* 键
X原点灯	当 *X* 轴返回参考点时，*X* 原点灯亮		快进键
Z原点灯	当 *Z* 轴返回参考点时，*Z* 原点灯亮		主轴停键
Y	*Y* 键		主轴正转键
+	坐标轴正方向键		主轴反转键
−	坐标轴负方向键		急停键
	进给速度修调		主轴速度修调
启动	启动电源键	停止	关闭电源键

4.7.6　手轮面板

手轮面板如图 4－13 所示。手轮面板按键功能见表 4－6。

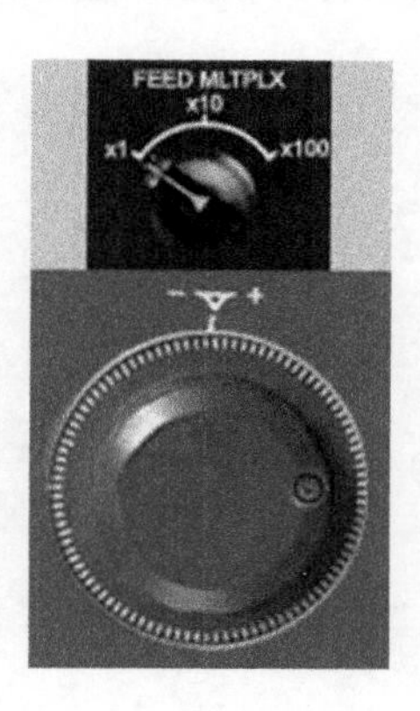

图 4－13　手轮面板

表 4－6 手轮面板按键功能

按键	功　能
	手轮进给放大倍数开关。按鼠标右键，旋钮顺时针旋转。按鼠标左键，旋钮逆时针旋转。每按动一下，旋钮向相应的方向移动一个挡位
	手轮。按鼠标右键，旋钮顺时针旋转。按鼠标左键，旋钮逆时针旋转。使用手轮进给的方法有两种：按一下就松开，所选择的轴将向正向或负向移动一个选定的值。如果按住不放，则所选择的轴将向正向或负向发生连续移动

4.8 通　电　开　机

进入系统后的第一件事是接通系统电源。

操作步骤如下：

按下机床面板上的“系统启动”键，接通电源，显示屏由原先的黑屏变为有文字显示，电源指示灯亮。

按“急停”键，使急停键抬起。

这时系统完成上电复位，可以进行后面各章的操作。

4.9 手　动　操　作

4.9.1　手动返回参考点

按下返回参考点键。

按下 X 键，再按下“＋”键，X 轴返回参考点，同时 X 原点灯亮。

依上述方法，依此按下 Y 键、“＋”键、Z 键、“＋”键，Y、Z 轴返回参考点，同时 Y、Z 原点灯亮。

4.9.2　手动连续进给

按下“连续点动”按键，系统处于连续点动运行方式。选择进给速度。按下 X 键（指示灯亮），再按住“＋”键或“－”键，X 轴产生正向或负向连续移动；松开“＋”

键或“－”键，X 轴减速停止。

依同样方法按下 Y 键，再按住“＋”键或“－”键，或按下 Z 键，再按住“＋”键或“－”键，使 Y、Z 轴产生正向或负向连续移动。

4.9.3 点动进给速度选择

使用机床控制面板上的进给速度修调旋钮（见图 4－14）选择进给速度。右键单击该旋钮，修调倍率递增；左键单击该旋钮，修调倍率递减。用右键每单击一下，增加 5%；用左键每单击一下，修调倍率递减 5%。

4.9.4 增量进给

按下“增量”按键，系统处于增量运行方式。按下 X 键（指示灯亮），再按一下“＋”键或“－”键，X 轴将向正向或负向移动一个增量值；依同样的方法，按下 Y 键，再按住“＋”键或“－”键，或按下 Z 键，再按住“＋”键或“－”键，使 Y、Z 轴向正向或负向移动一个增量值。

4.9.5 手轮进给

按下“手轮”按键，系统处于手轮运行方式；单击菜单栏“显示”→“显示手轮”，或者右键单击机床任意处，在弹出的右键菜单中选择“显示手轮”，打开手轮面板；通过 FEED MLTPLX 选择倍率，如图 4－15 所示。

图 4－14 “进给速度修调”旋钮

图 4－15 FEED MLTPLX

根据移动方向，左键单击手轮，使之顺时针旋转；或右键单击手轮，使之逆时针旋转。

4.10 自动运行操作

4.10.1 选择和启动零件程序

按下自动键，系统进入自动运行方式；选择系统主窗口菜单栏“数控加工”→“加工代码”→“读取代码”，弹出 Windows 打开文件窗口，在电脑中选择事先做好的程序文件，选中并按下窗口中的“打开”键将其打开；按“循环启动”键（指示灯亮），系统执行程序。

4.10.2 停止、中断零件程序

停止：如果要中途停止，可以按下“循环启动”键左侧的进给暂停键，这时机床停止运行，并且循环启动键的指示灯灭、进给暂停指示灯亮。再按“循环启动”键，就能恢复被停止的程序。

中断：按下数控系统面板上的复位键，可以中断程序加工，再按“循环启动”键，程序将从头开始执行。

4.10.3 MDI运行

按下MDI键，系统进入MDI运行方式；按下系统面板上的程序键，打开程序屏幕，系统会自动显示程序号O0000，如图4-16所示。

用程序编辑操作编制一个要执行的程序；使用光标键，将光标移动到程序头；按“循环启动”键（指示灯亮），程序开始运行。当执行程序结束语句（M02或M30）或者%后，程序自动清除并且运行结束。

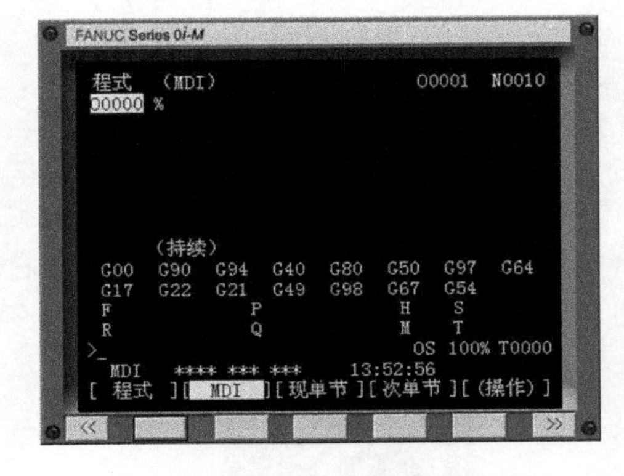

图4-16 MDI运行方式屏幕显示

4.10.4 停止、中断MDI运行

停止：如果要中途停止，可以按下“循环启动”键左侧的进给暂停键，这时机床停止运行，并且循环启动键的指示灯灭、进给暂停指示灯亮。再按“循环启动”键，就能恢复运行。

中断：按下数控系统面板上的“复位”键，可以中断MDI运行。

4.11 创建和编辑程序

4.11.1 新建程序

按下机床面板上的“编辑”键，系统处于编辑运行方式；按下系统面板上的“程序”键，显示程序屏幕；使用字母和数字键，输入程序号。例如，输入程序号：O0006；

按下系统面板上的“插入”键；这时程序屏幕上显示新建立的程序名，接下来可以输入程序内容，如图4-17所示。

在输入到一行程序的结尾时，先按EOB键生成“;”，然后再按“插入”键。这样程

序会自动换行，光标出现在下一行的开头。

4.11.2 从外部导入程序

单击菜单栏“文件”→“加载 NC 代码文件”，弹出 Windows 打开文件对话框；从电脑中选择代码存放的文件夹，选中代码，按“打开”键；按“程序”键，屏幕上显示该程序。同时该程序名会自动加入到 DRCTRY MEMORY 程序名列表中。

4.11.3 打开目录中的文件

在编辑方式下，按“程序”键；按系统显示屏下方与 DIR 对应的软键（图中白色光标所指的键）；显示 DRCTRY MEMORY 程序名列表。例如，图 4-18 中要打开 O0100 程序。

先使用字母和数字键，输入程序名。在输入程序名的同时，系统界面下方出现“O 检索”软键，如图 4-19 所示；输完程序名后，按 O 检索软键，如图 4-20 所示；界面上即显示出 O0100 这个程序的程序内容。

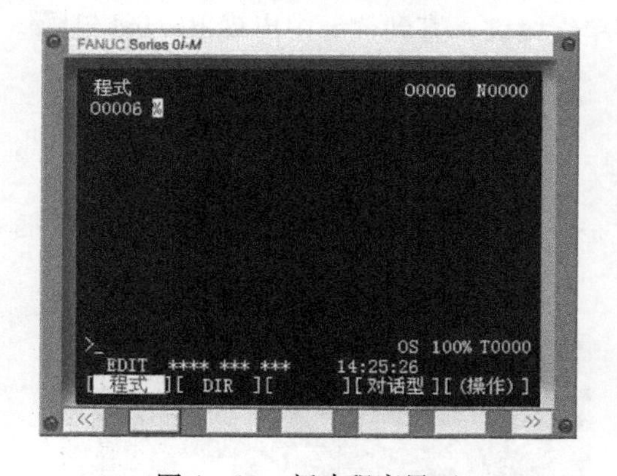

图 4-17 新建程序界面

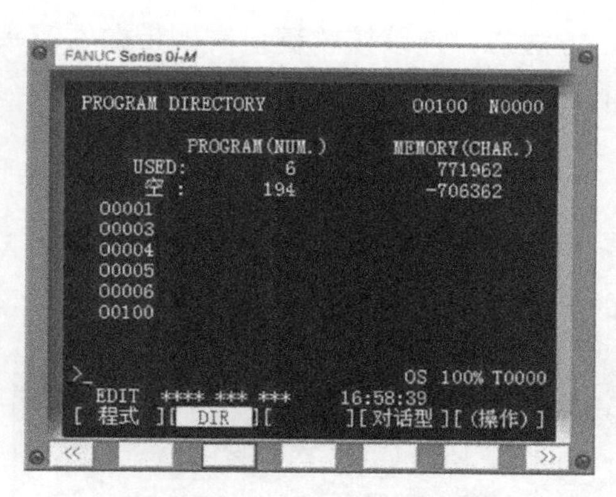

图 4-18 打开目录中的文件

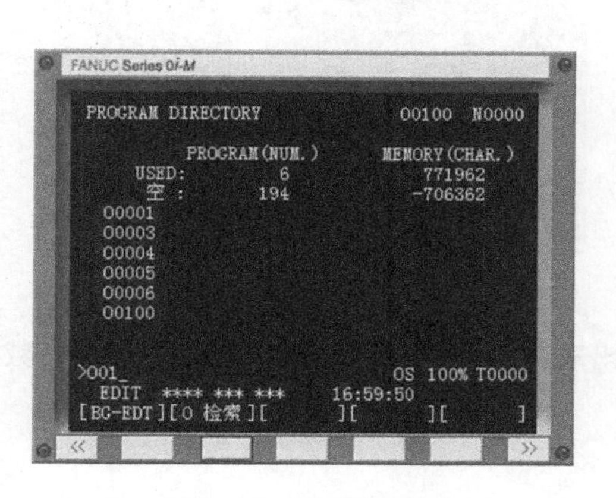

图 4-19 输入程序名

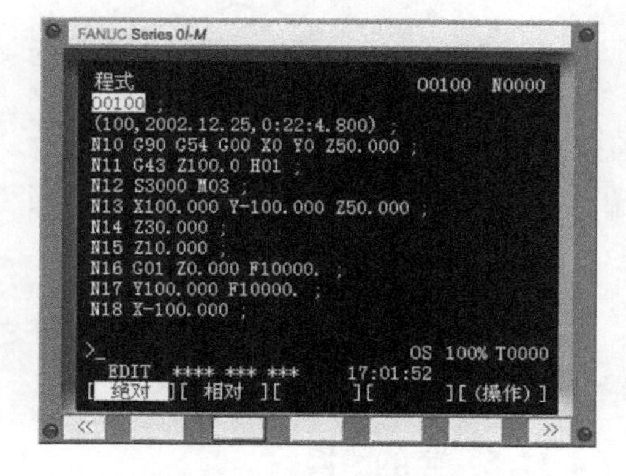

图 4-20 按 O 检索软键后的界面

4.11.4 编辑程序

下列各项操作均是在编辑状态、程序被打开的情况下进行的。

4.11.5 字的检索

按“操作”软键；按最右侧带有向右箭头的菜单继续键，直到软键中出现“检索”软键；输入需要检索的字。例如，要检索 M03，则输入“M03”，如图 4－21 所示；按检索键。带向下箭头的检索键为从光标所在位置开始向程序后面检索，带向上箭头的检索键为从光标所在位置开始向程序前面进行检索。可以根据需要选择一个检索键；光标找到目标字后，定位在该字上。

4.11.6 跳到程序头

当光标处于程序中间，而需要将其快速返回到程序头时，可使用下列两种方法。

方法一：按下“复位”键，光标即可返回到程序头。

方法二：连续按软键最右侧带向右箭头的菜单继续键，直到软键中出现 Rewind 键。按下该键，光标即可返回到程序头。

4.11.7 字的插入

使用光标移动键，将光标移到需要插入的后一位字符上，如图 4－22 所示；输入要插入的字和数据：X20.，如图 4－23 所示。

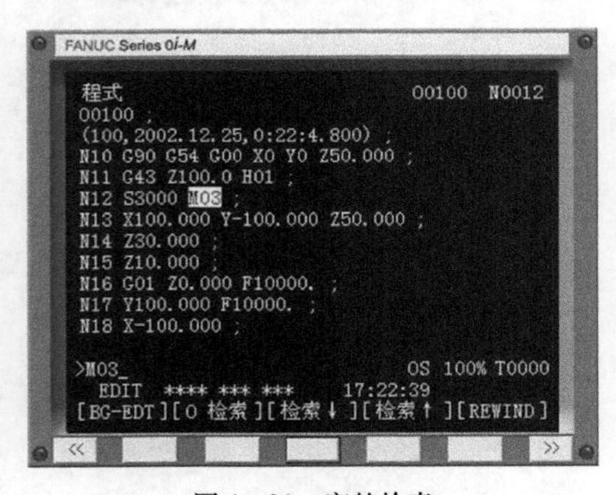

图 4－21 字的检索

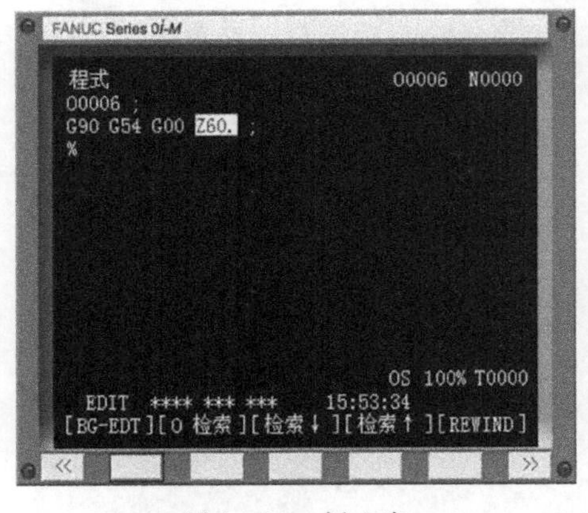

图 4－22 插入字

按下“插入”键；光标所在的字符之前出现新插入的数据，同时将光标移到该数据上，如图 4－24 所示。

4.11.8 字的替换

使用光标移动键，将光标移到需要替换的字符上；输入要替换的字和数据；按下“替换”键；光标所在的字符被替换，同时光标移到下一个字符上。

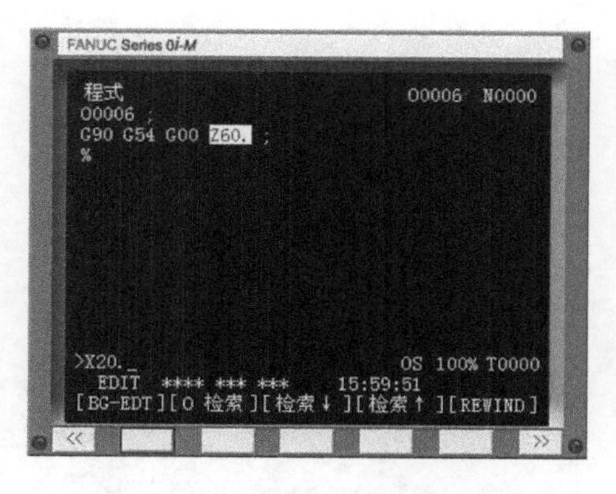

图4－23　输入要插入的字

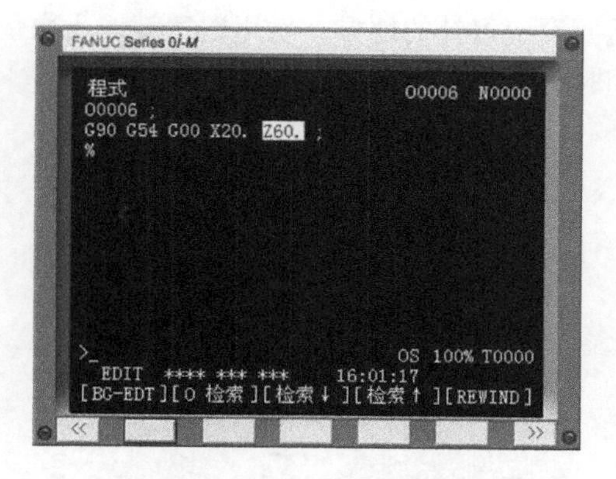

图4－24　按下“插入”键后输入的字被插入

4.11.9　字的删除

使用光标移动键，将光标移到需要删除的字符上；按下“删除”键DELETE；光标所在的字符被删除，同时将光标移到被删除字符的下一个字符上。

4.11.10　输入过程中的删除

在输入过程中，即字母或数字还在输入缓存区、没有按“插入”键INSRT时，可以使用取消键来进行删除。

每按一下CAN，删除一个字母或数字。

4.11.11　删除目录中的文件

在编辑方式下，按“程序”键PROG；按DIR软键；显示DRCTRY MEMORY程序名列表；使用字母和数字键，输入要删除的程序名。

按系统面板上的“删除”键DELETE，该程序将从程序名列表中删除。注意，如果删除的是从电脑中导入的程序，那么这种删除只是将其从当前系统的程序列表中删除，并没有将其从电脑中删除，以后仍然可以通过从外部导入程序的方法再次将其打开和加入列表。

4.12　设定和显示数据

4.12.1　设置刀具补偿值

按下“编辑”键，进入编辑运行方式；按下“偏置/设置”键OFFSET SETTING；显示工具补正界面，如图4－25所示。如果显示屏幕上没有显示该界面，可以按“补正”软键打开该界面。

例如，要设定009号刀的形状值为“－1.000”，可以使用翻页键和光标键将光标移到需要设定刀补的地方；使用数字键输入数值“-1.”，如图4-26所示。在输入数字键的同时，软键中出现输入键。

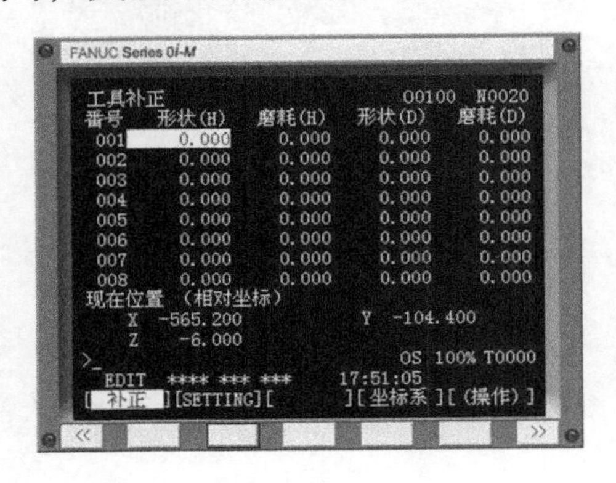

图4-25 工具补正

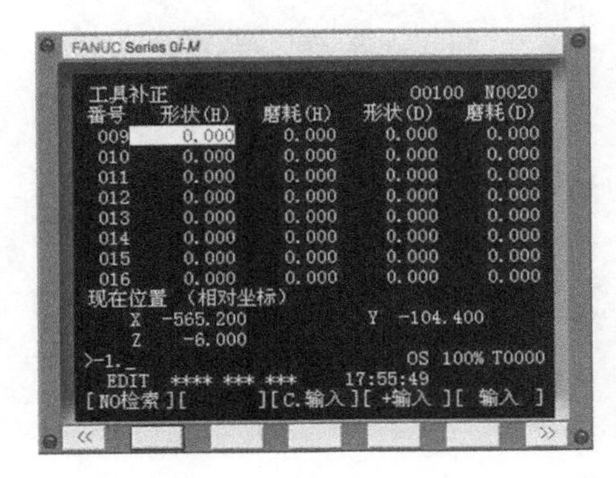

图4-26 输入刀补数值

按“输入”键，或者按软键中的“输入”键，这时该值显示为新输入的数值，如图4-27所示。

如果要修改输入的值，可以直接输入新值，然后按“输入”键或者“输入”软键。也可以输入一个将要加到当前补偿值的值（负值将减小当前的值），然后按下“+输入”软键。

4.12.2 显示和设置工件原点偏移值

按下“偏置/设置”键；按下“坐标系”软键；屏幕上显示工件坐标系设定界面，如图4-28所示。该屏幕包含两页，可使用翻页键翻到所需要的页面。

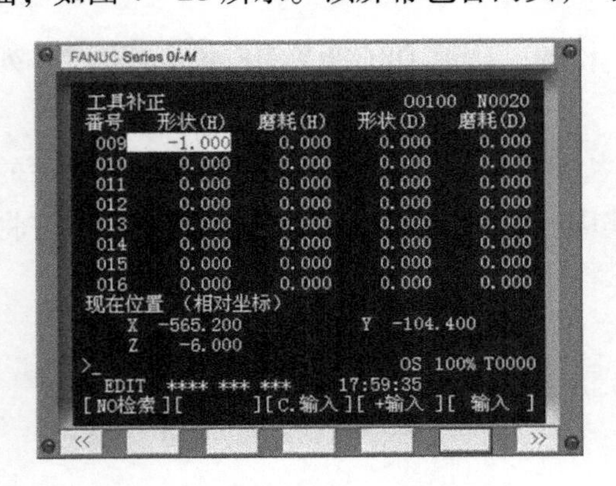

图4-27 显示新输入的刀补数值

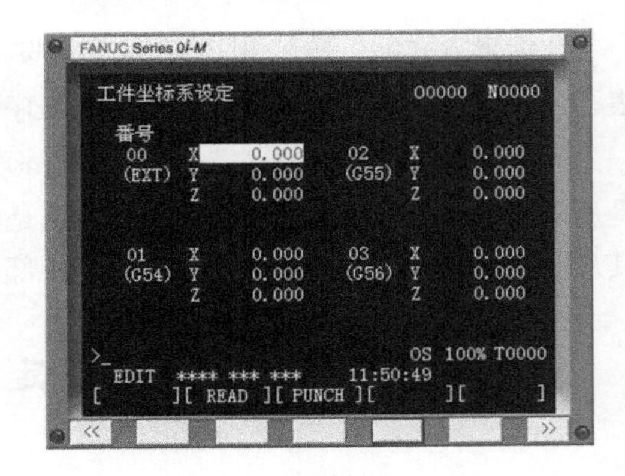

图4-28 工件坐标系设定

使用光标键将光标移动到想要改变的工件原点偏移值上。例如，要设定G54 X20. Y50. Z30.，首先将光标移到G54的X值上，如图4-29所示。

使用数字键输入数值“20.”，然后按下“输入”键。或者，按菜单继续键直到软键中出现“输入”键，按下该键，如图4-30所示。

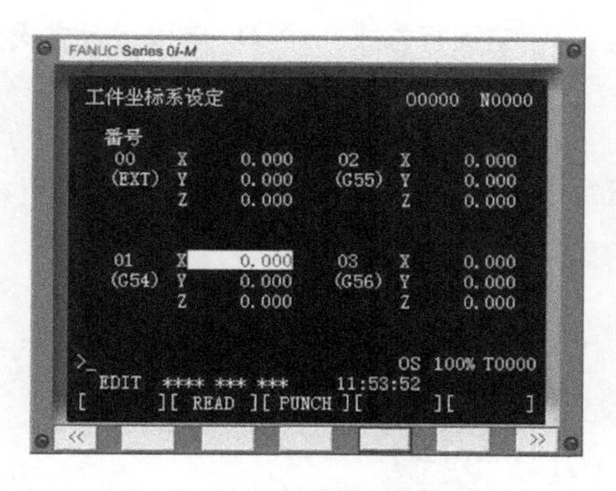

图 4－29 工件坐标系设定举例

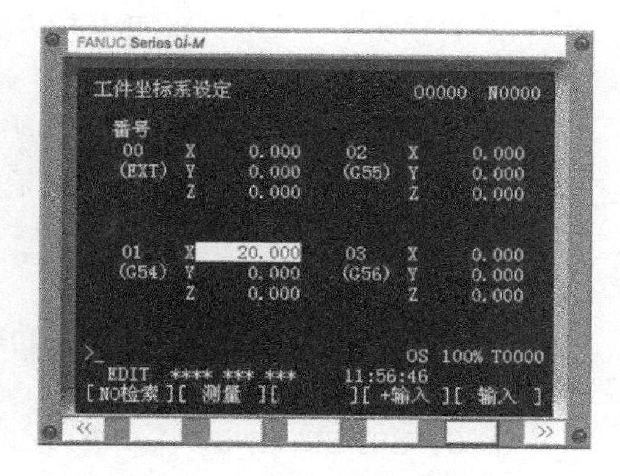

图 4－30 工件坐标系设定输入 *X* 值

如果要修改输入的值，可以直接输入新值，然后按“输入”键INPUT或者“输入”软键。也可以输入一个将要加到当前值的值（负值将减小当前的值），然后按下“＋输入”软键，改变另两个偏移值，如图 4－31 所示。

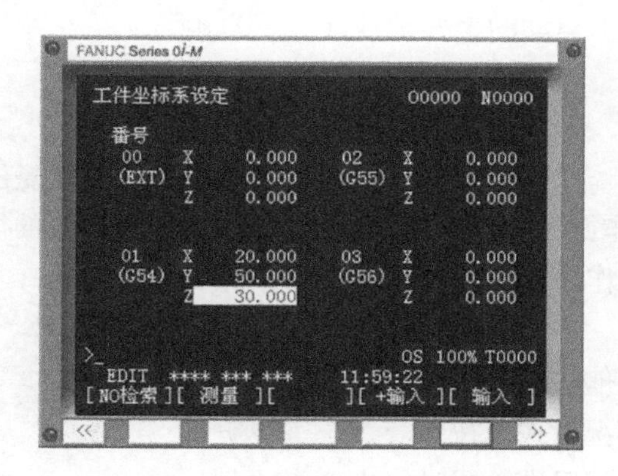

图 4－31 工件坐标系设定输入 *Z* 值

思考与练习题

一、判断题

1. 开机后数控机床必须回零参考的目的是建立工件坐标系。 （ ）
2. 立式加工中心（数控铣床）回零时应先向 *X* 回零。 （ ）
3. FANUC 系统中，CAN 和 DEL 按钮作用相同。 （ ）
4. 当数控机床失去对机床参考点的记忆时，必须进行返回参考点的操作。 （ ）
5. 数控机床操作过程中，一旦发现异常情况，必须使用“紧急停止”按钮。 （ ）
6. 数控车床手动回零时，应先向 *Z* 回零。 （ ）

二、选择题

1. MDI 方式是指（ ）。

A. 自动加工方式　B. 手动输入方式　C. 空运行方式　D. 单段运行方式

2. 手动对刀的基本方法中，最简单、准确、可靠的对刀法是（　　）。

A. 定位对刀法　B. 光学对刀法　C. 试切法　D. 目测法

3. 在循环加工时，当执行有 M00 指令后，如果要继续执行下面的程序，必须按（　　）按钮。

A. 循环启动　B. 转换　C. 输出　D. 进给保持

4. 在 FANUC 系统 CRT/MDI 面板的功能键中，显示机床现在位置的键是（　　）。

A. POS　B. PRGRM
C. OFFSET SETTING　D. SYSTEM

5. 在 FANUC 系统 CRT/MDI 面板的功能键中，用于刀具偏置数设置的键是（　　）。

A. POS　B. OFFSET SETTING
C. PRGRM　D. SYSTEM

6. 在 FANUC 系统 CRT/MDI 面板的功能键中，用于报警显示的键是（　　）。

A. INPUT　B. PRGRM　C. SYSTEM　D. ALARM

7. 立式加工中心上下运动的坐标轴是（　　）。

A. *X* 轴　B. *Y* 轴　C. *Z* 轴　D. *C* 轴

8. 按下 RESET 键，表示复位 CNC 系统，它包括（　　）。

A. 取消报警　B. 主轴故障复位
C. 退出操作动作循环　D. 恢复原来的循环状态

9. 在数控车床的操作面板中，属于程序操作的功能键是（　　）。

A. SYSTEM　B. PROG　C. MESSAGE　D. POS

10. 在“急停”按钮功能中，错误的说法是（　　）。

A. 出现紧急情况时按下按钮
B. 按下按钮，伺服进给同时停止工作
C. 按下按钮，主轴运转停止
D. 需要停车时，可随时按下此钮

三、问答题

1. 简述 FANUC0i－MC 铣床换刀过程。
2. 简述 FANUC0i－MC 铣床的基本操作步骤。
3. FANUC0i－TB 数控车床在哪几种情况下要重新回参考点操作？
4. FANUC0i－TB 数控车床试切对刀法应注意哪些要点？
5. FANUC0i－TB 数控车床如何进行基本操作？

第五部分 数控电火花线切割加工技术

知腾公司昨天又接到新任务，高师傅一早就把小坤叫来了。原来是要用电火花线切割加工如图5－1所示的零件外形，毛坯尺寸为60mm×60mm，对刀位置必须设在毛坯之外，以图中G（－20，－10）点坐标作为起刀点，A（－10，－10）点坐标作为起割点。

“师傅，精度这么高，而且一次还要加工那么多，怎么才能保证它们的精度和一致性呀？”小坤有些着急了。“这种精度不算高，尤其是对于数控机床来讲，那是小菜一碟！”高师傅不紧不慢地说。“你看这个零件，形状复杂，切除余量大，适合于用数控电火花线切割机床加工完成。根据该零件特点，其加工工艺路线：先用通用夹具夹住毛坯件的两端，找正后夹紧，电极丝垂直度，将电极丝移至起刀点，按轨迹程序分多次加工出零件尺寸形状。”“师傅，我听不懂，能具体一点吗？”小坤有点不好意思了。“噢……，知道了！”高师傅沉思了一下，“我先从数控电火花线切割机床的基础说起吧。要想完成该工件的加工任务，必须要知道以下几方面的知识：数控电火花线切割机床的结构及其工艺范围、操作、编程特点等。”

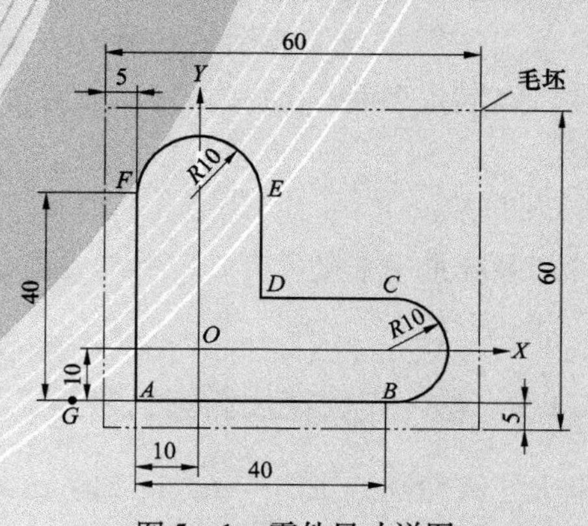

图5－1 零件尺寸详图

数控电火花线切割机床加工工艺基础

5.1 数控电火花线切割机床概述

5.1.1 数控电火花线切割机床的基本构成

数控电火花线切割加工机床可分为机床主机和控制台两大部分。

一、控制台

控制台中装有控制系统和自动编程系统，能在控制台中进行自动编程和对机床坐标工作台的运动进行数字控制。

二、机床主机

机床主机主要包括坐标工作台、运丝机构、丝架、冷却系统和床身五个部分，图5－2为快走丝线切割机床主机示意图。

1. 坐标工作台

坐标工作台用来装夹被加工的工件，其运动分别由两个步进电动机控制。

2. 运丝机构

运丝机构用来控制电极丝与工件之间产生相对运动。

3. 丝架

丝架与运丝机构一起构成电极丝的运动系统。它的主要功能是对电极丝起支撑作用，并使电极丝工作部分与工作台平面保持一定的几何角度，以满足各种工件（如带锥工件）加工的需要。

图5－2　快走丝线切割机床主机外形

4. 冷却系统

冷却系统是用来提供有一定绝缘性能的工作介质——工作液，同时可对工件和电极丝进行冷却。

5.1.2 数控电火花线切割机床的工艺范围

电火花线切割加工（Wire cut Electrical Discharge Machining，WEDM），有时又称线切割。是电火花加工的一个分支，是一种直接利用电能和热能进行加工的工艺方法，它用一根移动着的导线（电极丝）作为工具电极，对工件进行脉冲火花放电蚀除金属、切割成型。线切割加工中，工件和电极丝的相对运动是由数字控制实现的，故又称为数控电火花线切割加工，简称数控线切割加工。

它主要用于加工各种形状复杂和精密细小的工件，例如冲裁模的凸模、凹模、凸凹模、固定板、卸料板等，成型刀具、样板、电火花成型加工用的金属电极，各种微细孔槽、窄缝、任意曲线等，具有加工余量小、加工精度高、生产周期短、制造成本低等突出优点，已在生产中获得广泛地应用，目前国内外的电火花线切割机床已占电加工机床总数的 60% 以上。

5.1.3 数控电火花线切割机床的分类

数控电火花线切割机床根据走丝速度，可分为慢速走丝方式和高速走丝方式线切割机床；根据加工特点，可分为大、中、小型以及普通直壁切割型与锥度切割型线切割机床；根据脉冲电源形式，可分为 RC 电源、晶体管电源、分组脉冲电源及自适应控制电源线切割机床等；根据控制方式的不同，可分为电气靠模线切割机床、光电跟踪线切割机床、数字控制线切割机床。

高速走丝电火花线切割机床（WEDM－HS），其电极丝作高速往复运动，一般走丝速度为 8～10m/s，电极丝可重复使用，加工速度较高，但快速走丝容易造成电极丝抖动和反向时停顿，使加工质量下降，是我国生产和使用的主要机种，也是我国独创的电火花线切割加工模式。

低速走丝电火花线切割机床（WEDM－LS），其电极丝作低速单向运动，一般走丝速度低于 0.2m/s，电极丝放电后不再使用，工作平稳、均匀、抖动小、加工质量较好，但加工速度较低，是国外生产和使用的主要机种。

5.1.4 数控电火花线切割加工机床的型号示例

数控电火花线切割加工机床的型号示例如图 5－3 所示。

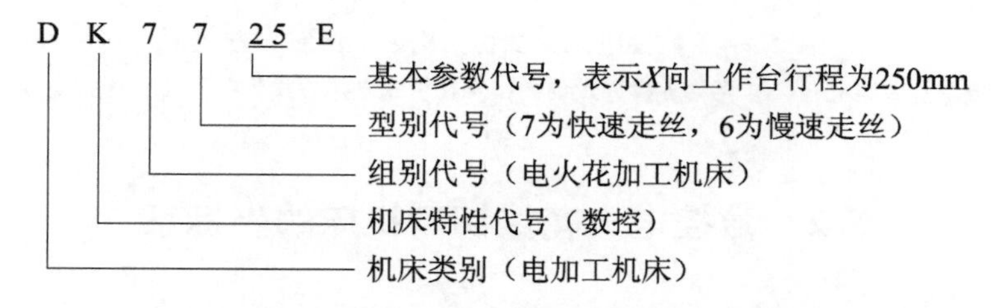

图 5－3 数控电火花线切割加工机床的型号示例

5.1.5 数控电火花线切割机床的装夹方式

装夹工件时，必须保证工件的切割部位位于机床工作台纵向、横向进给的允许范围之内，避免超出极限。同时应考虑切割时电极丝运动空间。夹具应尽可能选择通用（或标准）件，所选夹具应便于装夹，便于协调工件和机床的尺寸关系。

一般按装夹的机构形式可分为：① 悬臂式装夹，这种方式装夹方便、通用性强。但由于工件一端悬伸，易出现切割表面与工件上、下平面间的垂直度误差，仅适用于加工要求不高或悬臂较短的情况。② 两端支撑方式装夹，这种方式装夹方便、稳定，定位精度高，但不适于装夹较大的零件。③ 桥式支撑方式装夹，这种方式是在通用夹具上放置垫铁后再装夹工件，装夹方便，对大、中、小型工件都能采用。④ 板式支撑方式装夹，根据常用的工件形状和尺寸，采用有通孔的支撑板装夹工件，这种方式装夹精度高，但通用性差。数控电火花线切割机床工件装夹方式如图 5 - 4 所示。

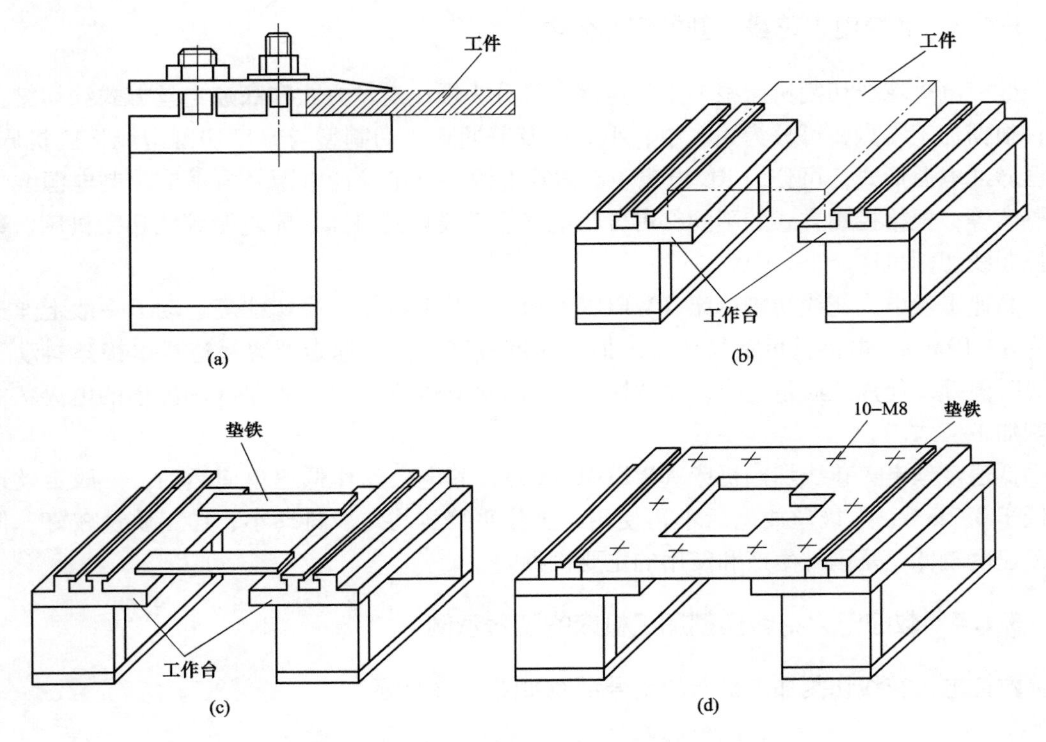

图 5 - 4 数控电火花线切割机床工件装夹方式

(a) 悬臂支撑方式装夹；(b) 两端支撑方式装夹；(c) 桥式支撑方式装夹；(d) 板式支撑方式装夹

5.2 数控电火花线切割机床的坐标系

数控电火花线切割机床坐标系与其他数控机床相同，坐标系符合国家标准，具体规定为：刀具（钼丝）相对于静止的工件运动，采用右手笛卡尔直角坐标系，当操作人员面对数控电火花线切割机床时，钼丝相对于工件的左右运动，为 X 坐标运动，运动正方向指向操作人员的右手方向；钼丝相对于工件的前后运动，为 Y 坐标运动，运动正方向指向操作人员的后方。整个切割加工过程，钼丝始终垂直贯穿于工件，不需要考虑钼丝相对于工件在垂直方向的运动，故 Z 坐标可省略。

5.3 数控电火花线切割机床加工工艺

影响数控电火花线切割加工工艺指标的因素，主要是电加工参数和机械参数的合理选择。电加工参数是指脉冲电源的参变量，包括脉冲峰值、脉冲宽度、脉冲频率和电源电压。机械参数包括走丝速度、电极丝张力和电极丝等。应综合考虑各参数对加工的影响，合理选择工艺参数，在保证工件加工工艺质量的前提下，提高生产率，降低生产成本。

5.3.1 电加工参数的选用

一、脉冲峰值电流对加工工艺指标的影响

在其他参数不变的情况下，脉冲峰值电流的增大会增加单个脉冲放电的能量，加工电流也会随之增大。线切割速度会明显增加，表面粗糙度变差。

二、脉冲宽度对加工工艺指标的影响

在加工电流保持不变的情况下，使脉冲宽度和脉冲停歇时间成一定比例变化。脉冲宽度增加，切割速度会随之增大，但脉宽增大到一定数值后，加工速度不再随脉冲的增大而增大。增大脉宽，表面粗糙度会有所上升。

三、脉冲频率对加工工艺指标的影响

单个脉冲能量一定的条件下，提高脉冲放电次数，即提高脉冲频率，加工速度会提高。理论上，单个脉冲能量不变，则加工表面的粗糙度也不变。对快走丝线切割，当脉冲频率加大时，加工电流会随之增大，引起换向切割条纹的明显不同，切割工件的表面粗糙度会随之变差。

四、电源电压对加工工艺参数的影响

峰值电流和加工电流保持不变的条件下，增大电源电压，能明显提高切割速度，但对表面粗糙度的影响不大。在排屑困难、小能量、小粗糙度条件下，以及对高阻抗、高熔点材料进行切割加工时，电源电压的增高会提高加工的稳定性，切割速度和加工面质量都会有所改善。

5.3.2 机械参数的选用

一、走丝速度对加工工艺指标的影响

对于普通的快走丝线切割机床，其走丝速度一般都是固定不变的。进给速度的调整主要是电极丝与工件之间的间隙调整。切割加工时进给速度和电蚀速度会出现欠跟踪或跟踪过紧，欠跟踪时使加工经常处于开路状态，无形中降低了生产率，且电流不稳定，容易造成断丝，过紧跟踪时容易造成短路，也会降价材料去除率。调节变频进给量也可以调节进给速度。

二、电极丝张力对加工工艺指标的影响

提高电极丝的张力，可以减小加工过程中丝的振动，从而提高加工精度和切割速度。如果过分增大丝的张力，会引起频繁断丝而影响加工速度。电极丝张力的波动对加工稳定性和加工质量影响很大，采用恒张力装置可以减小丝张力的波动。

三、电极丝对加工工艺指标的影响

电极丝对线切割加工的影响，主要表现在丝的材料和丝的粗细两个方面。慢走丝线切割多采用黄铜和紫铜丝作为电极材料，快走丝线切割多采用钼丝和钨钼合金作为电极材料。增大丝半径，可以提高电极丝允许的脉冲电流值，可以提高加工速度，但同时，加工表面粗糙度也会增大。通常情况下，采用粗电极丝切割厚工件，采用细电极丝切割粗糙度要求高的工件。

5.4 数控电火花线切割基本指令

我国快走丝数控电火花切割机床常用的 ISO 代码指令，与国际上使用的标准基本一致。

5.4.1 快速点定位指令（G00）

在线切割机床不放电的情况下，使指定的某轴快速移动到指定位置。

编程格式：G00 X ~ Y ~

例如，电极丝从当前点 A 快速定位到 B，加工程序：G00 X60 Y80，如图 5-5 所示。

执行上述程序段时，X、Z 轴将分别以该轴的快进速度向目标点移动，行走路线通常为折线（刀具先以 X、Z 的合成速度向 P 点移动，然后再由余下行程的某轴单独地快速移动至目标点）。快进速度一般不能由 F 代码来指定，只受快速修调倍率的影响。一般 G00 代码只能用于工件外部的空行程，不能用于切削行程。

5.4.2 直线插补指令（G01）

用于线切割机床在各个坐标平面内加工任意斜率的直线轮廓和用直线逼近曲线轮廓。

编程格式：G01 X ~ Y ~ (U ~ V ~)

例如，线切割加工轨迹从 A 点到 B 点的斜线，加工程序：G92 X40 Y20，G01 X80 Y60，如图 5-6 所示。

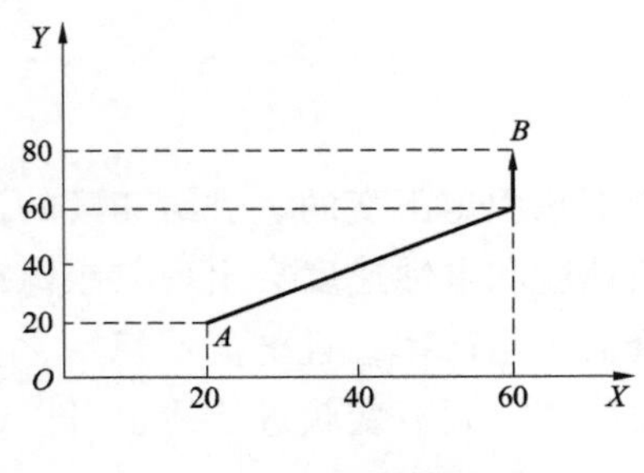

图 5-5 电极丝快速进给

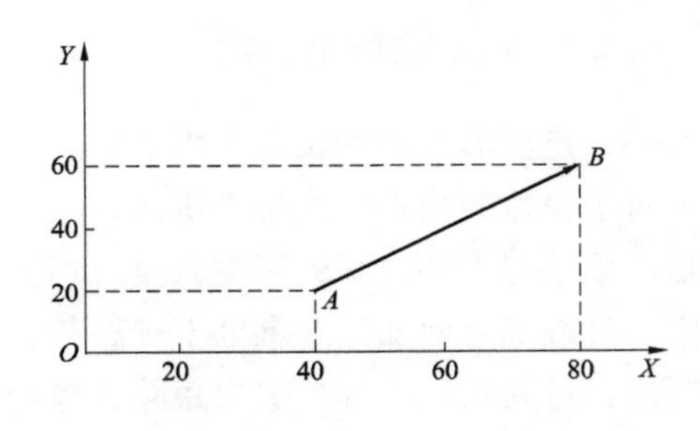

图 5-6 直线切割加工

注意：这里的“X_ Z_”是目标点位置的坐标，“F_”是刀具的进给速度。G01 也是一个模态指令。

5.4.3 圆弧插补指令（G02、G03）

G02 为顺时针加工圆弧的插补指令，G03 为逆时针加工圆弧的插补指令，圆弧切割加工如图 5－7 所示。

编程格式：G02 X ～ Y ～ I ～ J ～

G03 X ～ Y ～ I ～ J ～

其中，*X*、*Y* 表示圆弧终点坐标；*I*、*J* 表示圆心坐标，是圆心相对圆弧起点的增量值；*I* 是 *X* 方向坐标值；*J* 是 *Y* 方向坐标值。

例如：线切割加工从 *A* 点到 *B* 点的顺时针圆弧，从 *B* 点到 *C* 点的逆时针圆弧。

加工程序：G92 X10 Y10，G02 X30 Y30 I20 J0，G03 X45 Y15 I150 J0

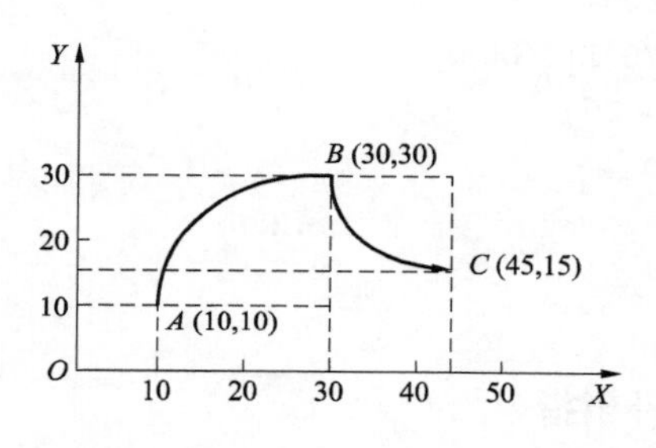

图 5－7　圆弧切割加工

5.5 其他辅助指令

5.5.1 坐标指令

一、坐标方式指令

G90 为绝对坐标指令。该指令表示程序段中的编程尺寸是按绝对坐标给定的。若程序段中特殊坐标方式设定，系统默认为 G90 绝对坐标方式。

G91 为增量坐标指令。该指令表示程序段中的编程尺寸是按增量坐标给定的，即坐标值均以前一个坐标作为起点来计算下一点的位置值。程序段中需设定才能有效。

二、坐标系指令

G92 为加工坐标系设置指令，G54～G59 可作为用户自定义加工坐标系设定指令。

编程格式：G92 X ～ Y ～

例如：线切割加工轨迹从原点 O 到 B 点，如图 5－8 所示。

加工程序：（1）以绝对坐标方式（G90）

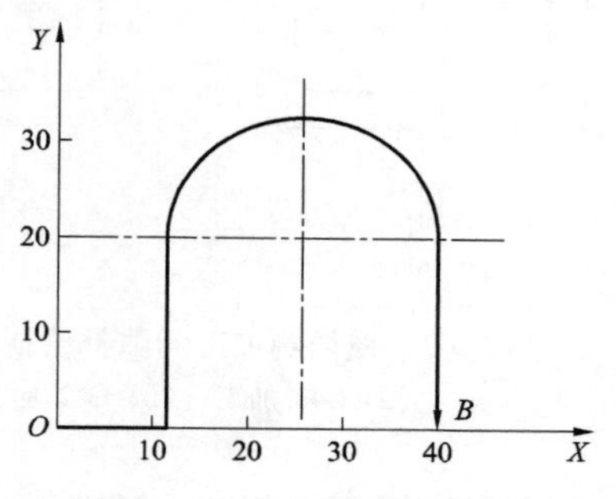

图 5－8　零件线切割加工

```
N01 G92 X0 Y0;           → 确定加工程序起点，设置加工坐标系
N02 G01 X10 Y0;
N03 G01 X10 Y20;
N04 G02 X40 Y20 I15 J0;
N05 G01 X40 Y0;
N06 G01 X0 Y0;
N07 M02;                 → 程序结束
```

注：以绝对坐标方式编程，G90 不用单独设置，为系统默认。

（2）以绝对坐标方式（G91）

```
N01 G92 X0 Y0;
N02 G91;                 →表示以后的坐标值均为增量坐标
N03 G01 X10 Y0;
N04 G01 X0 Y20;
N05 G02 X30 Y0 I15 J0;
N06 G01 X0 Y-20;
N07 G01 X-40Y0;
N08 M02;                 →程序结束
```

5.5.2 补偿指令

G40、G41、G42 为间隙补偿指令。

一、G41 为左偏间隙补偿指令

编程格式：G41 D~

其中，D 表示偏移量（补偿距离），确定方法与半径补偿方法相同，如图 5-9（a）所示。一般数控线切割机床偏移量 ΔR 在 0~0.5mm。

二、G42 为右偏补偿指令

编程格式：G42 D~

其中，D 表示偏移量（补偿距离），确定方法与半径补偿方法相同，如图 5-9（b）所示。一般数控线切割机床偏移量 ΔR 在 0~0.5mm。

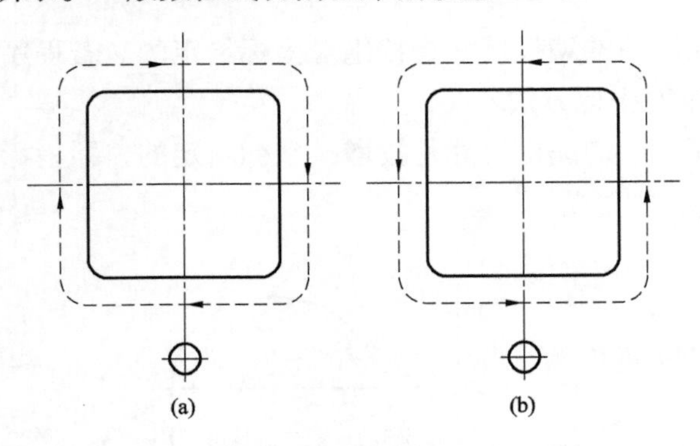

图 5-9　线切割加工间隙补偿指令的确定
(a) G41 加工；(b) G42 加工

三、G40 为取消间隙补偿指令

编程格式：G40（注意：需单列一行）

5.5.3 辅助功能字 M

辅助功能主要是用来指定数控机床加工时的辅助动作及状态，M 指令由地址符 M 和其后的两位数字组成。

常用辅助功能有：M00—程序暂停，实现程序段暂时停止功能，数控系统停止读入下一单节；M02—程序结束，实现结束程序段；M05—接触感知解除；M96—主程序调用子程序；M97—主程序调用子程序结束。详情可参见表 5-1。

表 5－1　　ISO 代码一览表组指令解释

组	代码	功　能	组	代码	功　能
A	G00	快速移动，定位指令	J	G40	取消电极补偿
	G01	直线插补，加工指令		G41	电极左补偿
	G02	顺时针圆弧插补指令		G42	电极右补偿
	G03	逆时针圆弧插补指令		G45	比例缩放
	G04	暂停指令	K	G50	取消锥度
B	G05	*X* 镜像		G51	左锥度
	G06	*Y* 镜像		G52	右锥度
	G07	*Z* 镜像	L	G54	选择工作坐标系 1
	G08	*X*－*Y* 交换		G55	选择工作坐标系 2
	G09	取消镜像和 *X*－*Y* 交换		G56	选择工作坐标系 3
C	G11	打开跳转（SKIP ON）		G57	选择工作坐标系 4
	G12	关闭跳转（SKIP OFF）		G58	选择工作坐标系 5
E	G20	英制		G59	选择工作坐标系 6
	G21	公制	M	G60	上下异形 OFF
F	G22	软极限开关 ON，未用		G61	上下异形 ON
	G23	软极限开关 OFF，未用	N	G74	四轴联动打开
	G25	回最后设定的坐标系原点		G75	四轴联动关闭
G	G26	图形旋转打开（ON）	O	G80	移动轴直到接触感知
	G27	图形旋转关闭（OFF）		G81	移动到机床的极限
H	G28	尖角圆弧过渡		G82	移到圆点与现位置的一半
	G29	尖角直线过渡	P	G90	绝对坐标指令
I	G30	取消过切		G91	增量坐标指令
	G31	加入过切		G92	指定坐标原点

配合指令	功　能	配合指令	功　能
I	圆心 *X* 坐标	S	*R* 轴转速，未用
J	圆心 *Y* 坐标	T84	启动液泵
K	圆心 *Z* 坐标	T85	关闭液泵
L***	子程序重复执行次数	T86	启动运丝机构
P****	指定调用子程序号	T87	关闭运丝机构
M00	暂停指令	X	轴指定
M02	程序结束	Y	轴指定
M05	忽略接触感知	U	轴指定
M98	子程序调用	V	轴指定
M99	子程序结束	A	指定加工锥度
N****	程序号	C	加工条件号
O****	程序号	ON	定义脉宽
Q****	跳转代码，未用	OFF	定义脉间
R	转角功能	IP	定义峰值电流
RA	图形或坐标旋转的角度	SV	定义间隙基准电压
RI	图形旋转的中心 *X* 坐标	D***	补偿码
RJ	图形旋转的中心 *Y* 坐标	H***	补偿码

数控电火花线切割机床的操作

5.6　数控快走丝电火花线切割机床的操作

以 DK7740 型数控电火花线切割机床为例，介绍线切割机床的操作。图 5 – 10 为 DK7740 型线切割机床的操作面板。

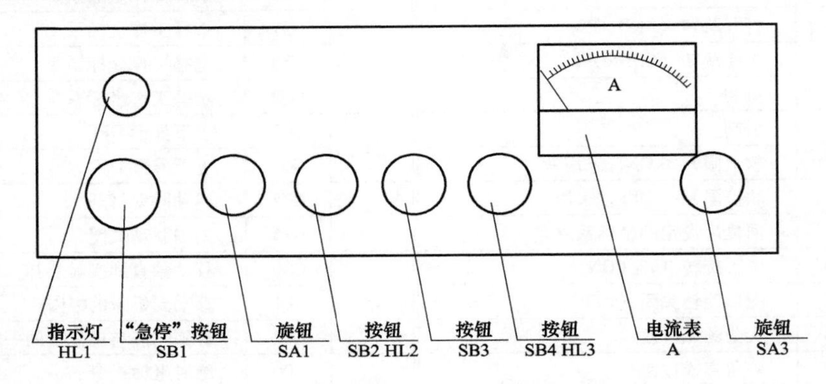

图 5 – 10　DK7740 型线切割机床操作面板

一、快走丝线切割机床开关机操作

1. 开机程序

(1) 合上机床主机上电源总开关。

(2) 松开机床电气面板上"急停"按钮 SB1。

(3) 合上控制柜上电源开关，进入线切割机床控制系统。

(4) 按要求装上电极丝。

(5) 逆时针旋转 SA1。

(6) 按 SB2，启动运丝电动机。

(7) 按 SB4，启动冷却泵。

(8) 顺时针旋转 SA3，接通脉冲电源。

2. 关机程序

(1) 逆时针旋转 SA3，切断脉冲电源。

(2) 按下"急停"按钮 SB1；运丝电动机和冷却泵将同时停止工作。

(3) 关闭控制柜电源。

(4) 关闭机床主机电源。

二、快走丝线切割机床脉冲电源操作

图 5 – 11 为 DK7740 型线切割机床脉冲电源操作面板。

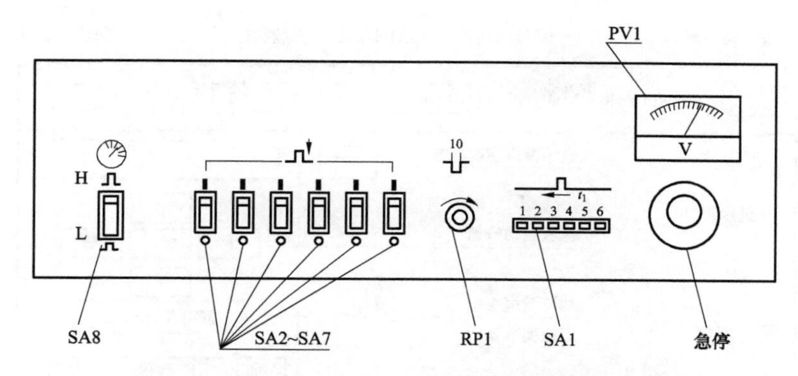

图 5－11 DK7740 型线切割机床脉冲电源操作面板

SA1—脉冲宽度选择；SA2～SA7—功率管选择；SA8—电压幅值选择；RP1—脉冲间隔调节；PV1—电压幅值指示；“急停”按钮—按下此键，机床运丝、水泵电动机全停，脉冲电源输出切断

1. 脉冲宽度

脉冲宽度 ti 选择开关 SA1 共分六挡，从左边开始往右边分别为

第一挡：5us；第二挡：15us；第三挡：30us

第四挡：50us；第五挡：80us；第六挡：120us

2. 功率管

功率管个数选择开关 SA2～SA7 可控制参加工作的功率管个数，如 6 个开关均接通，6 个功率管同时工作，这时峰值电流最大。如 5 个开关全部关闭，只有一个功率管工作，此时峰值电流最小。每个开关控制一个功率管。

3. 幅值电压

幅值电压选择开关 SA8 用于选择空载脉冲电压幅值，开关按至“L”位置，电压为 75V 左右，按至“H”位置，则电压为 100V 左右。

4. 脉冲间隙

改变脉冲间隔 t_0 调节电位器 RP1 阻值，可改变输出矩形脉冲波形的脉冲间隔 t_0，即能改变加工电流的平均值，电位器旋置最左，脉冲间隔最小，加工电流的平均值最大。

5. 电压表

电压表 PV1，由 0～150V 直流表指示空载脉冲电压幅值。

三、快走丝线切割机床控制系统操作

图 5－12 为 DK7740 型线切割机床 CNC－10A 控制系统界面。

1. 系统的启动与退出

在计算机桌面上双击 YH 图标，即可进入 CNC－10A 控制系统。按 Ctrl＋Q 键退出控制系统。

2. CNC－10A 控制系统操作

本系统所有的操作按钮、状态、图形显示全部在屏幕上实现。各种操作命令均可用轨迹球或相应的按键完成。鼠标器操作时，可移动鼠标器，使屏幕上显示的箭状光标指向选定的屏幕按钮或位置，然后用鼠标器左键单击，即可选择相应的功能。

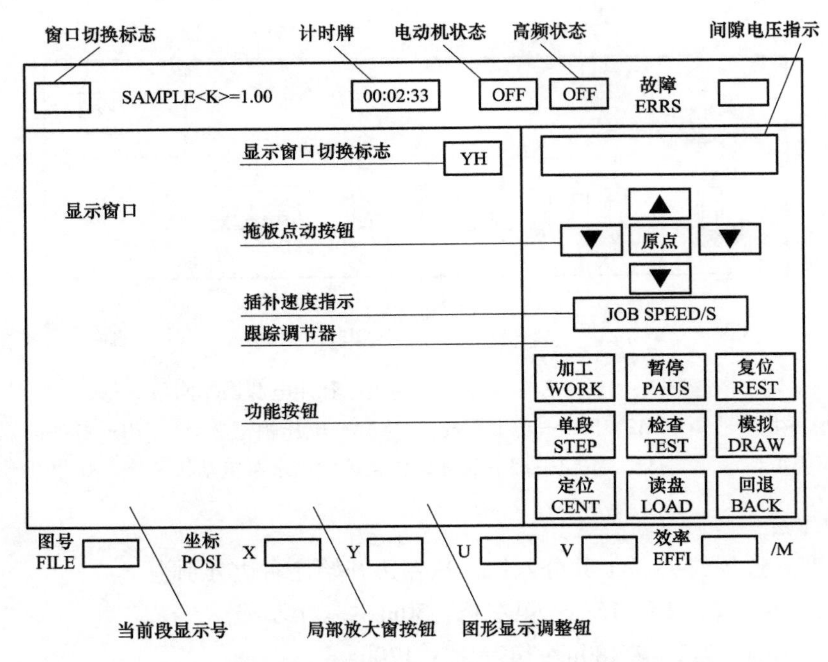

图 5－12　DK7740 型线切割机床 CNC－10A 控制系统界面

3. CNC－10A 控制系统简介

[显示窗口]：该窗口下用来显示加工工件的图形轮廓、加工轨迹或相对坐标、加工代码。

[显示窗口切换标志]：用轨迹球点取该标志（或按 F10 键），可改变显示窗口的内容。

[间隙电压指示]：显示放电间隙的平均电压波形（也可以设定为指针式电压表方式）。

[电机开关状态]：在电机标志右边有状态指示标志 ON（红色）或 OFF（黄色）。

[高频开关状态]：在脉冲波形图符右侧有高频电压指示标志。ON（红色）、OFF（黄色）表示高频的开启与关闭。

[拖板点动按钮]：屏幕右中部有上、下、左、右向 4 个箭标按钮，可用来控制机床点动运行。

[原点]：用光标点取该按钮进入回原点功能。

[加工]：工件安装完毕，程序准备就绪后（已模拟无误），可进入加工。用光标点取该按钮，系统进入自动加工方式。

[暂停]：用光标点取该按钮，系统将终止当前的功能（如加工、单段、控制、定位、回退）。

[复位]：用光标点取该按钮将终止当前一切工作，消除数据和图形，关闭高频和电动机。

[单段]：用光标点取该按钮，系统自动打开电动机、高频，进入插补工作状态，加工

至当前代码段结束时，系统自动关闭高频，停止运行。再按“单段”，继续进行下段加工。

[检查]：用光标点取该按钮，系统以插补方式运行一步，若电动机处于 ON 状态，机床拖板将作响应的一步动作，在此方式下可检查系统插补及机床的功能是否正常。

[模拟]：模拟检查功能可检验代码及插补的正确性。在电动机失电状态下（OFF 状态），系统以 2500 步/s 的速度快速插补，并在屏幕上显示其轨迹及坐标。若在电动机锁定状态下（ON 状态），机床空走插补，拖板将随之动作，可检查机床控制联动的精度及正确性。

[定位]：系统可依据机床参数设定，将根据选定的方式自动进行对中心、定端面的操作。在钼丝遇到工件某一端面时，屏幕会在相应位置显示一条亮线。按“暂停”按钮可中止定位操作。

[读盘]：将存有加工代码文件的软盘插入软驱中，用光标点取该按钮，屏幕将出现磁盘上存储全部代码文件名的数据窗。

[回退]：系统具有自动/手动回退功能。在加工或单段加工中，一旦出现高频短路现象，系统即自动停止插补，若在设定的控制时间内（由机床参数设置），短路达到设定的次数，系统将自动回退。若在设定的控制时间内，短路仍不能消除，系统将自动切断高频，停机。

[跟踪调节器]：该调节器用来调节跟踪的速度和稳定性，调节器中间红色指针表示调节量的大小。表针向左移动，位跟踪加强（加速），向右移动，位跟踪减弱（减速）。单位为步/s。

[段号显示]：此处显示当前加工的代码段号，也可用光标点取该处，在弹出屏幕小键盘后，输入需要起割的段号（注：锥度切割时，不能任意设置段号）。

[局部观察窗]：单击该按钮，可在显示窗口的左上方打开一局部窗口，其中将显示放大 10 倍的当前插补轨迹；再按该按钮时，局部窗口被关闭。

[图形显示调整按钮]：这 6 个按钮有双重功能，在图形显示状态时，其功能依次实现对图形放大、缩小、左右和上下移动的操作。

[坐标显示]：屏幕下方“坐标”部分，显示 X、Y 为绝对坐标值，U、V 为相对坐标值。

[效率]：此处显示加工的效率，单位为 mm/min；系统每加工完一条代码，即自动统计所用的时间，并能求出效率。

[YH 窗口切换]：光标点取该标志或按 ESC 键，系统转换到绘图式编程屏幕。

[图形显示的缩放及移动]：在图形显示窗下有小按钮，从最左边算起分别为对称加工、平移加工、旋转加工和局部放大窗开启/关闭，其余依次为放大、缩小、左移、右移、上移、下移，可根据需要选用这些功能，调整在显示窗口中图形的大小及位置。

[代码的显示、编辑、存盘和倒置]：用光标点取显示窗右上角的“显示切换标志”，显示窗依次为图形显示、相对坐标显示、代码显示（模拟、加工、单段工作时不能进入代码显示方式）。

[计时牌功能]：系统在“加工”、“模拟”、“单段”工作时，自动打开计时牌。终止

插补运行，计时自动停止。用光标点取计时牌，可将计时牌清零。

四、快走丝线切割机床电极丝的选择、绕装和调整

1. 电极丝的选择

电极丝应具有良好的导电性和抗电蚀性，抗拉强度高、材质均匀。常用电极丝有钼丝、钨丝、黄铜丝和包芯丝等。钨丝抗拉强度高，直径在0.03~0.1mm范围内，一般用于各种窄缝的精加工，但价格高。黄铜丝适合于慢速加工，加工表面粗糙度和平直度较好，蚀屑附着少，但抗拉强度差，损耗大，直径在0.1~0.3mm范围内，一般用于慢速单向走丝加工。钼丝抗拉强度高，适合快速走丝加工，所以我国快速走丝机床大都选用钼丝作电极丝，直径在0.08~0.2mm范围内。

电极丝直径的选择应根据切缝宽窄、工件厚度和拐角尺寸大小来选择。若加工带尖角、窄缝的小型模具宜选用较细的电极丝；若加工大厚度工件或大电流切割时应选较粗的电极丝。电极丝的主要类型、规格如下：钼丝直径为0.08~0.2mm；钨丝直径为0.03~0.1mm；黄铜丝直径为0.1~0.3mm；包芯丝直径为0.1~0.3mm 。

2. 电极丝的绕装

电极丝绕至储丝筒上示意图如图5-13所示。

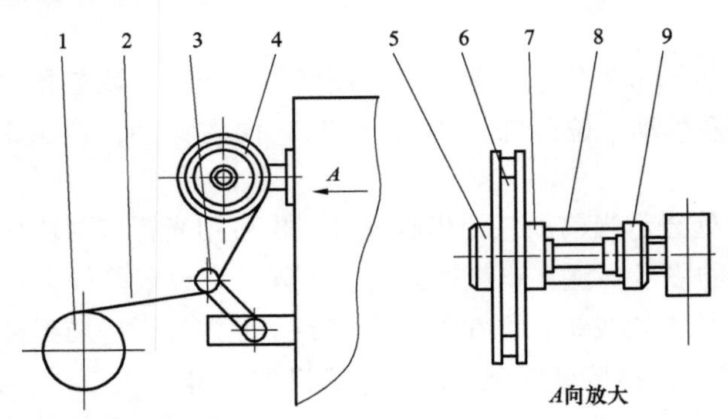

图5-13　电极丝绕至储丝筒上示意图

1—储丝筒；2—钼丝；3—排丝轮；4—上丝架；5—螺母；6—钼丝盘；7—挡圈；8—弹簧；9—调节螺母

线切割数控机床电极丝绕装的过程如下：

（1）机床操纵面板SA1旋钮左旋；

（2）上丝起始位置在储丝筒右侧，用摇手手动将储丝筒右侧停在线架中心位置；

（3）将右边撞块压住换向行程开关触点，左边撞块尽量拉远；

（4）松开上丝器上螺母5，装上钼丝盘6后拧上螺母5；

（5）调节螺母5，将钼丝盘压力调节适中；

（6）将钼丝一端通过图中件3上丝轮后固定在储丝筒1右侧螺钉上；

（7）空手逆时针转动储丝筒几圈，转动时撞块不能脱开换向行程开关触点；

（8）按操纵面板上SB2旋钮（运丝开关），储丝筒转动，钼丝自动缠绕在储丝筒上，达到要求后，按操纵面板上SB1急停旋钮，即可将电极丝装至储丝筒（见图5-13）；

（9）如图 5－14 所示，将电极丝绕至丝架上。

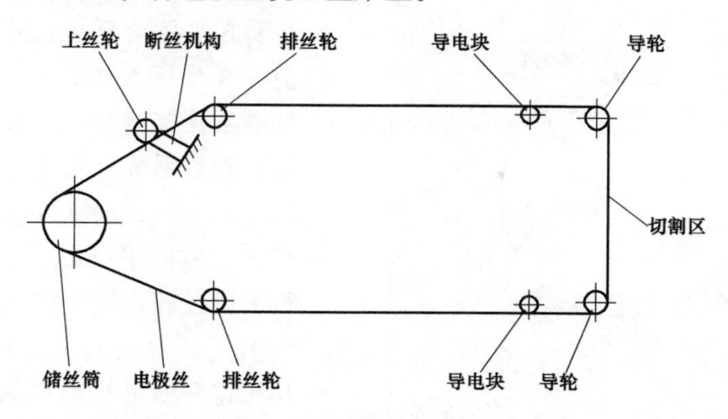

图 5－14　电极丝绕至丝架上示意图

3. 电极丝的位置调整

线切割加工之前，应将电极丝调整到切割的起始坐标位置上，其调整方法如下。

（1）目测法。对于加工要求较低的工件，在确定电极丝与工件基准间的相对位置时，可以直接利用目测或借助 2～8 倍的放大镜来进行观察。如图 5－15 所示，是利用穿丝处划出的十字基准线，分别沿划线方向观察电极丝与基准线的相对位置，根据两者的偏离情况移动工作台，当电极丝中心分别与纵横方向基准线重合时，工作台纵、横方向上的读数就确定了电极丝中心的位置。

（2）火花法。如图 5－16 所示，移动工作台使工件的基准面逐渐靠近电极丝，在出现火花的瞬时，记下工作台的相应坐标值，再根据放电间隙推算电极丝中心的坐标。此法简单易行，但往往因电极丝靠近基准面时产生的放电间隙，与正常切割条件下的放电间隙不完全相同而产生误差。

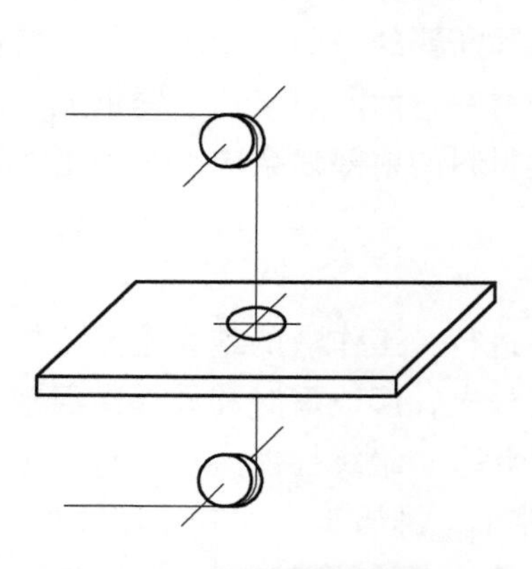

图 5－15　目测法调整电极丝位置

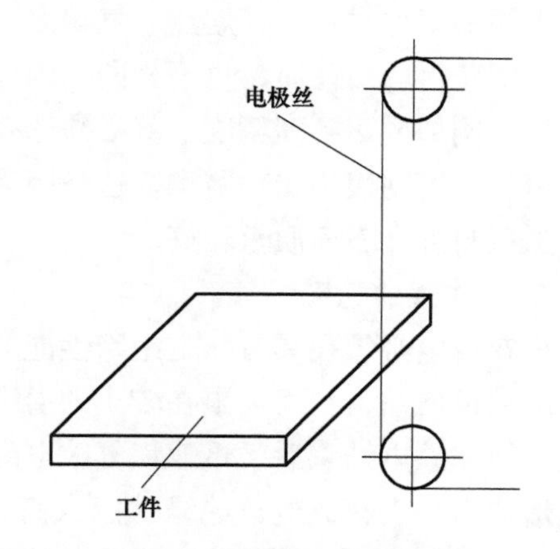

图 5－16　火花法调整电极丝位置

（3）自动找中心法。所谓自动找中心，就是让电极丝在工件孔的中心自动定位。此法是根据线电极与工件的短路信号来确定电极丝的中心位置。数控功能较强的线切割机床常用这种方法。

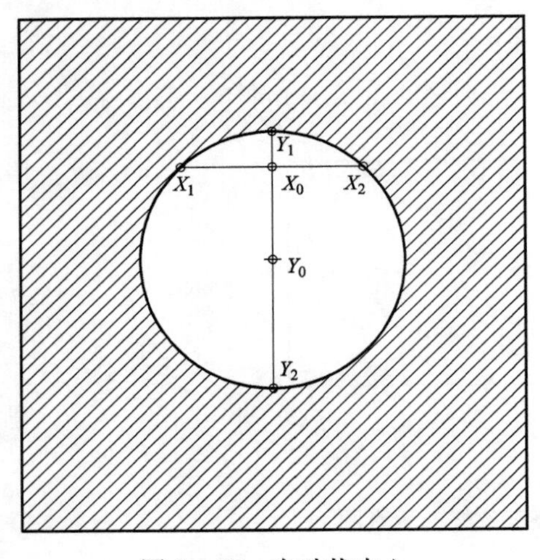

图 5 – 17　自动找中心

如图 5 – 17 所示，首先让线电极在 X 轴方向移动至与孔壁接触，则此时当前点 X 坐标为 X_1，接着线电极往反方向移动与孔壁接触，此时当前点 X 坐标为 X_2，然后系统自动计算 X 方向中点坐标 X_0 [$X_0 = (X_1 + X_2)/2$]，并使线电极到达 X 方向中点 X_0；接着在 Y 轴方向进行上述过程，线电极到达 Y 方向中点坐标 Y_0 [$Y_0 = (Y_1 + Y_2)/2$]。这样经过几次重复就可找到孔的中心位置。当精度达到所要求的允许值之后，就确定了孔的中心。

5.7　数控慢走丝电火花线切割机床的操作

慢走丝线切割机是国外数控线切割机床主要采用的一种走丝方式，主要用于加工高精度零件。慢走丝电火花线切割机床的品种较多，各种机床的操作大同小异，一些基本操作内容及其要求与快走丝电火花线切割机床有相似之处。但慢走丝线切割机所加工的工件表面粗糙度、圆度误差、直线误差和尺寸误差都较快走丝线切割机小很多，其操作要求更加注重加工精度和表面质量。

一、工艺准备

1. 工件材料的技术性能分析

不同的工件材料，其熔点、气化点、导热系数等性能指标都不一样，即使按同样方式加工，所获得的工件质量也不相同。因此必须根据实际需要的表面质量对工件材料作相应的选择。例如要达到高精度，就必须选择硬质合金类材料，而不应该选不锈钢或未淬火的高碳钢等，否则很难实现需求。这是因为硬质合金类材料的内部残余应力对加工的影响较小，加工精度和表面质量较好。

2. 工作液的选配

火花放电必须在具有一定绝缘性能的液体介质中进行，工作液的绝缘性能可使击穿后的放电通道压缩，从而局限在较小的通道半径内火花放电，形成瞬时和局部高温来熔化并气化金属，放电结束后又迅速恢复放电间隙成为绝缘状态。绝缘性能太低，将产生电解而不能形成击穿火花放电；绝缘性能太高，则放电间隙小，排屑难，切割速度降低。因此，慢走丝电火花线切割加工的工作液一般都用去离子水。一般电阻率应在 10 ~ 100kΩ · cm，具体数值视工件材料、厚度及加工精度而定。

3. 电极丝的选择及校正

慢走丝电火花线切割加工电极丝多用铜丝、黄铜丝、黄铜加铝、黄铜加锌、黄铜镀锌等。对于精密电火花线切割加工，应在不断丝的前提下尽可能提高电极丝的张力，也可采用钼丝或钨丝。目前，国产电极丝的丝径规格有0.10、0.15、0.20、0.25、0.30、0.33、0.35mm等，丝径误差一般在±2gm以内。国外生产的电极丝，丝径最小可达0.03mm，甚至0.01~0.003mm，用于完成清角和窄缝的精密微细电火花线切割加工等。

在进行切割前，要校正电极丝的垂直度，当变更导电块的位置或者更换导电块时，必须重新校正丝电极的垂直度，以保证加工工件的精度和表面质量。

4. 穿丝孔的加工

在实际生产加工中，为防止工件毛坯内部的残余应力变形及放电产生的热应力变形，不管是加工凹模类封闭形工件，还是凸模类工件，都应首先在合适位置加工好一定直径的穿丝孔进行封闭式切割，避免开放式切割。

若工件已在快走丝电火花线切割机床上进行过粗切割，再在慢走丝电火花线切割机床上进一步加工时，不打穿丝孔。

5. 工件的装夹与找正

准备利用慢走丝电火花线切割机床加工的工件，在前面的工序中应加工出准确的基准面，以便在慢走丝电火花线切割机床上装夹和找正。

对于某些结构形状复杂、容易变形工件的装夹，必要时可设计和制造专用的夹具。工件在机床上装夹好后，可利用机床的接触感知、自动找正圆心等功能或利用千分表找正，确定工件的准确位置，以便设定坐标系的原点，确定编程的起始点。找正时，应注意多操作几遍，力求位置准确，将误差控制到最小。

二、实施少量多次切割

少量、多次切割方式是指利用同一直径电极丝对同一表面先后进行两次或两次以上的切割，第一次切割加工前预先留出精加工余量，然后针对留下的精加工余量，改用精加工条件，利用同一轨迹程序把偏置量分阶段地缩小，再进行切割加工。一般可分为1~5次切割，除第1次加工外，加工量一般是由几十微米逐渐递减到几个微米，特别是加工次数较多的最后一次，加工量应较小，即几个微米。

少量、多次切割可使工件具有单次切割不可比拟的表面质量，并且加工次数越多，工件的表面质量越好。采用少量、多次切割方式，可减少线切割加工时工件材料的变形，有效提高工件加工精度及改善表面质量的简便易行的方法和措施，但生产率有所降低。

三、合理安排切割路线

该措施的指导思想是尽量避免破坏工件材料原有的内部应力平衡，防止工件材料在切割过程中因在夹具等作用下，由于切割路线安排不合理而产生显著变形，致使切割表面质量和精度下降。

一般情况下，合理的切割路线应将工件与夹持部位分离的切割段安排在总的切割程序末端，将暂停点设在靠近毛坯夹持端的部位。

四、正确选择切割参数

慢走丝电火花线切割加工时应合理控制与调配丝参数、水参数和电参数。电极丝张力大时，其振动的振幅减小，放电效率相对提高，可提高切割速度。丝速高可减少断丝和短路机会，提高切割速度，但过高会使电极丝的振动增加，又会影响切割速度。为了保证工件具有更高的加工精度和表面质量，可以适当调高机床厂家提供的丝速和丝张力参数。

增大工作液的压力与流速，排出蚀除物容易，可提高切割速度，但过高反而会引起电极丝振动，影响切割速度，可以维持层流为限。

五、控制上部导向器与工件的距离

慢走丝电火花线切割加工时可以采用距离密着加工，即上部导向器与工件的距离尽量靠近（0.05～0.10mm），避免因距离较远而使电极丝振幅过大，影响工件加工质量。

5.8 数控电火花线切割机床加工实例

5.8.1 数控快走丝电火花线切割加工示例

1. 目的

（1）掌握简单零件的线切割加工程序的手工编制技能。

（2）熟悉ISO代码编程及3B格式编程。

（3）熟悉数控快走丝电火花线切割机床的基本操作。

2. 加工设备

DK7740型线切割机床。

3. 常用ISO编程代码

【G92 X－Y－】：以相对坐标方式设定加工坐标起点。

【G27】：设定*XY/UV*平面联动方式。

【G01 X－Y－（U－V－）】：直线插补。

XY：表示在*XY*平面中以直线起点为坐标原点的终点坐标。

UV：表示在*UV*平面中以直线起点为坐标原点的终点坐标。

【G02 X－Y－I－J－】：顺圆插补指令；

【G03 X－Y－I－J－】：逆圆插补指令。

以上G02、G03中是以圆弧起点为坐标原点，*X*、*Y*（*U*、*V*）表示终点坐标，*I*、*J*表示圆心坐标。

【M00】：暂停。

【M02】：程序结束。

4. 3B程序格式

【B X B Y B J G Z】

B：分隔符号；*X*：*X*坐标值；*Y*：*Y*坐标值；*J*：计数长度；G：计数方向；Z：加工指令。

5. 加工实例

（1）加工工艺分析。加工如图5－18所示零件的外形，毛坯尺寸为60mm×60mm，对刀位置必须设在毛坯之外，以图中*G*（－20，－10）点坐标作为起刀点，*A*（－10，－10）点坐标作为起割点。为了便于计算，编程时不考虑钼丝半径补偿值。逆时针方向走刀。

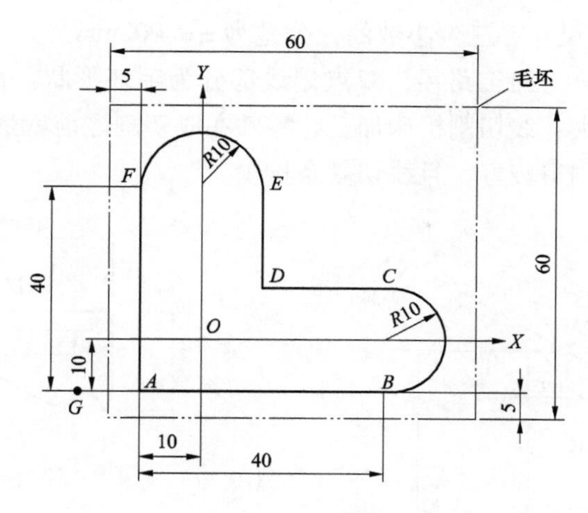

图 5－18 零件

（2）ISO 程序格式编程：

N01 G92 X－20Y－10；	以 O 点为原点建立工件坐标系，起刀点坐标为（－20，－10）；
N02 G01 X10 Y0；	从 G 点走到 A 点，A 点为起割点；
N03 G01 X40 Y0；	从 A 点到 B 点；
N04 G03 X0 Y20 I0 J10；	从 B 点到 C 点；
N05 G01 X－20 Y0；	从 C 点到 D 点；
N06 G01 X0 Y20；	从 D 点到 E 点；
N07 G03 X－20 Y0 I－10 J0；	从 E 点到 F 点；
N08 G01 X0 Y－40；	从 F 点到 A 点；
N09 G01 X－10 Y0；	从 A 点回到起刀点 G；
N10 M00；	程序结束。

（3）3B 格式程序格式编程：

B10000 B0 B10000 GX L1；	从 G 点走到 A 点，A 点为起割点；
B40000 B0 B40000 GX L1；	从 A 点到 B 点；
B0 B10000 B20000 GX NR4；	从 B 点到 C 点；
B20000 B0 B20000 GX L3；	从 C 点到 D 点；
B0 B20000 B20000 GY L2；	从 D 点到 E 点；
B10000 B0 B20000 GY NR4；	从 E 点到 F 点；
B0 B40000 B40000 GY L4；	从 F 点到 A 点；
B10000 B0 B10000 GX L3；	从 A 点回到起刀点 G
D；	程序结束。

5.8.2 数控慢走丝电火花线切割加工示例

一、加工工艺分析

如图 5－19 所示，为一精密冲裁模的凸模，其厚度为 30mm，材料采用 SKD－11，零件的公差要求为：基本尺寸有一位小数的，公差为 ±0.10mm；基本尺寸有两位小数的，

公差为 ±0.02mm；基本尺寸有三位小数的，公差为 ±0.002mm。

如图 5 - 20 实线部分为加工路径，双点划线部分为毛坯形状。由于该零件精度较高，主要部分采用慢走丝电火花线切割机床加工，零件在线切割之前就进行了精加工，三个相互垂直面的加工精度控制得较好，且线切割余量少。

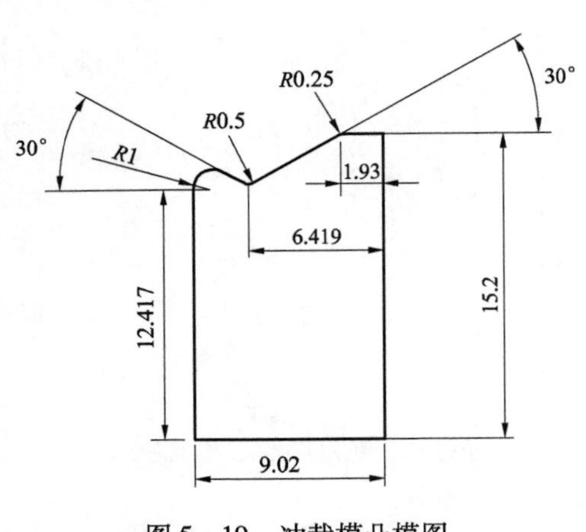

图 5 - 19　冲裁模凸模图

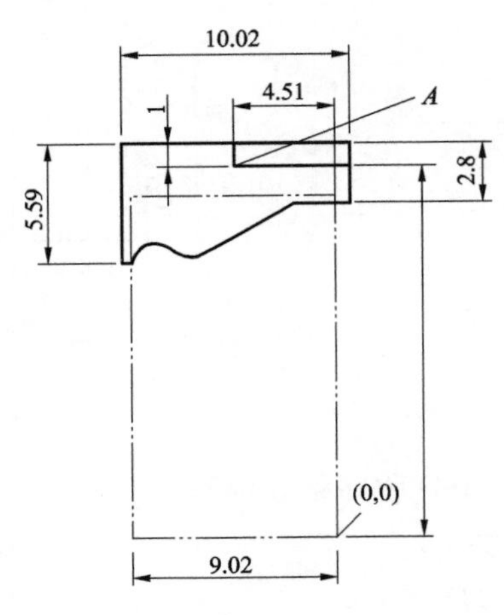

图 5 - 20　加工路径

二、操作步骤及内容

要达到工件精度要求，必须采用少量、多次切割。加工余量逐次减少，加工精度逐渐提高。从开机到加工结束的具体操作步骤大致如下：

（1）合上总电源开关。

（2）按下控制面板上的按钮，启动数控系统及机床。

（3）安装并找正工件。

（4）按机床操作说明书的要求，通过在不同操作模块间的切换，完成生成工件切割的程序，调整电极丝垂直度，将电极丝移至穿丝点等基本操作。

（5）选择合适的加工参数，并在加工过程中将各项参数调到最佳适配状态，使加工稳定，达到质量要求。

（6）切割结束后，取下工件。

思考与练习题

1. 加工如图 5 - 21 所示零件的外形，毛坯尺寸为 90mm × 60mm × 10mm。要求：

（1）采用手工或自动编程。

（2）按图纸尺寸要求加工零件外形。

2. 加工如图 5 - 22 所示的零件，已知齿轮的模数 $m=1.25$，齿数 $z=28$，齿顶圆直径 $D=37.5$mm，齿根圆直径 $d=31$mm，齿厚 $h=10$mm。齿轮毛坯为 $\phi50\times10$mm 圆坯，中间钻有一个 $\phi10$mm 的穿丝孔。

（1）采用绘图式自动编程系统，编制出齿形、内孔及键槽的线切割加工程序；

（2）为了保证齿形与内孔的同心度，要求齿形、内孔及键槽采用一次装夹，一个程序加工出来；

（3）其他按图纸技术要求。

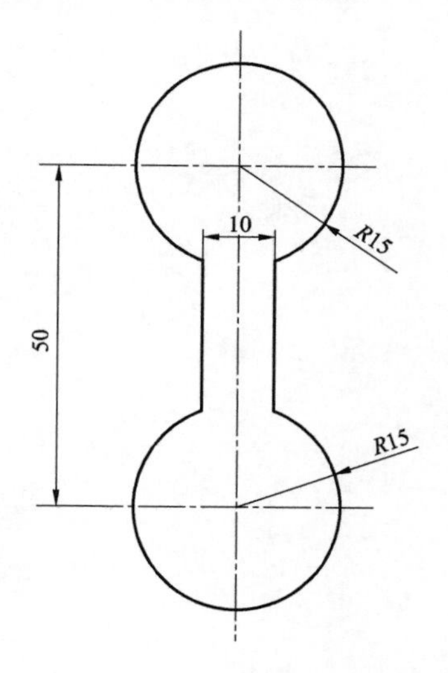

图 5－21　实训内容（一）

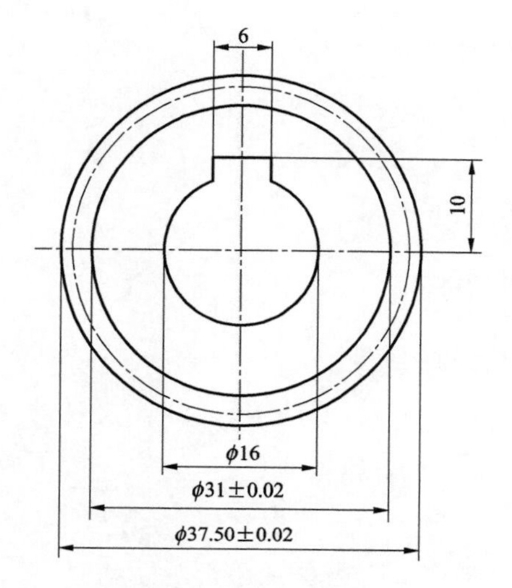

图 5－22　实训内容（二）

第六部分 数控机床的使用与维护

小坤学到这里，兴奋地对高师傅说："我基本掌握了数控机床的工艺处理及编程加工方法，那我是不是能独立作业了"。高师傅笑了笑说："其实数控机术的硬件使用和维护也很重要的，正确使用和维护机床，不但能使产品精度得到保证，同时也能延长机床的使用寿命"。让我们开始学习机床的使用与维护的相关知识吧！

数控机床是一种综合应用了计算机技术、自动控制技术、自动检测技术、精密机械设计和制造等先进技术的高新技术产物，与技术密集度及自动化程度都很高的、典型的机电一体化产品与普通机床相比较，数控机床不仅具有零件加工精度高、生产效率高、产品质量稳定、自动化程度极高的特点，而且还可以完成普通机床难以完成或根本不能加工复杂曲面的零件加工，因而数控机床在机械制造业中的地位显得越来越重要。甚至可以这样说：在机械制造业中，数控机床的档次和拥有量是反映一个企业制造能力的重要标志。

但是，在企业生产中，数控机床能否达到加工精度高、产品质量稳定、提高生产效率的目标，这不仅取决于机床本身的精度和性能，很大程度上也与操作者在生产中能否正确地对数控机床进行使用和维护密切相关。

只有坚持正确使用机床以及做好对机床的日常维护工作，才可以延长元器件的使用寿命，延长机械部件的磨损周期，防止意外恶性事故的发生，争取机床长时间稳定工作；也才能充分发挥数控机床的加工优势，达到数控机床的技术性能，确保数控机床能够正常工作。

由于数控机床具体涉及多学科最新技术成果，而且各类数控机床之间有较大差别，因此它们的使用、维护及保养也不尽相同。在此只能从原则上作一介绍，具体的内容必须参考相关产品说明书及有关使用、维护等配套技术文档资料。

数控机床的选用与操作

6.1 数控机床的选用

目前，我国数控机床的可供品种规格已超过1400种，且以每年增加100种左右的速度增长，产量也有很大地提高，如何从品种繁多、价格差异巨大的设备中选择适合自己的设备，如何使这些设备在机械加工中充分发挥作用，如何正确、合理地选购与主机相应配套的附件及软件技术，是大家十分关心的问题。下面对此作一些介绍。

6.1.1 数控机床规格的选择

数控机床已发展成品种繁多、可供广泛选择的商品，在机型选择中应在满足加工工艺要求的前提下越简单越好。例如，车削中心和数控车床都可以加工轴类零件，但一台满足同样加工规格的车削中心价格要比数控车床高几倍，如果没有进一步的工艺要求，选数控车床应是合理的。在加工型腔模具零件中，同规格的数控铣床和加工中心都能满足基本加工要求，但两种机床价格相差20%～50%，所以在模具加工中要采用常更换刀具的工艺可安排选用加工中心，而固定一把刀具长时间铣削的可选用数控铣床。

数控机床的最主要规格是几个数控轴的行程范围和主轴电动机功率。机床的3个基本直线坐标（X、Y、Z）行程反映该机床允许的加工空间，在车床中两个坐标（X、Z）反映允许回转体的大小。一般情况下，加工工件的轮廓尺寸应在机床的加工空间范围之内，例如，典型工件是450mm×450mm×450mm的箱体，那么应选取工作台面尺寸为500mm×500mm的加工中心。选用工作台面比典型工件稍大一些是出于安装夹具考虑的。机床工作台面尺寸和3个直线坐标行程都有一定的比例关系，如上述工作台（500mm×500mm）的机床，X轴行程一般为（700～800）mm、Y轴为（500～700）mm、Z轴为（500～600）mm。因此，工作台面的大小基本上确定了加工空间的大小。个别情况下也允许工件尺寸大于坐标行程，这时必须要求零件上的加工区域处在行程范围之内，而且要考虑机床工作台的允许承载能力，以及工件是否与机床交换刀具的空间干涉、与机床防护罩等附件发生干涉等系列问题。

数控机床的主电动机功率在同类规格机床上也可以有各种不同的配置，一般情况下反映了该机床的切削刚性和主轴高速性能。例如，轻型机床比标准型机床主轴电动机功率就可能小1～2级。目前，一般加工中心主轴转速在（4000～8000）r/min，高速型机床立式机床可达（20 000～70 000）r/min，卧式机床可达（10 000～20 000）r/min，其主轴电动机功率也成倍加大。主轴电动机功率反映了机床的切削效率，从另一个侧面也反映了切削刚性和机床整体刚度。在现代中小型数控机床中，主轴箱的机械变速已较少采用，往往都采用功率较大的交流可调速电动机直联主轴，甚至采用电主轴结构。这样的结构在低速中扭矩受到限制，即调速电动机在低转速时输出功率下降，为了确保低速输出扭矩，就得采用大功率电动机，所以同规格机床数控机床主轴电动机比普通机床大好几倍。当使用单位的一些典型工件上有大量的低速加工时，也必须对选择机床的低速输出扭矩进行校核。轻型机床在价格上肯定低，要求用户根据自己的典型工件毛坯余量大小、切削能力（单位时间金属切除量）、要求达到的加工精度、实际能配置什么样刀具等因素综合选择机床。近年来，数控机床上高速化趋势发展很快，主轴从每分钟几千转到几万转，直线坐标快速移动速度从（10～20）m/min 上升到 80m/min 以上，当然机床价格也相应上升，用户单位必须根据自己的技术能力和配套能力做出合理选择。例如，立式加工中心上主轴最高转速可达（50 000～80 000）r/min，除了一些加工特例以外，一般相配套的刀具就很昂贵。一些高速车床都可以达到（6000～8000）r/min 以上，这时车刀的配置要求也很高。

对少量特殊工件仅靠 3 个直线坐标加工不能满足要求，要另外增加回转坐标（*A*、*B*、*C*）或附加工坐标（*U*、*V*、*W*）等，目前机床市场上这些要求都能满足，但机床价格会增长很多，尤其是对一些要求多轴联动加工要求，如四轴、五轴联动加工，必须对相应配套的编程软件、测量手段等有全面考虑和安排。

6.1.2 机床精度的选择

按精度可分为普通型和精密型，一般数控机床精度检验项目都有 20～30 项，但其最有特征项目是：单轴定位精度、单轴重复定位精度和两轴以上联动加工出试件的圆度，见表 6－1。

表 6－1　　数控机床精度特征项目

精度项目	普 通 型	精 密 型
单轴定位精度	0.02/全长	0.005/全长
单轴重复定位精度	0.008	< 0.003
铣圆精度	0.03～0.04/ϕ200 圆	0.015/ϕ200 圆

其他精度项目与表 6－1 内容都有一定的对应关系。定位精度和重复定位精度综合反映了该轴各运动部件的综合精度。尤其是重复定位精度，它反映了该轴在行程内任意定位点的定位稳定性，这是衡量该轴能否稳定可靠工作的基本指标。目前，数控系统中软件都有丰富的误差补偿功能，能对进给传动链上各环节系统误差进行稳定的补偿。例如，传动链各环节的间隙、弹性变形和接触刚度等变化因素，它们往往随着工作台的负载大小、移动距离长短、移动定位速度的快慢等反映出不同的瞬时运动量。在一些开环和半闭环进给伺服系统中，测量元件以后的机械驱动元件，受各种偶然因素影响，也有相当大的随机误差影响，如滚珠丝杠热伸长引起的工作台实际定位位置漂移等。总之，如果能选择，那么就选重复定位精度最好的设备！

铣削圆柱面精度或铣削空间螺旋槽（螺纹）是综合评价该机床有关数控轴（两轴或三轴）伺服跟随运动特性和数控系统插补功能的指标，评价方法是测量加工出圆柱面的圆度。在数控机床试切件中还有铣斜方形四边加工法，也可判断两个可控轴在直线插补运动时的精度。在做这项试切时，把用于精加工的立铣刀装到机床主轴上，铣削放置在工作台上的圆形试件，对中小型机床圆形试件一般取在 $\phi200 \sim \phi300$，然后把切完的试件放到圆度仪上，测出其加工表面的圆度。铣出圆柱面上有明显铣刀振纹反映该机床插补速度不稳定；铣出的圆度有明显椭圆误差，反映插补运动的两个可控轴系统增益不匹配；在圆形表面上每一可控轴运动换方向的点位上有停刀点痕迹（在连续切削运动中，在某一位置停止进给运动刀具就会在加工表面上形成一小段多切去金属的痕迹）时，反映该轴正反向间隙没有调整好。单轴定位精度是指在该轴行程内任意一个点定位时的误差范围，它直接反映了机床的加工精度能力，所以是数控机床最关键的技术指标。目前，全世界各国对这指标的规定、定义、测量方法和数据处理等有所不同，在各类数控机床样本资料介绍中，常用的标准有美国标准（NAS）和美国机床制造商协会推荐标准、德国标准（VDI）、日本标准（JIS）、国际标准化组织（ISO）和我国国家标准（GB）。在这些标准中规定最低的是日本标准，因为它的测量方法是使用单组稳定数据为基础，然后又取出用 ± 值把误差值压缩一半，所以用它的测量方法测出的定位精度往往比用其他标准测出的相差一倍以上。

上面只是部分分析了数控机床几项主要精度对工件加工精度的影响。要想获得合格的加工零件，选取适用的机床设备只解决了问题的一半，另一半必须采取工艺措施来解决。

6.1.3 数控系统的选用

为了能使数控系统与所需机床相匹配，在选择数控系统时应遵循下列基本原则。

用户选择系统的基本原则是性能价格比要高、购后的使用维护要方便、系统的市场寿命要长（不能选淘汰系统，否则使用几年后将找不到维修备件）等。

数控系统中除基本功能以外还有很多可供选择的功能。对配在机床上的系统，由于机床使用基本要求所需的数控系统选择功能已由制造商选配，用户可以根据自己的生产管理、测量要求、刀具管理、程序编制要求等，额外再选择一些功能列入订货单中，如 DNC 接口联网要求等。

首先应考虑到数控系统在功能和性能上应与所确定的机床相匹配，同时也要考虑到以下几方面的因素。

一、按数控机床的设计指标来选择和确定机床数控系统

目前可供选择的机床数控系统，性能高低、功能差别都很显著。如日本 FANUC 公司的 15 系统与 0 系统的最高切削进给速度相差 10 倍（当脉冲当量为 1μm 时）。同时，其价格上、下差别也很大。因此，总的来说必须从实际需要出发，考虑经济性与可行性。

二、按数控机床的性能去选择数控系统

虽然数控系统的功能很多，但可以大致分为两类不同的配置。一类是基本功能，在购置时必须配置的功能；另一类是选择功能，要按用户自身的特殊需要去选择配置。而往往选择功能在售价中所占的比例较高。因此，对选择功能应经过仔细分析，不要盲目选择，造成浪费。

三、损失考虑

选择机床数控系统时，一定要周密考虑，在一次订货中力争全而不漏，避免机床在安装、调试中出现困难，影响使用而且有可能延误周期造成不应有的损失。

四、一致性考虑

要考虑和照顾到本厂或本车间已有数控机床所配置的数控系统生产厂家与型号的一致性，以便于管理、维护、使用与培训。

6.1.4 工时和节拍的估算

标准工时是一个经过培训的员工，在工艺条件成熟、稳定的情况下，以标准的动作完成一个工作任务的时间。

节拍是指一件产品从投入到产出的时间，它是根据市场需求量制定，可以理解为计划生产一个产品所需要的时间，如一天的计划产量为3000pcs，那么产品的节拍应为3000/8h，如果实际的加工周期比节拍大，为了完成任务，要么做产线平衡，要么通过加班来完成。

至于标准工时与节拍的区别，标准工时是一个工时定额，即员工只有按标准的动作去作业才能达到，以起到标杆的作用。节拍是一个计划指标，可作为产线产能分析和平衡分析的依据。二者是独立的概念。

选择机床时必须作可行性分析，一年之内该机床能加工出多少典型零件。对每个典型零件，按照工艺分析可以初步确定一个工艺路线，从中挑出准备在数控机床上加工的工序内容，根据准备给机床配置的刀具情况来确定切削用量，并计算每道工序的切削时间 $t_{切}$ 及相应的辅助时间 $t_{辅}$，$t_{辅}=(10\%\sim20\%)t_{切}$。

中小型加工中心每次的换刀时间为10～20s，这时单工序时间为 $t_{工序}=t_{辅}+t_{切}+(10\sim20)\text{s}$。

按300个工作日、两班制、一天有效工作时间14～15h计算，就可以算出机床的年生产能力。在算出所占工时和节拍后，考虑设计要求或工序平衡要求，可以重新调整在加工中心的加工工序数量，达到整个加工过程的平衡。当典型零件品种较多，又希望经常开发新零件的加工时，在机床的满负荷工时计算中，必须考虑更换工件品种时所需的机床调整时间。作为选机估算，可以用变换品种的多少乘以修正系数。这个修正系数可根据用户单位的使用技术水平高低估算得出。

6.1.5 自动换刀装置选择及刀柄配置

一、自动换刀装置的选择

ATC自动换刀装置是数控加工中心、车削中心和带交换冲头数控冲床的基本特征。尤其对数控加工中心而言，它的工作质量关系到整机结构与使用质量。

ATC装置的投资往往占整机的30%～50%。因此，用户十分重视ATC的工作质量和刀库储存量。ATC的工作质量主要表现为换刀时间和故障率。

ATC刀库中储存刀具的数量由十几把到40、60、100把等，一些柔性加工单元

(FMC) 配置中央刀库后刀具储存量可以达到近千把。如果选用的加工中心不准备用于柔性加工单元或柔性制造系统 (FMS) 中，一般刀库容量不宜选得太大，因为容量大，刀库成本高，结构复杂，故障率也相应增加，刀具的管理也相应复杂化。

用户一般应根据典型工件的工艺分析算出需用的刀具数来确定刀库的容量。一般加工中心的刀库只考虑能满足一种工件一次装卡所需的全部刀具（即一个独立的加工程序所需要的全部刀具）。

二、刀柄配置

主机和 ATC 选定后，接着就要选择所需的刀柄和刀具。加工中心使用专用的工具系统，各国都有相应的标准系列。我国由成都工具研究所制订了 TSG 工具系统刀柄标准。

选择刀柄应注意以下几个问题。

1. 尺寸接合面

标准刀柄与机床主轴连接的接合面是 7:24 锥面刀柄有多种规格，常用的有 ISO 标准的 40 号、45 号、50 号，个别的还有 35 号和 30 号。另外，还必须考虑换刀机械手夹持尺寸的要求和主轴上拉紧刀柄的拉钉尺寸的要求。目前，国内机床上使用规格较多，而且使用的标准有美国的、德国的、日本的。因此，在选定机床后选择刀柄之前必须了解该机床主轴用的规格，机械手夹持尺寸及刀柄的拉钉尺寸。

2. TSG 工具系统

在 TSG 工具系统中有相当部分产品是不带刃具的，这些刀柄相当于过渡的连接杆它们必须再配置相应的刀具（如立铣刀、钻头、镗刀头和丝锥等）和附件（如钻夹头、弹簧卡头和丝锥夹头等）。

3. 加工工序及工艺卡

全套 TSG 系统刀柄有数百种，用户只能根据典型工件工艺所需的工序及其工艺卡片来填制所需的工具卡片（见表 6－2）。

表 6－2　　工　艺　卡

精度项目	普　通　型	精　密　型
单轴定位精度	±0.01/300 或全长	0.005/全长
单轴重复定位精度	±0.006	±0.003
铣圆精度	0.03～0.04	0.02

加工中心用户根据各种典型工件的刀具卡片可以确定需配刀柄、刃具及附件等的数量。

目前，国内加工中心新用户对刀具情况不太熟悉，工具厂又希望组织批量生产，为此机床制造厂有时就根据自己的使用经验，给用户提供一套常用的刀柄。这套刀柄对每个具体用户不一定都适用，因此，用户在订购机床时必须同时考虑订购刀柄（或者在主机厂的一套通用刀柄基础上再增订一些刀柄）。最佳的订购刀柄办法还是根据典型工件确定选择刀柄的品种和数量，这是最经济的。

另外，在没有确定具体加工对象之前，很难配置齐刀柄。例如，一台工作台面

900mm×900mm 的卧式加工中心，在多年使用中已陆续添置了近两百套刀柄，外加少量专用刀柄，这样才能基本满足通常零件的加工要求。

总之，刀柄的选择要慎重对待，它直接影响机床的开动率和设备投资大小。目前，一个最普通的刀柄价格在 300～500 元，一套刀柄需要数万元，再加上刃具费用就更可观了。

4. 选用模块式刀柄和复合刀柄要有综合考虑

选用模块式刀柄，必须按一个小的工具系统来考虑才有意义。与非模块式刀柄相比较，使用单个普通刀柄肯定是不合理的。例如，工艺要求镗一个 $\phi60$ 的孔，购买一根普通的镗刀杆需 400 元左右，而采用模块式刀柄则必须买一根刀柄、一根接杆和一个镗刀头，按现有价格就需 1000 元左右。但是，如果机床刀库的容量是 30 把刀，就需要配置 100 套普通刀柄，而采用模块式刀柄，只需要配置 30 根刀柄、50～60 根接杆、70～80 个刀头就能满足需要，而且还具有更大的灵活性。但对一些长期反复使用、不需要拼装的简单刀柄，如钻夹头刀柄等，还是配置普通刀柄较合理。

对一些批量较大，又需要反复生产的典型工件，应尽可能考虑选用复合刀具。尽管复合刀柄价格高，但在加工中心上采用复合刀具加工，可把多道工序并成一道工序，由一把刀具完成，从而大大减少机加工时间。加工一批工件只要能减少几十个工时，就可以考虑采用复合刀具。一般数控机床的主轴电动机功率较大，机床刚度较好，能够承受多刀多刃强力切削，采用复合刀具可以充分发挥数控机床的切削功能，提高生产率和缩短生产节拍。

5. 选用刀具预调仪

为了提高数控机床的开动率，加工前刀具的准备工作尽量不要占用机床工时。测定刀具径向尺寸和轴向尺寸的工作应预先在刀具预调仪上完成，即把占用几十万元一台数控机床的工作转到占用几万元一台的刀具预调仪上完成。测量装置有光学编码器、光栅或感应同步器等。检测精度：径向为 ±0.005mm，轴向为 ±0.01mm 左右。目前，都在发展带计算机管理的预调仪。对刀具预调仪的对刀精度的要求必须与刀具系统的综合加工精度全面考虑。因为预调仪上测得的刀具尺寸是在光屏投影或接触测量下，没有承受切削力的静态结果，如果测定的是镗刀精度，它并不等于加工出的孔能达到此精度。目前，用国产刀柄加工出的孔径往往比预调仪上测出的尺寸小 0.01～0.02mm。如在实际加工中要控制 0.01mm 左右的孔径公差，还需通过试切削后现场修调刀具，因此对刀具预调仪的精度不一定追求过高。为了提高预调仪的利用率，最好是一台预调仪为多台机床服务，把它纳入数控机床技术准备中作为一个重要环节。此外，用户也可以装备一些简易工具、装卸器等来实现现场快速调整测量、装卸刀柄和刃具。

6.2 数控机床的基本操作规程

随着数控加工技术的不断发展，用户使用的数控机床的种类也越来越广泛。数控机床的种类繁多，且各类数控机床的加工范围、特点及其应用操作都存在着较大差异。在此对应用广泛的数控车床、数控铣床、数控刨床、数控磨床、数控钻床、数控坐标镗床、数控加工中心、数控电加工机床、数控弯管机和数控气割机床等数控设备，介绍其通用操作规程及常用数控机床的基本操作规程。

6.2.1 数控设备的通用操作规程

在使用过程中要严格遵守操作规程，数控机床的一般操作规程如下。

（1）操作者必须熟悉机床的性能、结构、传动原理以及控制，严禁超性能使用。

（2）使用机床时，必须戴上防护镜，穿好工作服，戴好工作帽。

（3）工作前，应按规定对机床进行检查，查明电气控制是否正常，各开关、手柄位置是否在规定位置上，润滑油路是否畅通，油质是否良好，并按规定加润滑剂。

（4）开机时应先注意液压和气压系统的调整，检查总系统的工作压力必须在额定范围，溢流阀、顺序阀、减压阀等调整压力正确。

（5）开机时应低速运行3～5min，查看各部分运转是否正常。

（6）加工工件前，必须进行加工模拟或试运行，严格检查调整加工原点、刀具参数、加工参数、运动轨迹，并且要将工件清理干净，特别注意工件是否固定牢靠，调节工具是否已经移开。

（7）工作中发生不正常现象或故障时，应立即停机排除，或通知维修人员检修。

（8）工作完毕后，应及时清扫机床，并将机床恢复到原始状态，各开关、手柄放于非工作位置上，切断电源，认真执行好交接班制度。

（9）必须严格按照操作步骤操作机床，未经操作者同意，不允许其他人员私自开动机床。

（10）按动按键时用力适度，不得用力拍打键盘、按键和显示屏。

（11）禁止敲打中心架、顶尖、刀架、导轨、主轴等部件。

6.2.2 数控设备的专项操作规程

一、数控车床操作规程

本规程适用于卧式、立式、纵切数控车床。

（1）机床工作开始前要有预热，认真检查润滑系统是否正常，如机床长时间未动过，可先用手动方式向各部位供油润滑。

（2）使用刀具应与机床允许的规格相符，有严重破损的刀具要及时更换。

（3）调整刀具所用的工具不要遗忘在机床内。

（4）大尺寸的轴类零件的中心孔是否合适，中心孔如太小，工作中易发生危险。

（5）刀具安装好后应进行一、二次试切削。

（6）检查卡盘夹紧工作的状态。

（7）机床开动前必须关好机床防护门。

（8）清除切屑，擦拭机床，使机床与环境保持清洁状态。

（9）注意检查或更换磨损坏了的机床上的油滑板。

（10）查润滑油、冷却液的状态，及时添加或更换。

(11) 依次关掉机床操作面板上的电源和总电源。

二、数控铣床操作规程

本规程适用于立式、卧式、龙门式数控铣床和数控仿型铣床等。

(1) 开机前要检查润滑油是否充裕、冷却是否充足，发现不足应及时补充。

(2) 打开数控铣床电器柜上的电器总开关。

(3) 按下数控铣床控制面板上的ON按钮，启动数控系统，等自检完毕后进行数控铣床的强电复位。

(4) 手动返回数控铣床参考点。首先返回 $+Z$ 方向，然后返回 $+X$ 和 $+Y$ 方向。

(5) 手动操作时，在 X、Y 移动前，必须使 Z 轴处于较高位置，以免撞刀。

(6) 数控铣床出现报警时，要根据报警号，查找原因，及时排除警报。

(7) 更换刀具时应注意操作安全。在装入刀具时应将刀柄和刀具擦拭干净。

(8) 自动运行程序前，必须认真检查程序，确保程序的正确性。在操作过程中必须集中注意力，谨慎操作。运行过程中，一旦发生问题，及时按下“复位”按钮或“紧急停止”按钮。

(9) 加工完毕后，应把刀架停放在远离工件的换刀位置。

(10) 在操作时，旁观的人禁止按控制面板的任何按钮、旋钮，以免发生意外及事故。

(11) 严禁任意修改、删除机床参数。

(12) 关机前，应使刀具处于较高位置，把工作台上的切屑清理干净、把机床擦拭干净。关机时，先关闭系统电源，再关闭电器总开关。

三、数控加工中心操作规程

本规程适用于卧式、立式数控加工中心。

(1) 进入车间必须穿合身的工作服、戴工作帽，衬衫要系入裤内，敞开式衣袖要扎紧。

(2) 操作时禁止戴手套，工作服衣、领、袖口要系好。

(3) 加工中心属贵重精密仪器设备，由专人负责管理和操作。使用时必须按规定填写使用记录，必须严格遵守安全操作规程，以保障人身和设备安全。

(4) 开车前应检查各部位防护罩是否完好，各传动部位是否正常，润滑部位应加油润滑。

(5) 刀具、夹具、工件必须装夹牢固，床面上不得放置工具、量具。

(6) 开机后，在CRT上检查机床有无各种报警信息，检查报警信息及时排除报警，检查机床外围设备是否正常，检查机床换刀机械手及刀库位置是否正确。

(7) 各项坐标回参考点，一般情况下 Z 向坐标优先回零，使机床主轴上刀具远离加工工件，同时观察各坐标运行是否正常。

(8) 开车后应关好防护罩，不允许用手直接清除切屑。装卸工件、测量工件必须停机操作。

(9) 加工中心运转时，操作人员不得擅自离开岗位，必须离开的须停机。

(10) 手动工作方式，主要用于工件及夹具相对于机床各坐标的找正、工件加工零点的粗测量以及开机时回参考点，一般不用于工件加工。

（11）加工中心的运行速度较高，在执行操作指令和程序自动运行之前，预先判断操作指令和程序的正确性和运行结果，做到心中有数，然后再操作，加工中心加工程序应经过严格审验后方可上机操作，以尽量避免事故的发生。

（12）加工中心运转时，发现异响或异常，应立即停机，关闭电源，及时检修，并作好相关记录。

（13）工作结束后，应关闭电源，清除切屑，擦拭机床，加油润滑，清洁和整理现场。

四、数控坐标镗床操作规程

本规程适用于卧式、立式坐标镗床。

（1）在工作台上装卡工件和夹具时，应考虑重力平衡和合理利用台面。

（2）加工铸铁、青铜、非金属等脆性材料时，要将导轨面的润滑油擦净，并采取保护措施。

（3）加工铸铁件时，被加工零件的非加工表面必须经吹砂、涂漆处理。加工件必须有良好的基准面。

（4）在镗床上钻、镗半圆孔时，工艺上应采取相应措施。

（5）使用装有动静压、静压轴承的镗头时，开机前应先启动供油系统油泵，待油泵运转正常，压力表的指示压力达到规定工作压力时，再启动镗头主轴电动机。停机时要先停主轴电动机，停稳后再停供油系统油泵，工作中要经常观察压力是否正常。

（6）按设备说明书规定保持液压油及环境温度的恒定。

五、数控电火花成型机床操作规程

本规程适用于各种类型的数控电火花成型机床。

（1）机床报警装置要定期检查，保证灵敏、可靠。

（2）加工前，应将加工介质加至高出被加工零件表面、符合机床技术要求的位置为止，特殊零件加工应采取相应措施。

（3）要合理选择加工放电参数，防止加工中产生积炭和电弧烧伤。

（4）要合理选择平动量、防止加工中产生机床振动，造成机件损坏。

（5）加工中，操作者要站在绝缘垫上。禁止触摸电极，以防触电。

（6）工作后，要及时清除电蚀物。

六、数控线切割机床操作规程

本规程适用于各种类型的数控线切割机床。

（1）机床报警装置要定期检查，保证灵敏、可靠。

（2）加工中电极丝要保持合适的张力。电极丝与高频导电块应保持清洁，接触良好。

（3）要合理选择加工放电参数，防止加工中断丝。

（4）所用工作液要保持清洁，管道畅通，根据需要适时更换。

（5）加工中，操作者要站在绝缘垫上，禁止触摸电极，以防触电。

（6）工作后要及时清除电蚀物。

数控机床的维护

6.3　数控机床的维护与保养

数控机床是一种自动化程度高、结构复杂且又昂贵的先进加工设备。为了延长数控机床各元器件的寿命和正常机械磨损周期，防止意外恶性事故的发生，争取机床能在较长时间内正常工作，充分发挥其效益，必须做好日常维护与保养工作。主要的维护与保养工作有下列内容。

6.3.1　数控机床的维修管理

数控机床的维修管理内容涉及较广泛，但必须明确其基本要求。主要包括以下几方面。

一、思想上重视

在思想上要高度重视数控机床的维护与保养工作，尤其是对数控机床的操作者更应如此，我们不能只管操作，而忽视对数控机床的日常维护与保养。

二、提高操作人员的综合素质

数控机床的使用比普通机床的难度大，因为数控机床是典型的机电一体化产品，它牵涉的知识面较广，即操作者应具有机、电、液、气等更宽广的专业知识；另外，由于其电气控制系统中的 CNC 系统升级、更新换代比较快，如果不定期参加专业理论培训学习，就不能熟练掌握新的 CNC 系统应用。因此对操作人员提出的素质要求是很高的。为此，必须对数控操作人员进行培训，使其对机床原理、性能、润滑部位及其方式进行较系统的学习，为更好地使用机床奠定基础。同时在数控机床的使用与管理方面，制定一系列切合实际、行之有效的措施。

三、要为数控机床创造一个良好的使用环境

由于数控机床中含有大量的电子元件，它们最怕阳光直接照射，也怕潮湿和粉尘、振动等，这些均可使电子元件受到腐蚀变坏或造成元件间的短路，引起机床运行不正常。为此，对数控机床的使用环境应做到保持清洁、干燥、恒温和无振动；对于电源应保持稳压，一般只允许 ±10% 的波动。

四、严格遵循正确的操作规程

无论是什么类型的数控机床，都有一套自己的操作规程，这既是保证操作人员人身安全的重要措施之一，也是保证设备安全、使用产品质量等的重要措施。因此，用户必须按照操作规程正确操作，如果机床在第一次使用或长期没有时，应先使其空转几分钟，并要特别注意使用中注意开机、关机的顺序和注意事项。各类数控机床的操作规程具体见第

6.2 节。

五、在使用中，尽可能提高数控机床的开动率

在使用中，要尽可能提高数控机床的开动率。对于新购置的数控机床应尽快投入使用，设备在使用初期故障率相对来说大一些，用户应在保修期内充分利用机床，使其薄弱环节尽早暴露出来，在保修期内得以解决。如果在缺少生产任务时，也不能空闲不用，要定期通电，每次空运行 1h 左右，利用机床运行时的发热量来去除或降低机内的湿度。

六、要冷静对待机床故障，不可盲目处理

机床在使用中不可避免地会出现一些故障，此时操作者要冷静对待，不可盲目处理，以免产生更严重的后果，要注意保留现场，待维修人员来后如实说明故障前后的情况，并参与共同分析问题，尽早排除故障。故障若属于操作原因，操作人员要及时吸取经验，避免下次犯同样的错误。

七、制定并且严格执行数控机床管理的规章制度

除了对数控机床的日常维护外，还必须制定并且严格执行数控机床管理的规章制度。主要包括定人、定岗和定责任的“三定”制度，定期检查制度，规范的交接班制度等。这也是数控机床管理、维护与保养的主要内容。

6.3.2 数控机床的维护

由于数控机床集机、电、液、气等技术为一体，所以对它的维护要有科学的管理，有目的地制定出相应的规章制度。对维护过程中发现的故障隐患应及时清除，避免停机待修，从而延长设备平均无故障时间，增加机床的利用率。开展点检是数控机床维护的有效办法。以点检为基础的设备维修是日本在引进美国的预防维修制的基础上发展起来的一种点检管理制度。点检就是按有关维护文件的规定，对设备进行定点、定时的检查和维护。其优点是可以把出现的故障和性能的劣化消灭在萌芽状态，防止过修或欠修，缺点是定期点检工作量大。这种在设备运行阶段以点检为核心的现代维修管理体系，能达到降低故障率和维修费用，提高维修效率的目的。

我国自20世纪80年代初引进日本的设备点检定修制，把设备操作者、维修人员和技术管理人员有机地组织起来，按照规定的检查标准和技术要求，对设备可能出现问题的部位，定人、定点、定量、定期、定法地进行检查、维修和管理，保证了设备持续、稳定地运行，促进了生产发展和经营效益的提高。

数控机床的点检是开展状态监测和故障诊断工作的基础，主要包括下列内容。

一、定点

首先要确定一台数控机床有多少个维护点，科学地分析这台设备，找准可能发生故障的部位。只要把这些维护点“看住”，有了故障就会及时发现。

二、定标

对每个维护点要逐个制定标准，例如间隙、温度、压力、流量、松紧度等，都要有明确的数量标准，只要不超过规定标准就不算故障。

三、定期

多长时间检查一次，要定出检查周期。有的点可能每班要检查几次，有的点可能一个月或几个月检查一次，要根据具体情况确定。

四、定项

每个维护点检查哪些项目也要有明确规定。每个点可能检查一项，也可能检查几项。

五、定人

由谁进行检查，是操作者、维修人员还是技术人员，应根据检查部位和技术精度要求，落实到人。

六、定法

怎样检查也要有规定，是人工观察还是用仪器测量，是采用普通仪器还是精密仪器。

七、检查

检查的环境、步骤要有规定，是在生产运行中检查还是停机检查，是解体检查还是不解体检查。

八、记录

检查要详细做记录，并按规定格式填写清楚。要填写检查数据及其与规定标准的差值、判定印象、处理意见，检查者要签名并注明检查时间。

九、处理

检查中间能处理和调整的要及时处理和调整，并将处理结果记入处理记录。没有能力或没有条件处理的，要及时报告有关人员，安排处理。但任何人、任何时间处理都要填写处理记录。

十、分析

检查记录和处理记录都要定期进行系统分析，找出薄弱“维护点”，即故障率高的点或损失大的环节提出意见，交设计人员进行改进设计。

6.3.3 数控系统的日常维护

预防性维护的关键是加强日常维护，主要的日常维护工作有下列内容。

一、日检

其主要项目包括液压系统、主轴润滑系统、导轨润滑系统、冷却系统、气压系统。日检就是根据各系统的正常情况来加以检测。例如，当进行主轴润滑系统的过程检测时，电源灯应亮，油压泵应正常运转，若电源灯不亮，应保持主轴停止状态，与机械工程师联系进行维修。

二、周检

其主要项目包括机床零件、主轴润滑系统，应该每周对其进行正确地检查，特别是对机床零件要清除铁屑，进行外部杂物清扫。

三、月检

主要是对电源和空气干燥器进行检查。电源电压在正常情况下额定电压180～220V，频率50Hz，如有异常，要对其进行测量、调整。空气干燥器应该每月拆一次，然后进行清洗、装配。

四、季检

季检应该主要从机床床身、液压系统、主轴润滑系统三方面进行检查。例如，对机床床身进行检查时，主要看机床精度、机床水平是否符合手册中的要求，如有问题，应马上和机械工程师联系。对液压系统和主轴润滑系统进行检查时，如有问题，应分别更换新油60L和20L，并对其进行清洗。

五、半年检

半年后，应该对机床的液压系统、主轴润滑系统以及 X 轴进行检查，如出现故障，应该更换新油，然后进行清洗工作。

6.3.4　机械部件的维护

一、主传动链的维护

定期调整主轴驱动带的松紧程度，防止因带打滑造成的丢转现象；检查主轴润滑的恒温油箱、调节温度范围，及时补充油量，并清洗过滤器；主轴中刀具夹紧装置长时间使用后，会产生间隙，影响刀具的夹紧，需及时调整液压缸活塞的位移量。

二、滚珠丝杠螺纹副的维护

定期检查、调整丝杠螺纹副的轴向间隙，保证反向传动精度和轴向刚度；定期检查丝杠与床身的连接是否有松动；丝杠防护装置有损坏要及时更换，以防灰尘或切屑进入。

三、刀库及换刀机械手的维护

严禁把超重、超长的刀具装入刀库，以避免机械手换刀时掉刀或刀具与工件、夹具发生碰撞；经常检查刀库的回零位置是否正确，检查机床主轴回换刀点位置是否到位，并及时调整；开机时，应使刀库和机械手空运行，检查各部分工作是否正常，特别是各行程开关和电磁阀能否正常动作；检查刀具在机械手上锁紧是否可靠，发现不正常应及时处理。

另外，对数控机床的电源柜、数控柜以及变速箱、滑动导轨等必须根据机床使用说明书的规定，定期维护保养。表6－3列举了一台数控机床正常维护保养的检查顺序，对一些机床上频繁运动的元、部件，无论是机械部分还是控制驱动部分，都应作为重点检查对象。例如，加工中心的自动换刀装置，由于动作频繁最易发生故障，所以刀库选刀及定位状况、机械手相对刀库和主轴的定位等也列入了加工中心的日常维护内容。总之，在做好日常维护保养工作之后，机床的故障率可以大为减少。

表6－3　　　　定期维护表

序号	检查周期	检查部位	检查要求
1	每天	导轨润滑油箱	检查油标、油量，及时添加润滑油，润滑泵能定时启动打油及停止
2	每天	X、Y、Z 轴向导轨面	清除切屑及脏物，检查润滑油是否充分，导轨面有无划伤损坏
3	每天	压缩空气气源压力	检查气动控制系统压力应在正常范围内

续表

序号	检查周期	检查部位	检 查 要 求
4	每天	气源自动分水滤气器 自动空气干燥器	及时清理分水器中滤出的水分，保证自动空气干燥器工作正常
5	每天	气液转换器和增压器油面	发现油面不够时及时补足油
6	每天	主轴润滑恒温油箱	工作正常、油量充足并调节温度范围
7	每天	机床液压系统	油箱、油泵无异常噪声，压力表指示正常，管路及各接头无泄漏，工作油面高度正常
8	每天	液压平衡系统	平衡压力指示正常，快速移动时平衡阀工作正常
9	每天	CNC 的输入/输出单元	如光电阅读机清洁，机械结构润滑良好等
10	每天	各种电气柜散热通风装置	各电气柜冷却风扇工作正常，风道过滤网无堵塞
11	每天	各种防护装置	导轨、机床防护罩等应无松动、漏水
12	每周	清洗各电气柜散热通风装置	
13	每半年	滚珠丝杠	清洗丝杠上旧的润滑脂，涂上新润滑脂
14	每半年	液压油路	清洗溢流阀、减压阀、滤油器，清洗油箱箱底，更换或过滤液压油
15	每半年	主轴润滑恒温油箱	清洗过滤器，更换润滑油
16	每年	检查并更换 直流伺服电动机碳刷	检查换向器表面，吹净碳粉，去除毛刺，更换长度过短的电刷，并应跑合后才能使用
17	每年	润滑油泵	清理润滑油池底，更换滤油器
18	不定期	检查各轴导轨上镶条、 压紧滚轮松紧状态	按机床说明书调整
19	不定期	切削液箱	检查液面高度，切削液太脏时需更换并清理切削液箱底部，经常清洗过滤器
20	不定期	排屑器	经常清理切屑，检查有无卡住等
21	不定期	清理废油池	及时取走废油池中废油，以免外溢
22	不定期	调整主轴驱动带松紧	按机床说明书调整

6.3.5 机床精度的维护检查

定期进行机床水平和机械精度检查并校正。机床精度的校正方法有软、硬两种。其软方法主要是通过系统参数补偿，如丝杠反向间隙补偿、各坐标定位精度定点补偿、机床回参考点位置校正等；硬方法一般要在机床大修时进行，如进行导轨修刮、滚珠丝杠螺母副预紧调整反向间隙等。

思考与练习题

1. 查找资料，了解6S管理标准是什么？
2. 选择数控系统时应遵循的基本原则有哪些？
3. 数控系统的日常维护有哪些内容？
4. 数控机床机械部件的维护主要是指哪些部件？
5. 查找资料，了解数控机床最容易出现故障的地方是哪里？如何解决？

附录A　G代码说明

一、FANUC0i Mate－MB系统数控加工中心

1. G指令格式

代码	组别	功　能	格　式
G00	01	定位	G00 IP…
G01		直线插补	G01 IP…F…
G02		圆弧插补 CW（顺时针）	{G02 / G03} {Xp…Yp… / Xp…Zp… / Yp…Zp…} {(I…J…) /R…F… / (I…K…) /R…F… / (J…K…) /R…F…}
G03		圆弧插补 CCW（反时针）	
G04	00	暂停	G04 *X*（*U*，*P*）…（Q…） *X*（*U*，*P*）；停刀时间（Q）Q1－Q4
G08		先行控制	G08 P…
G09		准确停止	
G10		可编程数据输入	G10 IP…
G11		可编程数据输入方式取消	
G15	17	极坐标指令取消	
G16		极坐标指令	
G17	02	选择 *X*p*Y*p 平面	
G18		选择 *Z*p*X*p 平面	
G19		选择 *Y*p*Z*p 平面	
G20	06	英寸输入	
G21		毫米输入	
G22	04	存储行程检测功能有效	
G23		存储行程检测功能无效	
G25	24	主轴速度波动监测功能无效	
G26		主轴速度波动监测功能有效	
G27	00	返回参考点检测	G27 IP…
G28		返回参考点	G28 IP…
G29		从参考点返回	G29 IP…
G30		返回第2、3、4参考点	G30 IP…
G31		跳转功能	G31 IP…F…P…
G33	01	螺纹切削	G33 IP…F…
G37	00	自动刀具长度测量	G37 IP…
G39		拐角偏置圆弧插补	

续表

代码	组别	功　能	格　式
G40	07	取消刀尖 R 补偿	G40 X（U）—Z（W）—I— K—
G41		刀尖 R 补偿（左）	{G41 G42} IP—D—
G42		刀尖 R 补偿（右）	
G43	08	正向刀具长度补偿	G43 Z… H…
G44		负向刀具长度补偿	G44 Z…H…
G45	00	刀具偏置值增加	G45 IP… D…
G46		刀具偏置值减小	G46 IP… D…
G47		2 倍刀具偏置值	G47 IP… D…
G48		1/2 倍刀具偏置值	G48 IP… D…
G49	08	刀具长度补偿取消	
G50	11	比例缩放取消	
G51		比例缩放有效	G51 X…Y…Z…P…
G52	00	局部坐标系设定	G52 IP…
G53		选择机床坐标系	G53 IP…
G54	14	选择工件坐标系 1	
G54. 1		选择附加工件坐标系	G54. 1 Pn
G55		选择工件坐标系 2	
G56		选择工件坐标系 3	
G57		选择工件坐标系 4	
G58		选择工件坐标系 5	
G59		选择工件坐标系 6	
G60	00/01	单方向定位	G60 IP…
G61	15	准确停止方式	
G62		自动拐角倍率	
G63		攻丝方式	
G64		切削方式	
G65	00	宏程序调用	G65 P…L…
G66	12	宏程序模态调用	G66 P…L…
G67		宏程序模态调用取消	
G68	16	坐标旋转/三维坐标转换	G68 α…β…R…
G69		坐标旋转取消/三维坐标转换取消	
G73	09	排屑钻孔循环	G73 X… Y… Z…R… Q… F… K…
G74		左旋攻丝循环	G74 X… Y… Z…R… P… F… K…

续表

代码	组别	功　能	格　式
G76	09	精镗循环	G76 X… Y… Z…R… Q…P… F… K…
G80	09	固定循环取消/外部操作功能取消	
G81		钻孔循环、锪镗循环或外部操作功能	G81 X… Y… Z… R… F… K…
G82		钻孔循环或反镗循环	G82 X… Y… Z… R…P… F… K…
G83		排屑钻孔循环	G83 X… Y… Z… R…Q… F… K…
G84		攻丝循环	G84 X… Y… Z… R…P…Q… F… K…
G85		镗孔循环	G85 X… Y… Z… R… F… K…
G86		镗孔循环	G86 X… Y… Z… R… F… K…
G87		背镗循环	G87 X… Y… Z… R…Q… P…F… K…
G88		镗孔循环	G88 X… Y… Z… R…P…F… K…
G89		镗孔循环	G89 X… Y… Z… R…P…F… K…
G90	03	绝对值编程	G90 IP…
G91		增量值编程	G91 IP…
G92	00	设定工件坐标系或最大主轴速度钳制	G92 IP…
G92. 1		工件坐标系预置	G92. 1 IP…
G94	05	每分进给	G94 F…
G95		每转进给	G95 F…
G96	13	恒表面速度控制	G96 S…
G97		恒表面速度控制取消	G97 S…
G98	10	固定循环返回到初始点	
G99		固定循环返回到R点	
G160	20	横向进磨控制取消（磨床）	
G161		横向进磨控制（磨床）	G161 R…

2. 支持的M代码

代码	功　能	格　式
M00	程序停止	
M01	选择停止	
M02	程序结束	
M03	主轴正向转动开始	
M04	主轴反向转动开始	
M05	主轴停止转动	
M30	结束程序运行且返回程序开头	

续表

代码	功　能	格　式
M98	子程序调用	M98 Pxxnnnn 调用程序号为 Onnnn 的程序 xx 次
M99	子程序结束	子程序格式： Onnnn … M99

二、FANUC0i Mate－TB 系统数控车床

重要提示：本系统中车床采用直径编程。

1. G 指令格式

代码	组别	功　能	格　式
G00	01	定位（快速）	G00 X— Z—
G01		直线插补（切削进给）	G01 X— Z—
G02		顺时针圆弧插补 CW	{G02/G03} X— Z— {R—/I— K—}
G03		逆时针圆弧插补 CCW	
G04	00	暂停	G04［X｜U｜P］X，U 单位：s；P 单位：ms（整数）
G20	06	英寸输入	G22 存储功能检测程序有效
G21		毫米输入	G30 返回到第 2、3、4 参考点
G28	0	返回参考位置	G28 X— Z—
G32	01	螺纹切削（由参数指定绝对和增量）	Gxx X｜U… Z｜W… F｜E… F 指定单位为 0.01mm/r 的螺距。E 指定单位为 0.000 1mm/r 的螺旋
G40	07	刀具补偿取消	G40
G41		刀尖半径补偿左	{G41/G42} Dnn
G42		刀尖半径补偿右	
G53		机械坐标系设定	G53 X— Z—
G54	12	选择工作坐标系 1	GXX
G55		选择工作坐标系 2	
G56		选择工作坐标系 3	
G57		选择工作坐标系 4	
G58		选择工作坐标系 5	
G59		选择工作坐标系 6	

续表

代码	组别	功　能	格　式
G71	00	外圆粗车循环	G71 UΔd Re G71 Pns Qnf UΔu WΔw Ff
G72		端面粗切削循环	G72 W（Δd）R（e） G72 P（ns）Q（nf）U（Δu）W（Δw）F（f）S（s）T（t） Δd：切深量 e：退刀量 ns：精加工形状程序段组的第一个程序段的顺序号 nf：精加工形状程序段组的最后程序段的顺序号 Δu：X 方向精加工余量的距离及方向 Δw：Z 方向精加工余量的距离及方向
G73		多重车削循环	G73 Ui WΔk Rd G73 Pns Qnf UΔu WΔw Ff
G90	01	外径/内径切削固定循环	G90 X（U）—Z（W）—{F— ; R— F—}
G92		螺纹切削循环	G92 X（U）—Z—（W）{F— ; R— F—}
G94		端面车削循环	G94 X（U）—Z（W）- F—
G98	05	返回到起始平面	
G99		返回到 *R* 平面	

2. 支持的 M 代码

代码	意　义	格　式
M00	程序停止	
M01	选择停止	
M02	程序结束	
M03	主轴正向转动开始	
M04	主轴反向转动开始	
M05	主轴停止转动	
M30	结束程序运行且返回程序开头	
M98	子程序调用	M98 Pxxnnnn 调用程序号为 Onnnn 的程序 xx 次
M99	子程序结束	子程序格式： Onnnn … M99

参 考 文 献

[1] 霍苏萍，刘岩．数控铣削加工工艺编程与操作［M］．北京：人民邮电出版社，2009.

[2] 吴纬纬．UGNX6 模具设计技术教程［M］．2 版．北京：清华大学出版社，2010.

[3] 韩鸿鸾，王常义，吴海燕．数控铣工/加工中心操作工全技师培训教程［M］．北京：化学工业出版社，2009.

[4] 张璐青．机械零件加工技巧与典型实例［M］．2 版．北京：化学工业出版社，2009.

[5] 龚仲华．数控技术［M］．2 版．北京：机械工业出版社，2010.

[6] 陈海舟．数控铣削加工宏程序及应用实例［M］．2 版．北京：机械工业出版社，2009.

[7] 朱正伟．数控机床机械系统［M］．北京：中国劳动社会与保障出版社，2004.

[8] 张柱良．数控原理与数控机床［M］．北京：化学工业出版社．2003.

[9] 陈惠贤，姚运萍．数控加工复杂曲面的误差分析和补偿［J］．新技术新工艺，2006，9：34～36.

[10] 冯志刚．数控宏程序编程方法、技巧与实例［M］．2 版．北京：机械工业出版社，2011.

[11] 李柱．数控加工工艺及实施［M］．北京：机械工业出版社，2011.

[12] 文广，马宏伟．数控技术的现状及发展趋势［J］．机械工程师，2003，1.

[13] 郭培全，王红岩．数控机床编程与应用［M］．北京：机械工业出版社，2000.

[14] 周济，周艳红．数控加工技术［M］．北京：国防工业出版社，2002.

[15] 王迎春．数控加工中截面线法刀具轨迹的生成与仿真研究［硕士学位论文］．沈阳：沈阳工业大学，2003.

[16] 黄毓荣．Unigraphics Solutions inc. UG 多轴铣制造过程培训教程［M］．北京：清华大学出版社，2003.

[17] 张若锋．机械制造基础［M］．北京：人民邮电出版社，2006.

[18] 劳动与社会保障部．机械制造工艺基础［M］．3 版．北京：中国劳动社会与保障出版社，2001.

[19] 冯志刚．常见数控系统操作难点快速掌握［M］．2 版．北京：机械工业出版社，2011.

[20] 陈建军．数控铣床与加工中心操作与编程训练及实例［M］．北京：机械工业出版社，2011.

[21] 孙德茂．数控机床逻辑控制编程技术［M］．2 版．北京：机械工业出版社，2010.